T0291759

CAMBRIDGE LIBRARY COLLECTION

Books of enduring scholarly value

Earth Sciences

In the nineteenth century, geology emerged as a distinct academic discipline. It pointed the way towards the theory of evolution, as scientists including Gideon Mantell, Adam Sedgwick, Charles Lyell and Roderick Murchison began to use the evidence of minerals, rock formations and fossils to demonstrate that the earth was older by millions of years than the conventional, Bible-based wisdom had supposed. They argued convincingly that the climate, flora and fauna of the distant past could be deduced from geological evidence. Volcanic activity, the formation of mountains, and the action of glaciers and rivers, tides and ocean currents also became better understood. This series includes landmark publications by pioneers of the modern earth sciences, who advanced the scientific understanding of our planet and the processes by which it is constantly re-shaped.

Essai géognostique sur le gisement des roches dans les deux hémisphères

Prussian explorer and naturalist Alexander von Humboldt (1769–1859) was described by Darwin as 'the greatest scientific traveller who ever lived'. His boundless curiosity as well as his scientific and cultural knowledge helped lay the foundations of physical geography, climatology, ecology and oceanography. In 1799, Humboldt embarked on a five-year trip to explore Central and South America. He devoted a large amount of time to the study of *géognosie*, the science of the origin and distribution of minerals and rocks forming the earth, later known as geology. In 1805, Humboldt published his first impressions of volcanoes and earthquakes in the Americas in his *Personal Narrative*. In this 1823 work, he makes the first systematic attempt to compare the rocks of the Old and New Worlds. This groundbreaking analysis became one of the most important geological works of its time.

Cambridge University Press has long been a pioneer in the reissuing of out-of-print titles from its own backlist, producing digital reprints of books that are still sought after by scholars and students but could not be reprinted economically using traditional technology. The Cambridge Library Collection extends this activity to a wider range of books which are still of importance to researchers and professionals, either for the source material they contain, or as landmarks in the history of their academic discipline.

Drawing from the world-renowned collections in the Cambridge University Library and other partner libraries, and guided by the advice of experts in each subject area, Cambridge University Press is using state-of-the-art scanning machines in its own Printing House to capture the content of each book selected for inclusion. The files are processed to give a consistently clear, crisp image, and the books finished to the high quality standard for which the Press is recognised around the world. The latest print-on-demand technology ensures that the books will remain available indefinitely, and that orders for single or multiple copies can quickly be supplied.

The Cambridge Library Collection brings back to life books of enduring scholarly value (including out-of-copyright works originally issued by other publishers) across a wide range of disciplines in the humanities and social sciences and in science and technology.

Essai géognostique sur le gisement des roches dans les deux hémisphères

Alexander von Humboldt

CAMBRIDGE UNIVERSITY PRESS

Cambridge, New York, Melbourne, Madrid, Cape Town,
Singapore, São Paolo, Delhi, Mexico City

Published in the United States of America by Cambridge University Press, New York

www.cambridge.org
Information on this title: www.cambridge.org/9781108049481

This edition first published 1823
This digitally printed version 2012

ISBN 978-1-108-04948-1 Paperback

ESSAI GÉOGNOSTIQUE

SUR LE

GISEMENT DES ROCHES

DANS LES DEUX HÉMISPHÈRES.

PAR

ALEXANDRE DE HUMBOLDT.

2.ᵉ ÉDITION, CONFORME A LA PREMIÈRE.

PARIS,

CHEZ F. G. LEVRAULT, RUE DE LA HARPE, N.º 81;

STRASBOURG,

MÊME MAISON, RUE DES JUIFS, N.º 33.

1826.

PRÉFACE.

L'ouvrage que je soumets au jugement des géognostes, embrasse pour ainsi dire toute la géognosie
positive. Si j'avois atteint le but que je me suis proposé, les phénomènes de superposition les plus remarquables qu'offrent les deux continens, au nord
et au sud de l'équateur, devroient y être consignés
et disposés dans l'ordre de leur enchaînement mutuel. Je n'ose me flatter d'avoir réussi à renfermer
dans un cadre étroit une si grande variété d'objets;
j'espère cependant que mon travail offrira deux genres
d'intérêt, celui de faire connoître une masse considérable d'observations qui n'ont pas été publiées jusqu'ici, et celui de présenter quelques vues générales
sur la succession des roches considérées comme
termes d'une série simple ou périodique.

La comparaison des roches de l'ancien monde avec
les roches de la Cordillère des Andes, se fonde exclusivement sur mes propres recherches. Pour me pré-
munir contre le danger des premières impressions ou
des erreurs qui naissent de certaines préventions dog-
matiques, j'ai relu dans ces derniers mois tous les
manuscrits que j'ai rapportés de mon voyage; j'ai
comparé les descriptions aux coupes et aux profils des
montagnes, qui ont été tracés sur les lieux. Après avoir
discuté l'ensemble des rapports géognostiques, je me
suis arrêté à ce qui m'a paru le plus certain ou le plus
probable. Partout j'ai annoncé avec franchise ce qui
exige un examen plus approfondi. Avant d'appliquer
aux formations des Andes, de l'Orénoque, de l'Amazone

ou de la Nouvelle-Espagne des noms systématiques, j'ai décrit leurs rapports divers de gisement, de composition et de structure. Cette méthode, que j'ai constamment suivie, mettra le lecteur en état de prononcer plus facilement sur le degré de confiance que méritent mes déterminations. Si l'on se rappelle qu'avant mon voyage dans l'Amérique équinoxiale presque aucune roche de ces contrées n'avoit été nommée, que je n'ai pu être guidé dans l'étude des *superpositions* par aucune observation antérieure, on sera moins étonné, je l'espère, de trouver que toutes mes descriptions ne sont pas également complètes. Les articles que j'ai consacrés aux diverses formations, sont d'une étendue inégale, selon le nombre plus ou moins grand des faits nouveaux que j'ai pu y ajouter.

Dans cet *Essai géognostique*, comme dans mes Recherches sur les *lignes isothermes*, sur la *géographie des plantes*, et sur les lois que l'on observe dans la *distribution des formes organiques*, j'ai tâché, tout en exposant le détail des phénomènes, de généraliser les idées, et d'aborder quelques-unes des grandes questions de la philosophie naturelle. J'ai insisté principalement sur les phénomènes d'*alternance*, d'*oscillation* et de *suppression locale*, sur ceux que présentent les *passages* des formations les unes aux autres par l'effet d'un *développement intérieur*. Ces questions ne sont pas de vagues spéculations théoriques : loin d'être infructueuses, elles conduisent à la connoissance des lois de la nature. C'est rabaisser les sciences que de faire dépendre uniquement leurs progrès de l'accumulation et de l'étude des phénomènes particuliers.

Le tableau des gisemens que je publie aujourd'hui,

a été annoncé depuis un grand nombre d'années. La défiance avec laquelle on livre à l'impression des ouvrages long-temps attendus, auroit peut-être encore retardé cette publication, si les devoirs de l'amitié ne m'y avoient forcé. Un de ces hommes estimables et utiles qui, déjà pendant leur vie, recoivent de leurs concitoyens le tribut de reconnoissance qu'ils ont mérité, M. Levrault, recteur de l'Académie de Strasbourg, désiroit ma participation à la grande entreprise littéraire qu'il a confiée aux célèbres professeurs du *Jardin du Roi.* Il sut vaincre facilement la répugnance que j'ai toujours eue pour ce genre de travaux. Je lui promis de me charger, pour son Dictionnaire des sciences naturelles, de l'article *Géographie des plantes.* Des occupations imprévues m'ayant empêché de remplir ma promesse, cet article a été rédigé par M. De Candolle avec le talent distingué qui caractérise tous ses ouvrages. Je n'y ai ajouté que les *Recherches sur les rapports numériques des formes végétales et sur la distribution de ces formes entre les différens climats.* Par une espèce de compensation j'offris de me charger d'un article de géognosie, dans lequel la description de tous les terrains se trouveroit réunie. C'est cet article qui paroît aujourd'hui imprimé séparément. Il est à peu près de la même étendue que l'article *Terrain,* qu'un excellent géognoste, M. de Bonnard, a donné dans le *Dictionnaire d'histoire naturelle,* moins volumineux, publié par M. Déterville. On a cru qu'il valoit mieux exposer les faits les plus importans dans leur liaison naturelle, que de consacrer quarante articles à quarante *formations indépendantes.*

J'ai mis un soin particulier à l'indication des lieux qui offrent les phénomènes de gisement les plus intéressans. J'y ai souvent ajouté les résultats de mes mesures barométriques, et lorsqu'il est question de pays dont les cartes sont très-imparfaites, j'ai indiqué les latitudes telles que je les ai déterminées par des observations astronomiques pendant le cours de mes excursions dans les Cordillères.

J'ai exposé, à la fin de l'ouvrage, les principes d'une *Pasigraphie géognostique.* J'ai voulu prouver que, par le moyen d'une *notation* très-simple, et en faisant abstraction de la composition et de la structure des roches, on peut exprimer rapidement les rapports les plus compliqués qu'offrent le gisement et le retour périodique des formations. Ces artifices de notation, cette concision du langage font reconnoître l'identité de phénomènes qui, masqués par des circonstances accidentelles, auroient au premier abord paru très-différens. La *notation pasigraphique qui procède par séries*, et qui offre presque une méthode *algorithmique*, est plus susceptible de perfection que la *pasigraphie imitative* ou figurée. L'une et l'autre me paroissent de quelque importance pour la géognosie; car il en est de ce langage pasigraphique comme des langues en général : la clarté des idées augmente à mesure que l'on perfectionne les signes qui servent à les exprimer.

ESSAI GÉOGNOSTIQUE

LE GISEMENT DES ROCHES

DANS LES DEUX HÉMISPHÈRES.

———————

Lᴇ mot *formation* [1] désigne, en géognosie, ou la manière dont une roche a été produite, ou un assemblage (système) de masses minérales qui sont tellement liées entre elles, qu'on les suppose formées à la même époque, et qu'elles offrent, dans les lieux de la terre les plus éloignés, les mêmes rapports généraux de gisement et de composition. C'est ainsi que l'on attribue la *formation* de l'obsidienne et du basalte aux feux souterrains; c'est ainsi que l'on dit que la *formation* du thonschiefer de transition renferme de la pierre lydienne, de la chiastolithe, de l'ampélite, et des couches alternantes de calcaire noir et de porphyre. La première acception du mot est plus conforme au génie de la langue; mais elle a rapport à l'origine des choses, à une science incertaine qui se fonde sur des hypothèses géogoniques. La seconde acception, aujourd'hui généra-

———————

[1] Extrait d'un ouvrage inédit de M. de Humboldt, ayant pour titre: *De la superposition des roches dans les deux hémisphères.*

lement recue par les minéralogistes françois, a été empruntée à la célèbre École de Werner : elle indique ce qui est, non ce que l'on suppose avoir été.

Dans la description géognostique du globe on peut distinguer différens degrés d'agroupement des substances minérales, simples ou composées, selon que l'on s'élève à des idées plus générales. Des *roches* qui alternent les unes avec les autres, qui s'accompagnent habituellement et qui offrent les mêmes rapports de gisement, constituent une même *formation;* la réunion de plusieurs formations constitue un *terrain :* mais ces mots de roches, de formations et de terrains sont employés comme synonymes dans beaucoup d'ouvrages de géognosie.

La diversité des roches et la disposition relative des couches qui forment la croûte oxidée du globe, ont, dès les temps les plus reculés, fixé l'attention des hommes. Partout où l'exploitation d'une mine étoit dirigée sur un dépôt de sel, de houille ou de fer argileux, qui se trouvoit recouvert d'un grand nombre de couches de nature différente, ce travail fit naître des idées plus ou moins précises sur le *système de roches* propres à un terrain de peu d'étendue. Munis de ces connoissances locales, remplis de préjugés qui naissent de l'habitude, les mineurs d'un pays se répandirent dans des pays voisins. Ils firent ce que les géognostes ont souvent fait de nos jours : ils jugèrent du gisement des roches dont ils ignoroient la nature, d'après des analogies incomplètes, d'après les idées étroites qu'ils s'étoient faites dans leur pays natal. Cette erreur dut avoir une influence funeste sur le succès de leurs nouvelles recherches. Au lieu d'étudier la liaison de deux terrains contigus, en suivant quelque couche généralement répandue; au lieu d'agrandir et d'étendre, pour ainsi dire, le premier *type de formations* qui étoit resté gravé dans leur esprit, ils se persuadèrent que chaque portion du globe avoit une constitution géologique entièrement différente. Cette opinion populaire très-ancienne a été adoptée et soutenue, en différens pays, par des

savans très-distingués; mais, dès que la géognosie s'est élevée
au rang d'une science, que l'art d'interroger la nature a été
perfectionné, et que des voyages entrepris dans des contrées
lointaines ont offert une comparaison plus exacte des divers
terrains, de grandes et immuables lois ont été reconnues dans
la structure du globe et dans la superposition des roches. C'est
alors que les analogies les plus frappantes de gisement, de
composition et des corps organiques renfermés dans des couches
contemporaines, se sont manifestées dans les deux mondes. A
mesure qu'on s'habitue à considérer les formations sous un point
de vue plus général, leur *identité* même devient de jour en jour
plus probable.

En effet, en examinant la masse solide de notre planète,
on s'aperçoit bientôt que quelques-unes de ces substances que
l'oryctognosie (ou minéralogie descriptive) nous a fait connoître isolément, se rencontrent dans des *associations constantes*,
et que ces associations, que l'on désigne sous le nom de roches composées, ne varient pas, comme les êtres organisés,
selon la différence des latitudes ou des bandes isothermes sous
lesquelles on les trouve. Les géognostes qui ont parcouru les
pays les plus éloignés, n'ont pas seulement rencontré dans les
deux hémisphères la plupart des mêmes substances simples,
le quarz, le feldspath, le mica, le grenat ou l'amphibole :
ils ont aussi reconnu que les grandes masses de montagnes présentent presque partout les mêmes roches, c'est-à-dire les
mêmes assemblages de mica, de quarz et de feldspath, dans
le granite; de mica, de quarz et de grenats, dans le micaschiste;
de feldspath et d'amphibole dans la syénite. Si quelquefois
on a cru d'abord qu'une roche appartenoit exclusivement à
une seule portion du globe, on l'a constamment trouvée, par
des recherches ultérieures, dans les régions les plus éloignées
de la première localité. On est tenté d'admettre que la formation des roches a été indépendante de la diversité des climats; que peut-être même elle leur est antérieure (Humboldt,

Géographie des plantes, 1807, p. 115; *Idem, Vues des Cordillères*, tome 1.ᵉʳ, p. 122). Il y a identité de roches là où les êtres organisés sont le plus diversement modifiés.

Mais cette identité de composition, cette analogie que l'on observe dans l'association de certaines substances minérales simples, pourroit être indépendante de l'analogie de gisement et de superposition. On pourroit avoir rapporté des îles de l'Océan Pacifique, ou de la Cordillère des Andes, les mêmes roches que l'on observe en Europe, sans qu'il fût permis d'en conclure que ces roches sont superposées dans un ordre semblable, et qu'après la découverte d'une d'elles on puisse prédire avec quelque certitude quelles sont les autres roches qui se trouvent dans les mêmes lieux. C'est à reconnoître ces analogies de gisement et de positions respectives, que doivent tendre les travaux des géognostes qui se plaisent à étudier les lois de la nature inorganique. On a tenté de réunir dans les tableaux suivans ce que nous savons de plus certain sur la superposition des roches dans les deux continens, au nord et au sud de l'équateur. Ces *types des formations* ne seront pas seulement étendus, mais aussi diversement modifiés, à mesure que le nombre des voyageurs exercés aux observations géognostiques se trouvera agrandi, et que des monographies complètes des divers canton très-éloignés les uns des autres fourniront des résultats plus précis.

L'exposition des lois que l'on reconnoît dans la superposition des roches, forme la partie la plus solide de la science géognostique. On ne sauroit nier que les observations de gisement ne présentent souvent de grandes difficultés, lorsqu'on ne peut parvenir au contact de deux formations voisines, ou que celles-ci n'offrent pas une stratification régulière, ou que leur gisement n'est pas *uniforme*, c'est-à-dire que les strates du terrain supérieur ne sont pas parallèles aux strates du terrain inférieur. Mais ces difficultés (et c'est là un des grands avantages des observations qui embrassent une partie considérable de notre planète) diminuent en nombre ou disparoissent totalement par la comparaison de plusieurs terrains très-étendus. La superposition et l'âge relatif des roches sont des faits susceptibles d'être constatés immédiatement, comme la structure des organes d'un végétal, comme les proportions des élémens dans l'analyse chimique, ou l'élévation d'une montagne au-dessus du niveau de la mer. La véritable géognosie fait connoître la croûte extérieure du globe, telle qu'elle existe de nos jours. C'est une science aussi sûre que peuvent l'être les sciences physiques descriptives. Au contraire, tout ce qui a rapport à l'ancien état de notre planète, à ces fluides qui, dit-on, tenoient toutes les substances minérales en dissolution, à ces mers que l'on élève jusqu'aux sommets des Cordillères pour les faire disparoître dans la suite, est aussi incertain que le sont la formation de l'atmosphère des planètes, les migrations des végétaux, et l'origine des différentes variétés de notre espèce. Cependant l'époque n'est pas très-éloignée où les géologues s'occupoient de préférence de ces problèmes presque impossibles à résoudre, de ces temps fabuleux de l'histoire physique du monde.

Pour faire mieux comprendre les principes d'après lesquels est construit le *tableau de la superposition des roches*, nous devons le faire précéder de quelques observations que fournit l'étude pratique des différens terrains. Nous commencerons par rappeler qu'il n'est pas aisé de circonscrire les limites d'une même formation. Le calcaire du Jura et le calcaire alpin, très-séparés dans une région, paroissent parfois étroitement liés dans une autre. Ce qui annonce l'*indépendance d'une formation*, comme l'a très-bien observé M. de Buch, c'est sa superposition immédiate sur des roches de diverse nature et qui par conséquent doivent toutes être considérées comme plus anciennes. Le grès rouge est une formation indépendante, parce qu'il est superposé indifféremment sur du calcaire noir (de transition), sur du micaschiste ou du granite primitifs;

mais, dans une région où domine la grande formation de syénite et de porphyre, ces deux roches alternent constamment. Il en résulte que la roche syénitique y est dépendante du porphyre, et n'y recouvre presque nulle part seule le thonschiefer de transition ou le gneis primitif. L'indépendance des formations n'exclut d'ailleurs aucunement l'*uniformité* ou *concordance de gisement;* elle exclut plutôt le passage oryctognostique de deux formations superposées. Les terrains de transition ont très-souvent la même direction et la même inclinaison que les terrains primitifs; et cependant, quelque rapprochée que puisse être l'époque de leur origine, on n'en est pas moins fondé à considérer le micaschiste anthraciteux ou le grauwacke, alternant avec du porphyre, comme deux formations indépendantes des granites et des gneis primitifs qu'ils recouvrent. L'uniformité de gisement (*Gleichförmigkeit der Lagerung*) ne fait rien préjuger contre l'indépendance des formations, c'est-à-dire sur le droit que l'on a de regarder une roche comme une formation distincte. C'est parce que les formations indépendantes sont placées indifféremment sur toutes les roches plus anciennes (la craie sur le granite, le grès rouge sur le micaschiste primitif), que la réunion d'un grand nombre d'observations faites sur des points très-éloignés devient éminemment utile dans la détermination de l'*âge relatif* des roches. Pour reconnoître que la syénite zirconienne est une roche de transition, il faut l'avoir vue placée sur des formations postérieures à des calcaires noirs remplis d'orthocératites. Des observations faites sur les porphyres et syénites de la Hongrie par M. Beudant, un des géologues les plus distingués de notre temps, peuvent jeter beaucoup de jour sur les formations des Andes mexicaines. C'est ainsi qu'un nouveau végétal découvert dans l'Inde fait reconnoître l'affinité naturelle entre deux familles de plantes de l'Amérique équinoxiale.

L'ordre que l'on a suivi dans le tableau des formations, est celui du gisement et de la position respective des roches. Je

ne prétends pas que ce gisement et cette position s'observent
dans toutes les régions de la terre; je les indique tels qu'ils
m'ont paru le plus probables d'après la comparaison d'un
grand nombre de faits que j'ai recueillis. C'est l'idée de l'âge
relatif qui m'a guidé dans ce travail, bien imparfait encore.
Je l'ai commencé, long-temps avant mon voyage dans les Cordillères du Nouveau Continent, dès l'année 1792, où, sortant
de l'École de Freyberg, j'étois chargé (comme *Oberbergmeister*)
de la direction des mines dans les montagnes du Fichtelgebirge. La même roche peut varier de composition, des parties
intégrantes peuvent lui être soustraites, de nouvelles substances
peuvent s'y trouver disséminées, sans que pour cela, aux yeux
du géognoste qui s'occupe de la superposition des terrains, la
roche doive changer de dénomination. Sous l'équateur, comme
dans le nord de l'Europe, des strates d'une véritable syénite de
transition perdent leur amphibole, sans que la masse devienne
une autre roche. Les granites des bords de l'Orénoque prennent quelquefois de l'amphibole et ne cessent guère pour
cela d'être du granite primitif, quoiqu'ils ne soient pas de la
première ou plus ancienne formation. Ces faits ont été reconnus par tous les géognostes expérimentés. Le caractère essentiel
de l'identité d'une formation indépendante est son rapport de
position, la place qu'elle occupe dans la série générale des
terrains. (Voyez le mémoire classique de M. de Buch, *Ueber
den Begriff einer Gebirgsart*, dans *Mag. der Naturf.*, 1810,
p. 128 — 133.) C'est pour cela qu'un fragment isolé, un
échantillon de roche trouvé dans une collection, ne peuvent
être déterminés géognostiquement, c'est-à-dire comme formation constituant une des nombreuses assises dont se compose
la croûte de notre planète. La chiastolithe, l'accumulation
de carbone ou des nœuds de calcaire compacte dans les
thonschiefer, le titane-nigrine et l'épidote dans les syénites
(alternant avec un granite et des porphyres), des congloмé-
rats ou poudingues enchâssés dans un micachiste anthraci-

teux, peuvent sans doute faire reconnoître des formations de transition ; de même que, d'après les utiles travaux de M. Brongniart, des pétrifications de coquilles bien conservées indiquent quelquefois directement telle ou telle couche de terrains tertiaires : mais ces cas, où l'on est guidé par des substances disséminées ou par des caractères purement zoologiques, n'embrassent qu'un petit nombre de roches d'une origine récente ; souvent des observations de ce genre ne conduisent qu'à des faits negatifs. Les caractères tirés de la couleur du grain et des petits filons de carbonate de chaux qui traversent les roches calcaires ; ceux que fournissent la fissilité et l'éclat soyeux du thonschiefer ; l'aspect et les ondulations plus ou moins marquées des feuillets du mica dans les micaschistes ; enfin, la grandeur et la coloration des cristaux de feldspath dans les granites de différentes formations, peuvent, comme tout ce qui tient simplement à l'*habitus* des minéraux, induire en erreur l'observateur le plus habile. Sans doute, les teintes blanches et les noires distinguent le plus souvent les calcaires primitifs et de transition ; sans doute, la formation du Jura, surtout dans ses assises supérieures, est généralement divisée en couches minces, blanchâtres, à cassure matte, égale ou conchoïde, avec des cavités très-aplaties (*flachmuschlig*) : mais dans les montagnes de calcaire de transition il y a des masses isolées qui, par leur couleur et leur texture, se rapprochent des caractères oryctognostiques de la formation du Jura ; mais au sud des Alpes il y a des collines de terrains tertiaires ou ce même calcaire fissile et mat du Jura trouve ses analogues (quant à l'aspect) dans des formations placées au-dessus de la craie, et qui ressemblent au calcaire que l'on recherche pour les usages de la lithographie. Si l'on préfère de donner aux formations des noms tirés de leurs seuls caractères oryctognostiques, les divers strates d'une même roche composée, dont l'épaisseur est considérable, et que l'on poursuit très-loin dans le sens de sa direction (*Streichungslinie*), sembleroient souvent appartenir à des roches différentes, selon les points où l'on en prendroit des échantillons. Par conséquent on ne peut guère déterminer géognostiquement dans les collections que des *suites de roches* dont on connaît la superposition mutuelle.

En énonçant ces idées sur le sens que l'on doit attacher au mot *formations indépendantes*, lorsqu'il s'agit du tableau de leur gisement, on est bien loin de méconnoître les éminens services que l'examen oryctognostique le plus rigoureux, l'étude approfondie de la composition des roches, ont rendus à la géognosie moderne, et nommément à la science du gisement ou de la position respective des formations. Quoique, d'après les découvertes de M. Haüy sur la nature intime des substances inorganiques et cristallisées, il n'existe pas, à proprement parler, un passage d'une espèce minérale à une autre (Cordier, *sur les roches volcan.*, *pag.* 33, et Berzelius, *Nouv. Syst. de Minéral.*, *pag.* 119), les passages des *masses* ou *pâtes de roches* ne sont pas restreints aux formations que l'on distingue généralement par le nom de roches composées. Celles que l'on croit simples, par exemple, les calcaires de transition ou les calcaires secondaires, sont en partie des variétés amorphes d'espèces minérales dont il existe un type cristallisé, en partie des agrégats d'argile, de carbone, etc., qui ne peuvent être soumis à aucune détermination fixe. C'est sur les proportions variables de ces mélanges hétérogènes que se fonde le passage des calcaires marneux à d'autres formations schisteuses. (Haüy, *Tableau comparatif de la Cristallographie*, *pag. XXVII, XXX.*) Toutes les pâtes amorphes des roches, quelque homogènes qu'elles paroissent au premier aspect, les bases des porphyres et des euphotides (serpentines), comme ces masses noires problématiques qui constituent le *basanite* (basalte) des anciens, et qui ne sont pas toutes des grünstein surchargés d'amphibole, sont susceptibles d'être soumises à l'analyse mécanique. M. Cordier a appliqué cette analyse d'une manière ingénieuse aux diabases (grünstein), aux dolérites, et à d'autres productions volcaniques plus récentes. L'examen oryctognostique le plus minutieux en apparence ne peut être indifférent au géognoste qui examine l'âge des formations. C'est par cet examen qu'on peut se former une juste idée de la manière progressive dont, par *développement intérieur*, c'est-à-dire par un changement très-lent dans les proportions des élémens de la *masse*, se fait le passage d'une roche à une roche voisine. Les schistes de transition, dont la structure paroît d'abord si différente de la structure des porphyres ou des granites, offrent à l'observateur attentif des exemples frappans de passages insensibles à des roches grenues, porphyroïdes ou granitoïdes. Ces schistes deviennent d'abord verdâtres et plus durs. A mesure que la pâte amorphe reçoit de l'amphibole, elle passe à ces amphibolithes trappéennes qu'on confondoit jadis avec le basalte. Ailleurs, le mica, d'abord caché dans la pâte amorphe, se développe et se sépare en paillettes distinctes et nettement cristallisées ; en même temps le feldspath et le quarz deviennent visibles ; la masse paroît grenue à grains très-alongés : c'est un vrai gneis de transition. Peu à peu les grains perdent leur direction commune ; les cristaux se groupent autour de plusieurs centres : là roche devient un granite ou une syénite de transition. Ailleurs encore le quarz seul se développe, il augmente et s'arrondit en nœuds, et le schiste passe au grauwacke le mieux caractérisé. A ces signes certains les géognostes qui ont étudié long-temps la nature, reconnoissent d'avance la proximité des roches grenues, granitoïdes et arénacées. Des passages analogues du micaschiste primitif à une roche porphyroïde, et le retour de cette roche au gneis, s'observent dans la Suisse orientale. (Voyez les développemens lumineux qu'ont donnés M. de Raumer, *Fragmente, pag.* 10 et 47 ; M. Léopold de Buch, dans son *Voyage de Glaris à Chiavenna, fait en* 1803 et inséré dans le *Magazin der Berliner Naturforsch.*, tom. 3, pag. 115.) Mais ces passages ne sont pas toujours insensibles et progressifs : souvent aussi les roches se succèdent brusquement, et d'une manière bien tranchée ; souvent (par exemple, au Mexique, entre Guanaxuato et Ovexeras) les limites entre les schistes, les porphyres et les syénites sont aussi distinctes que les limites entre les porphyres et les calcaires; mais dans ce cas même des bancs hétérogènes intercalés indiquent des rapports géognostiques avec les roches superposées. C'est ainsi que le granite de transition de la formation syénitique offre des couches de basanite, en se chargeant d'amphibole : c'est ainsi que ces mêmes granites passent quelquefois à l'euphotide. (Buch, *Voyage en Norwége*, tom. I, pag. 138, tom. II, pag. 83.)

Il résulte de ces considérations, que l'analyse mécanique des pâtes amorphes, au moyen de demi-triturations et de lavages (analyse dont M. Fleuriau de Bellevue a fait le premier essai qui ait été couronné de succès, *Journal de physique*, tom. LI, pag. 162), répand à la fois du jour, 1.° sur les grands cristaux qui s'isolent et se séparent des cristaux microscopiques entrelacés dans la *masse*; 2.° sur les passages mutuels de quelques roches superposées les unes aux autres ; 3.° sur les couches subordonnées qui sont de même nature qu'un des élémens de la masse amorphe. Tous ces phénomènes sont produits, pour ainsi dire, par développement intérieur ; par une variation, quelquefois lente, quelquefois très-brusque, dans les parties constituantes d'une masse hétérogène. Des molécules cristallines, invisibles à l'œil, se trouvent agrandies, dégagées du tissu serré de la pâte ; insensiblement elles deviennent, par leur agroupement et leur mélange avec de nouvelles substances, des bancs intercalés d'une puissance considérable ; souvent même elles deviennent de nouvelles roches.

Ce sont les bancs intercalés qui méritent surtout la plus grande attention (Léonhard, Kopp et Gærtner, *Propæd. der Mineralogie*, pag. 158). Lorsque deux formations se succèdent immédiatement, il arrive que les couches de l'une commencent d'abord à alterner avec les couches de l'autre, jusqu'à ce que (après ces préludes d'un grand changement) la formation la plus neuve se montre sans aucun mélange de couches subordonnées. (Buch, *Geogn. Beob.*, tome I, pag. 104, 156; Humboldt, *Rel. hist.*, tome II, pag. 140.) Les développemens progressifs des élémens d'une roche peuvent par conséquent avoir une influence marquante sur la position respective des masses minérales. Leurs effets sont du domaine de la géognosie ; mais, pour les découvrir et pour les apprécier, l'observateur doit appeler à son secours les connoissances les plus solides de l'oryctognosie, surtout celles de la cristallographie moderne.

En exposant les rapports intimes par lesquels nous voyons souvent les phénoménes de *composition* liés aux phénomènes de *gisement*, je n'ai point eu l'intention de parler de la méthode purement oryctognostique, qui considère les roches d'après la seule analogie de leur composition. (*Journal des mines*, tome 34, n.° 199.) Ce sont là de véritables classifications, dans lesquelles on fait abstraction de toute idée de superposition, mais qui n'en peuvent pas moins donner lieu à des considérations intéressantes sur l'agroupement constant de certains minéraux. Une classification purement oryctognostique multiplie les noms des roches plus que ne l'exigent les besoins de la géognosie, lorsqu'elle s'occupe des gisemens seuls. Selon les changemens qu'éprouvent les roches mélangées, un même strate de beaucoup d'étendue et d'une grande épaisseur peut (nous devons le répéter ici) renfermer des parties auxquelles l'oryctognoste, qui classe les roches d'après leur composition, donnera des dénominations entièrement différentes. Ces remarques n'ont pas échappé au savant auteur de la *Classification minéralogique des roches*; elles devoient se présenter à un géognoste expérimenté qui a si bien approfondi la superposition des terrains qu'il a parcourus. « Il ne faut pas confondre, dit M. Brongniart, dans son mé- « moire récent sur le Gisement des Ophiolithes, les positions « respectives, l'ordre de superposition des terrains et des roches « qui les composent, avec des descriptions purement minéra-

« logiques (oryctognostiques). Leur confusion en jetteroit néces-
« sairement dans la science et en retarderoit les progrès. » Le
tableau que nous donnons à la fin de cet article n'est aucunement
ce que l'on appelle une classification des roches ; on n'y trouve
pas même réunie, sous le titre de sections particulières (comme
dans l'ancienne méthode géognostique de Werner, ou dans l'excellent *Traité de Géognosie* de M. d'Aubuisson), toutes les formations primitives de granite, toutes les formations secondaires
de grès et de calcaire. On a tâché, au contraire, de placer
chaque roche comme elle se trouve dans la nature, selon l'ordre de sa superposition ou de son âge respectif. Les différentes
formations de granite sont séparées par des gneis, des micaschistes, des calcaires noirs (de transition) et des grauwackes. Dans
les roches de transition on a éloigné les formations des porphyres et des syénites du Mexique et du Pérou, qui sont antérieures au grauwacke et au calcaire à orthocératites, de la formation, beaucoup plus récente, des porphyres et des syénites
zirconiennes de la Scandinavie. Dans les roches secondaires on
a éloigné le grès à oolithes de Nebra, qui est postérieur au calcaire alpin ou zechstein, du grès rouge (grès houiller), qui appartient à une même formation avec le porphyre et le mandelstein secondaires. D'après le principe que nous suivons, les
mêmes noms de roches se retrouvent plusieurs fois dans le
même tableau. Un micaschiste anthraciteux (de transition) est
séparé, par un grand nombre de formations plus anciennes, du
micaschiste antérieur au thonschiefer primitif.

Au lieu d'une *classification* des roches granitiques, schisteuses, calcaires et arénacées (agrégées), j'ai voulu présenter
une esquisse de la structure géognostique du globe, un tableau
dans lequel les roches superposées se succèdent, de bas en
haut, comme dans ces *coupes idéales* que j'ai dessinées, en
1804, à l'usage de l'*École des mines de Mexico*, et dont beaucoup de copies ont été répandues depuis mon retour en Europe (*Bosquejo de una Passigrafia geognostica, con tablas que*

enseñan la stratificacion y el parallelismo de las rocas en ambos
continentes, para el uso del Real Seminario de Mineria de
Mexico). Ces tableaux pasigraphiques réunissoient, à mes propres observations faites dans les deux Amériques, ce qu'à cette
époque on avoit recueilli de plus précis sur le gisement des
roches primitives, intermédiaires et secondaires, dans l'ancien
continent. Elles offroient, avec le type que l'on pouvoit regarder comme le plus général, les types secondaires, c'est-à-dire
les couches que j'ai nommées *parallèles*. Cette même méthode
a été suivie dans le travail que je publie aujourd'hui. Mes formations *parallèles* sont des *équivalens* géognostiques ; ce sont
des roches qui se représentent les unes les autres (voyez le
Traité de Géologie de M. d'Aubuisson, tom. II, pag. 255). En
Angleterre et sur le continent de l'Europe opposé, il n'existe
pas une identité de toutes les formations : il y existe des équivalens ou des formations parallèles. Celles de nos houilles
situées entre les terrains de transition et le grès rouge, la position du sel gemme qui se trouve sur le continent dans le calcaire alpin (zechstein), la position de nos oolithes dans le
grès de Nebra et dans le calcaire du Jura peuvent guider le
géognoste dans le rapprochement des formations éloignées.
On observe en Angleterre les houilles (coal-mesures) placées
sur des formations de transition, par exemple, sur le calcaire
ou mountain-limestone du Derbyshire et de South-Wales, et
sur le grès de transition ou old red sandstone de Herfordshire.
J'ai cru reconnoître dans le magnesian-limestone, le red-marl,
le lias et les oolithes blanches de Bath, les *formations réunies* de
calcaire alpin (avec sel gemme), de grès à oolithes (bunte
sandstein) et de calcaire du Jura. En comparant les formations de pays plus ou moins éloignés, celles de l'Angleterre
et de la France, du Mexique et de la Hongrie, du bassin secondaire de Santa-Fé de Bogota et de la Thuringe, il ne
faut pas vouloir opposer à chaque roche une *roche parallèle;*
il faut se rappeler qu'une seule formation peut en *représenter*

plusieurs autres. C'est ainsi que des bancs d'argile inférieurs
à la craie peuvent, en France (cap La Hève, près de Caen),
être séparés de la manière la plus tranchée des couches calcaires oolithiques; tandis qu'en Suisse, en Allemagne et dans
l'Amérique méridionale, ils ont pour *équivalens* des bancs de
marnes subordonnés au calcaire du Jura. Les gypses, qui,
dans un district, ne sont quelquefois que des couches intercalées dans le calcaire alpin ou le grès à oolithes, prennent,
dans un autre district, toute l'apparence de formations indépendantes, et se trouvent placés entre le calcaire alpin et le
grès à oolithes, entre ce grès et le muschelkalk (calcaire de
Gœttingue). Le savant professeur d'Oxford, M. Buckland, dont
les recherches étendues ont été également utiles aux géognostes
de l'Angleterre et du continent, a publié récemment un tableau de formations parallèles, ou, comme il les appelle aussi,
equivalents of rocks, qui ne s'étend que du 44.ᵉ au 54.ᵉ degré
de latitude boréale, mais qui mérite la plus grande attention.
(*On the structure of the Alps, and their relation with the rocks
of England,* 1821.)

De même que dans l'histoire des peuples anciens il est plus
facile de vérifier la série des événemens dans chaque pays que
de déterminer leur coïncidence mutuelle, de même aussi on
parviendra plutôt à connoître avec la plus grande exactitude
la superposition des formations dans des régions isolées, qu'à
déterminer l'âge relatif ou le parallélisme des formations qui
appartiennent à différens systèmes de roches. Même dans des
pays peu éloignés les uns des autres, en France, en Suisse et
en Allemagne, il n'est pas aisé de fixer l'ancienneté relative du
muschelkalk, de la molasse d'Argovie et du quadersandstein du
Harz, parce que l'on manque le plus souvent de roches généralement répandues, servant, selon l'expression heureuse de M.
de Gruner, d'*horizon géognostique*, et auxquelles on pourroit
comparer les trois formations que nous venons de nommer.
Lorsque des roches ne sont pas en contact immédiat, on ne

peut juger de leur parallélisme que par leurs rapports d'âge avec
d'autres formations qui les unissent.

Ces recherches de *géognosie comparée* occuperont encore long-
temps la sagacité des observateurs, et il n'est pas surprenant
que ceux qui s'attendoient à retrouver chaque formation dans
toute l'individualité de son gisement, de sa structure intérieure
et de ses couches subordonnées, finissent par nier toute analogie
de superposition. J'ai eu l'avantage de visiter, avant mon voyage
à l'équateur, une grande partie de l'Allemagne, de la France,
de la Suisse, de l'Angleterre, de l'Italie, de la Pologne et de
l'Espagne. Pendant ces courses, mon attention étoit particulièrement fixée sur le gisement des formations, phénomène que
je comptois discuter dans un ouvrage particulier. Arrivé dans
l'Amérique du Sud, et parcourant d'abord en différentes directions le vaste terrain qui se prolonge de la chaîne côtière de
Venezuela au bassin de l'Amazone, je fus singulièrement frappé
de la conformité de superposition qu'offrent les deux continens.
(Voyez ma première esquisse d'un tableau géologique de l'Amérique équinoxiale, dans le *Journal de physique, tom. LIII, pag.*
3o.) Des observations postérieures, qui embrassoient les Cordillères du Mexique, de la Nouvelle-Grenade, de Quito et du
Pérou, depuis le 21.ᵉ degré de latitude boréale jusqu'au 12.ᵉ
degré de latitude australe, ont confirmé ces premiers aperçus.
Le type des formations s'est plutôt agrandi à mes yeux, qu'il ne
s'est altéré dans ses parties les plus essentielles. Mais, en parlant des analogies que l'on observe dans le gisement des roches
et de l'uniformité de ces lois qui nous révèlent l'ordre de la nature, je puis citer un témoignage bien autrement imposant que
le mien, celui du grand géognoste dont les travaux ont le plus
avancé la connoissance de la structure du globe. M. Léopold de
Buch a poussé ses recherches de l'archipel des îles Canaries jusqu'au-delà du cercle polaire, au 71.ᵉ degré de latitude. Il a découvert de nouvelles formations placées entre les formations
anciennement connues ; et, dans les terrains primitifs comme

dans les terrains de transition , dans les secondaires comme dans les volcaniques, il a été frappé des grands traits qui caractérisent le tableau des formations dans les régions les plus éloignées.

Du scepticisme qui nie tout ordre dans le gisement des roches, il faut distinguer une opinion qui renaît, de temps en temps, parmi des observateurs très-expérimentés, et d'après laquelle les formations de granite-gneis, de grauwacke, de calcaire alpin et de craie, uniformément superposées dans différens pays, ne correspondent guère entre elles par rapport à l'âge des élémens homonymes de chaque série. On croit qu'une roche secondaire peut avoir été formée sur un point du globe, lorsque les roches de transition n'existoient pas encore sur un autre point. Dans cette supposition il ne s'agit pas de ces roches granitiques qui recouvrent un calcaire rempli d'orthocératites, et qui sont par conséquent postérieures aux roches primitives. C'est un fait généralement reconnu de nos jours, que des formations de *composition analogue* se sont répétées à des époques très-éloignées les unes des autres. Le doute que nous exposons, sans le partager nous-mêmes, porte sur un point beaucoup moins constaté, sur la question de savoir si des micaschistes indubitablement placés dans un pays au milieu de roches primitives (au-dessous de celles dans lesquelles la vie organique commence à paroître), sont plus neufs que les roches secondaires d'un autre pays. J'avoue que, dans la partie du globe que j'ai pu examiner, je n'ai rien vu qui semble confirmer cette opinion. Des roches grenues syénitiques répétées deux, peut-être même trois fois, dans des terrains primitifs, intermédiaires (et secondaires ?) sont des phénomènes analogues qui nous sont devenus familiers depuis quinze ans ; mais la non-concordance d'âge des grands terrains homonymes ne me semble guère prouvée jusqu'ici par des observations directes, faites sur le contact de formations superposées. La craie ou le calcaire du Jura peut, d'un côté, couvrir immédiatement le granite primitif, et de l'autre en être séparé par de nombreuses roches secondaires et de transition : ces faits très-communs ne démontrent que la soustraction, l'absence, le non-développement de plusieurs membres intermédiaires de la série géognostique. Le grauwacke peut, d'un côté, plonger sous une roche feldspathique, par exemple, sous du granite de transition ou sous la syénite zirconienne, et, de l'autre côté, être superposé à du calcaire noir rempli de madrépores : ce gisement ne démontre que la position intermédiaire d'une couche de grauwacke entre des roches calcaires et des roches feldspathiques de transition. Depuis que, par les travaux importans de MM. Cuvier et Brongniart, l'examen approfondi des corps organisés fossiles a répandu comme une nouvelle vie dans l'étude des terrains tertiaires, la découverte des mêmes fossiles dans des couches analogues de pays très-éloignés a rendu encore plus probable l'isochronisme de formations très-généralement répandues.

C'est cet isochronisme seul, c'est cet ordre admirable de succession, qu'il semble donné à l'homme de reconnoître avec quelque certitude. Les essais que des géologues hébraïzans ont faits pour soumettre les époques à des mesures absolues du temps, et pour lier la chronologie d'anciennes mythes cosmogoniques aux observations mêmes de la nature, n'ont pu être qu'infructueux. « On a voulu plus d'une fois (dit M. Ramond dans un « discours rempli de vues philosophiques) trouver dans les mo- « numens de la nature un supplément à nos courtes annales. « C'étoit pourtant assez des siècles historiques pour nous ap- « prendre que la succession des événemens physiques et moraux « ne se règle point sur la marche uniforme du temps, et ne « sauroit par conséquent en donner la mesure. Nous voyons « derrière nous une suite de créations et de destructions par « l'arrangement des couches dont la croûte de la terre est for- « mée. Elles font naître l'idée d'autant d'époques distinctes; « mais ces époques si fécondes en événemens peuvent avoir été « très-courtes, eu égard au nombre et à l'importance des résul-

« tats. Entre les créations et les destructions, au contraire,
« nous ne voyons rien, quelle que puisse être l'immensité des
« intervalles. Là ou tout se perd dans le vague d'une antiquité
« indéterminée, les degrés d'ancienneté n'ont plus de valeur
« appréciable, parce que la succession des phénomènes n'a plus
« d'échelle qui se rapporte à la division du temps. » (*Mémoires
de l'Institut pour l'année* 1815, *pag.* 47.)

Dans la monographie géognostique d'un terrain de peu d'é-
tendue, par exemple, des environs d'une ville, on ne sauroit
distinguer assez minutieusement les différentes couches qui composent les formations locales. Des bancs de sable et d'argile,
les sousdivisions des gypses, les strates de calcaire marneux et
oolithique, désignés en Angleterre sous les noms de Purbeck-
Beds, Portland-Stone, Coral-Ray, Kelloway-Rock et Corn-Brash,
acquièrent alors beaucoup d'importance. De minces couches de
terrains secondaires et tertiaires, renfermant des assemblages de
corps fossiles très-caractéristiques, ont servi d'*horizon* au géognoste. On a pu, dans leur prolongement, rapporter à l'une
d'elles ce qui se trouve placé au-dessus ou au-dessous dans
l'ordre de la série totale. Les dénominations particulieres par
lesquelles on distingue ces couches, offrent même beaucoup
d'avantage dans une description géognostique, quelque bizarre
ou impropre que puisse être leur signification ou leur origine
puisée dans le langage des mineurs. Mais, dès que l'on traite du
gisement des roches sur une surface très-étendue, il est indispensable de considérer les formations ou agroupemens habituels
de certaines couches sous un point de vue plus général. C'est
alors qu'il faut être plus sobre et plus circonspect dans la distinction des roches et dans leur nomenclature. L'ouvrage de M.
Freiesleben sur les plaines de la Saxe, qui ont plus de 700
lieues carrées (*Geograph. Beschreibung des Kupferschiefergebirges,
in 4 Theilen,* 1807 — 1815), offre un beau modèle de la réunion d observations locales et de généralisations géognostiques.
Ces généralisations, ces essais de simplifier le tableau des for-

mations et de ne s'arrêter qu'à de grands traits caractéristiques,
doivent être plus ou moins timides, selon qu'on décrit le bassin
d'un fleuve, une province isolée, un pays grand comme la
France et l'Allemagne, ou un continent entier.

Plus on approfondit l'étude des terrains, plus la liaison entre
des formations qui nous paroissent d'abord entièrement indépendantes, se manifeste par le grand phénomène d'*alternance*,
c'est-à-dire par une succession périodique de couches qui offrent
de l'analogie dans leur composition, et quelquefois même dans
de certains corps fossiles. C'est ainsi que dans les montagnes de
transition, par exemple, en Amérique (à l'entrée des plaines de
Calabozo), des bancs de grünstein et d'euphotide; en Saxe (près
de Friedrichswalde et Maxen), les schistes avec ampélites, les
grauwackes, les porphyres, les calcaires noirs et les grünstein,
constituent, d'après leur *alternance* fréquente et répétée, une
même formation. Souvent il arrive que des bancs subordonnés
ne paroissent qu'à la limite extrême d'une formation, et prennent l'aspect d'une roche indépendante. Les marnes cuivreuses et
bitumineuses (Kupferschiefer), qui se trouvent placées en Thuringe entre le calcaire alpin (zechstein) et le grès rouge (rothes
liegende), et qui sont devenues depuis des siècles l'objet de
grandes exploitations, sont *représentées* dans plusieurs parties du
Mexique, de la Nouvelle-Andalousie et de la Bavière méridionale, par des couches multipliées d'argile marneuse, plus ou
moins carburées, et enclavées dans le calcaire alpin. Des circonstances semblables donnent souvent à des gypses, à des grès,
et à de petits bancs de calcaires compactes, l'apparence de formations particulières. On reconnoît leur dépendance ou leur
subordination par leur association fréquente avec d'autres roches,
par leur manque d'étendue et d'épaisseur, ou par leur suppression totale fréquemment observée. Il ne faut point oublier (et ce
fait m'a beaucoup frappé dans les deux hémisphères) que les
grandes formations de calcaires, par exemple le calcaire alpin,
ont *leurs grès*, comme les grès très-généralement répandus ont

leurs bancs calcaires. De minces couches de grès, de calcaires et de gypses caractérisent, sous toutes les zones, les dépôts de houille et de sel gemme ou d'argile muriatifère (salzthon), dépôts isolés qui le plus souvent ne sont recouverts que de ces petites formations locales. C'est en négligeant ces considérations, qui devroient être familières à tout géognoste expérimenté, que l'on a rendu trop compliqué le type des grandes formations indépendantes.

Le phénomène de l'*alternance* se manifeste, ou localement dans des roches superposées plusieurs fois les unes aux autres, et constituant une même formation complexe, ou dans la suite des formations considérées dans leur ensemble. Ce sont ou des grünstein et des syénites, des schistes et des calcaires de transition, des couches de calcaires et de marne qui alternent immédiatement, ou c'est tout un système de micaschistes et de roches feldspathiques grenues (granites, gneis et syénites) qui reparoît parmi les terrains de transition, et que séparent du système homonyme primitif les grauwackes et les calcaires à orthocératites. La première connoissance de ce fait, un des plus importans et des plus inattendus de la géognosie moderne, est due aux belles observations de MM. Léopold de Buch, Brochant et Hausmann. Ce phénomène rapproche, non par rapport au temps ou à l'ancienneté relative, mais par rapport à l'analogie de composition et d'aspect, le terrain de transition du terrain primitif. De ce que, dans le premier, des roches grenues, dépourvues entièrement de débris organiques, succèdent à des roches compactes qui contiennent ces mêmes débris, de célèbres géognostes ont conclu que cette *alternance* de roches coquillières et non coquillières pourroit bien s'étendre au-delà des terrains que nous appelons primitifs. On n'a pas seulement demandé si des thonschiefer, des micaschistes et des gneis ne supportoient pas les granites que l'on a crus les plus anciens; on a aussi agité la question de savoir si des grauwackes et des calcaires noirs à madrépores ne pourroient pas se retrouver sous ces mêmes granites. D'après cet aperçu, les roches primitives et de transition ne formeroient qu'un seul terrain, et les premières pourroient être regardées comme intercalées dans un terrain postérieur au développement des êtres organisés et qui pénétreroit à une profondeur inconnue dans l'intérieur du globe. J'avoue qu'aucune observation directe n'a pu être citée jusqu'ici pour étayer ces suppositions. Les fragmens de roches que j'ai vus enchâssés dans les laves lithoïdes des volcans du Mexique, de Quito et du Vésuve, et que l'on croit arrachés aux entrailles de la terre, semblent appartenir à des roches altérées de granite, de micaschiste, de syénite et de calcaire grenu, et non à des grauwackes et à des calcaires à madrépores.

On a conservé, dans le tableau des roches, les grandes divisions connues sous le nom de terrains primitifs, intermédiaires, secondaires et tertiaires. Les limites naturelles de ces quatre *systèmes de roches* sont le thonschiefer avec ampélite et pierre lydienne, alternant avec des calcaires compactes et des grauwackes, la formation des houilles et les formations qui succèdent immédiatement à la craie. En géognosie, comme dans la botanique descriptive (phytographie), les sousdivisions ou les petits groupes des familles ont des caractères plus tranchés que les grandes divisions ou les classes. C'est le cas de toutes les sciences dans lesquelles on s'élève de l'individu aux espèces, des espèces aux genres, et de ceux-ci à des degrés d'abstraction encore supérieurs. Une méthode repose nécessairement sur des *abstractions diversement graduées*, et les passages deviennent plus fréquens à mesure que les caractères sont plus complexes. Les terrains intermédiaires de Werner, que M. de Buch a limités le premier avec la sagacité qui le distingue (*Moll's Jahrbücher*, 1798, *Band* 2, *pag.* 254), tiennent, par le thonschiefer ampéliteux, les syénites à zircons, les granites quelquefois dépourvus d'amphibole, et les micaschistes anthraciteux, aux terrains primitifs, tandis que les grauwackes à petits grains et les calcaires madréporiques et compactes les lient aux grès houillers et aux calcaires des terrains secondaires.

Des porphyres de formations très-différentes ont leur siége
principal parmi les roches de transition ; mais ils débordent,
pour ainsi dire, en masses considérables vers les terrains secondaires, où ils se lient au grès houiller, tandis qu'ils ne
pénètrent dans le terrain primitif que comme des couches
subordonnées et de peu d'épaisseur. Le mouvement progressif,
ou, si j'ose me servir de ce mot impropre, l'étendue de l'*oscillation* de la serpentine et de l'euphotide, est très-différent.
Ces roches de diallage, constituant plusieurs formations distinctes, rarement recouvertes, et d'un gisement difficile à vérifier, s'arrêtent presque à la limite inférieure des terrains
secondaires ; vers le bas elles percent bien avant dans les terrains primitifs au-delà du micaschiste. La craie semble offrir
une limite naturelle aux terrains tertiaires, que MM. Cuvier
et Brongniart ont caractérisés les premiers, et avec justesse,
comme des terrains entièrement différens des dernières formations
secondaires, décrites par l'école de Freyberg (*Géogr. minér.
des environs de Paris*, pag. 8 *et* 9). Frappé des rapports qui
existent entre le terrain tertiaire et les couches sous la craie,
M. Brongniart a même proposé récemment de désigner les
formations tertiaires sous le nom de *terrains secondaires supérieurs.* (*Sur le gisement des ophiolithes*, pag. 37 ; comparez
aussi les discussions géognostiques très-intéressantes que renferme le *Traité des roches de M. de Bonnard*, pag. 138, 210
et 212.)

La distinction des quatre terrains que nous venons de nommer successivement, et dont trois sont postérieurs au développement de la vie organique sur le globe, me paroît digne d'être
conservée, malgré le passage de quelques formations à des formations différentes, et malgré les doutes que plusieurs géognostes très-distingués ont fondés sur ces passages. La classification des terrains marque de grandes époques de la nature,
par exemple, la première apparition de quelques animaux pélagiques (zoophytes, mollusques céphalopodes) et la destruction

simultanée d'une énorme masse de monocotylédones ; elle offre
comme des points de repos à l'esprit ; et, tout en se rappelant
que les formations mêmes sont bien plus importantes que les
grandes divisions, on a souvent lieu, en avancant des hautes
montagnes vers les plaines, de reconnoître l'influence diverse
que l'agroupement des roches primitives et intermédiaires, celui
des roches secondaires et tertiaires ont exercé sur l'inégalité et
la configuration du sol. C'est à cause de cette influence que
l'aspect du paysage, la forme des montagnes et des plateaux,
le caractère de la végétation, varient moins, lorsqu'on voyage
parallèlement à la direction des couches, qu'en les coupant à
angle droit. (*Greenough*, *Crit. examinat. of Geologie*, pag. 38.)
    Je continue, en suivant MM. de Buch, Freiesleben, Bro-
chant, Beudant, Buckland, Raumer (*Geb. von Nieder-Schlesien*,
1819) et d'autres géognostes célèbres, à grouper les formations
indépendantes, d'après les divisions en terrains primitifs, de
transition, secondaires, etc., sans m'appesantir sur l'impro-
priété de la plupart de ces dénominations. Je continue de séparer l'argile (avec lignites) superposée à la craie, de celle qui
est dessous, et la craie même, des formations secondaires plus
anciennes. Mais ces distinctions par assises et par groupes
d'assises, si utiles dans la description d'un terrain de peu d'é-
tendue, ne doivent pas empêcher le géognoste, lorsqu'il tente
de s'élever à un point de vue plus général, de lier ces argiles
et la craie au calcaire du Jura, et de les regarder comme les
derniers strates de cette grande formation composée de couches
calcaires et marneuses. Les assises inférieures de la craie (*tuffeau*) renferment des ammonites. Le calcaire de la montagne
de Saint-Pierre de Maëstricht indique, comme l'ont déjà observé MM. Omalius et Brongniart (*Géographie minérale, p.* 13),
le passage de la craie à des calcaires secondaires plus anciens.
Près de Caen, selon les belles observations de M. Prevost, les
argiles sous la craie renferment ces mêmes lignites qui se trouvent, en plus grande masse, dans l'argile superposée à la

craie; des cérites, qui rappellent le calcaire grossier de Paris, se montrent, dans un calcaire à trigonies, placés entre des argiles inférieures à la craie et les couches oolithiques. Je n'insiste pas sur ces faits particuliers; je les cite seulement pour prouver, par un exemple frappant, comment, en rapprochant des faits observés sur différens points d'un même pays, le grand phénomène de l'*alternance* nous révèle des liaisons entre des formations qui, au premier abord, paroissent n'avoir presque rien de commun. C'est le propre de ces couches qui alternent les unes avec les autres, de ces roches qui se succèdent en *série périodique*, d'offrir les contrastes les plus marqués dans les deux couches qui se suivent immédiatement. En géognosie, comme dans les différentes parties de l'histoire naturelle descriptive, il faut reconnoître l'avantage des classifications, des coupes diversement graduées, sans jamais perdre de vue l'unité de la nature. Aussi, ceux qui ont avancé le plus la philosophie naturelle, ont eu à la fois et la tendance à généraliser et la connoissance exacte d'une grande masse de faits particuliers.

On a l'habitude de terminer la série des terrains par les roches volcaniques, et de les faire succéder aux terrains secondaires et tertiaires, même aux terrains de transport. Dans un tableau formé d'après le seul principe de l'ancienneté relative, cet arrangement m'a paru peu convenable. Sans doute que des laves lithoïdes se sont répandues sur les formations les plus récentes, même sur des couches de galets. On ne sauroit nier qu'il n'existe des productions volcaniques de différentes époques; mais, d'après ce que j'ai pu observer dans les Cordillères du Pérou, de Quito et du Mexique, dans une partie du monde si célèbre par la fréquence des volcans, il m'a paru que le site principal des feux souterrains est dans les roches de transition et au-dessous de ces roches. J'ai reconnu que tous les cratères enflammés ou éteints des Andes se sont ouverts au milieu de porphyres trappéens ou trachytes (*Berl. Abhandl. der königl. Académie*, 1813, *pag.* 131), et que ces trachytes sont liés à la grande *formation de porphyre et de syénite* de transition. D'après cette remarque, il m'a paru plus naturel de faire suivre parallèlement, comme par bisection, les terrains secondaires et volcaniques aux terrains de transition. Par cette nouvelle disposition la formation des porphyres et des grauwackes, ou celle des porphyres, des syénites et des granites de transition, se trouve liée à la fois, 1.° aux porphyres du grès rouge dans le terrain houiller secondaire, 2.° aux trachytes ou porphyres trappéens qui sont dépourvus de quarz et mêlés de pyroxènes. J'emploie à regret le mot de *terrain volcanique*, non que je doute, comme ceux qui désignent les trachytes, les basaltes et les phonolithes (porphyrschiefer) sous le nom de *terrain trappéen*, que tout ce que j'ai réuni dans le terrain volcan que ne soit produit ou altéré par le feu; mais parce que plusieurs roches, intercalées entre les roches (primitives?), de transition et secondaires, pourraient bien aussi être volcaniques. J'aurois de plus voulu éviter toute idée (historique) de l'origine des choses dans un tableau (statistique) de gisement ou de superposition. A Skeen, en Norwége, une syénite basaltique et poreuse, renfermant des pyroxènes, est placée, d'après l'observation de M. de Buch, entre le calcaire de transition et la syénite zirconienne. C'est une couche, non un filon (dyke); c'est un phénomène bien moins problématique que le basalte (urgrünstein? Buch, *Geognost. Beobacht.*, *tom.* 1, *pag.* 124 et Raumer, *Granit des Riesengebirges*, *pag.* 70) renfermé dans le micaschiste de Krobsdorf en Silésie. Les trachites avec obsidienne du Mexique sont intimement liés aux porphyres de transition, qui alternent avec des syénites. Les mandelstein, appartenant au grès rouge, prennent, sur le continent de l'Europe et dans l'Amérique équinoxiale, tout l'aspect d'un mandelstein de formation basaltique. M. Boué, dans son intéressant *Essai géologique sur l'Écosse*, *pag.* 126 — 162, a décrit des roches pyroxéniques (dolérites) enclavées dans le grès rouge.

Sans rien préjuger sur l'origine de ces masses, ni, en général, sur celle de toutes les roches primitives et de transition, nous désignons ici par le nom de terrains volcaniques la *série la moins interrompue* de roches altérées par le feu.

En faisant l'énumération des roches, je me suis servi des noms le plus généralement employés par les géognostes de la France, de l'Allemagne, de l'Angleterre et de l'Italie; j'aurois craint, en essayant de perfectionner la nomenclature des formations, d'ajouter des nouvelles difficultés à celles que présente déjà la discussion des gisemens. J'ai cependant évité avec soin les dénominations, trop long-temps conservées, de *calcaire inférieur* et *supérieur;* de gypse *de première, seconde* ou *troisième formation;* d'*ancien* ou de *nouveau grès rouge,* etc. Ces dénominations offrent sans doute un vrai caractère géognostique: elles ont rapport, non à la composition des roches, mais à leur âge relatif. Cependant, comme le type général des formations de l'Europe ne peut être modelé sur celui d'un seul canton, la nécessité d'admettre des formations parallèles (*sich vertretende Gebirgsarten*) rend les noms de *premier* ou *second gypse,* de *grès ancien* ou *mitoyen,* extrêmement vagues et obscurs. Dans un pays on est en droit de considérer une couche de gypse ou de grès comme une formation particulière, tandis que dans un autre on doit la regarder comme subordonnée à des formations voisines. Les meilleures dénominations sont sans doute les *dénominations géographiques :* elles font naître des idées de superposition très-précises. Lorsqu'on dit qu'une formation est identique avec le porphyre de Christiania, le lias de Dorsetshire, le grès de Nebra (bunter sandstein), le calcaire grossier de Paris, ces assertions ne laissent, à un géognoste instruit, aucun doute sur la position que l'on veut assigner à la formation que l'on décrit. Aussi c'est comme par convention tacite que les mots : *zechstein de Thuringe, calcaire de Derbyshire, terrain de Paris,* etc., se sont introduits dans le langage minéralogique; ils rappellent un calcaire qui succède immédiatement au grès rouge houiller, un calcaire de transition placé sous le grès houiller, enfin, des formations plus récentes que la craie. Les seules difficultés que présente la multiplicité de ces dénominations géographiques, consistent dans le choix des noms et dans le degré de certitude que l'on a acquis sur le gisement ou l'âge relatif de la roche à laquelle on rapporte les autres. Les géognostes anglois cherchent sur le continent leur *lias* et leur *red-marl ;* les géognostes allemands leur *bunte sandstein* et leur *muschelkalk.* Ces mots se trouvent associés dans l'esprit des voyageurs à des souvenirs de localités. Il ne s'agit par conséquent, pour faire naître des idées précises, que de choisir des localités assez généralement connues et qui sont célèbres, soit par l'exploitation des mines, soit par des ouvrages descriptifs.

Pour diminuer les effets des vanités nationales, et pour rattacher les nouveaux noms à des objets plus importans, j'avois proposé, il y a long-temps (1795), les dénominations de *pierre calcaire alpine,* et *calcaire du Jura.* Une partie des Hautes-Alpes de la Suisse, et la majeure partie du Jura, sont sans doute formées de ces deux roches : cependant les noms, aujourd'hui généralement reçus, de calcaire alpin (zechstein) et de calcaire du Jura, devroient être, à ce que je pense, modifiés ou entièrement abandonnés. Les assises inférieures des montagnes du Jura, remplies de gryphites, appartiennent à une formation plus ancienne, peut-être au zechstein ; et une très-grande partie du calcaire des Alpes de la Suisse n'est certainement pas du zechstein ; mais, d'après MM. de Buch et Escher, du calcaire de transition. Il vaut donc mieux choisir les noms géographiques des roches parmi les noms de montagnes isolées et dont toute la masse visible n'appartient qu'à une seule formation, que de les emprunter, comme je l'ai fait à tort, à des chaînes entières. J'avois pensé, et beaucoup de géognostes ont partagé cette opinion, que le calcaire du Jura (calcaire à cavernes de Franconie) étoit généralement placé, sur le continent,

au-dessous du grès de Nebra (bunte sandstein), entre ce grès
et le zechstein. Des observations postérieures ont prouvé que le
nom de calcaire du Jura avoit été avec raison appliqué à des
roches qui sont très-éloignées des montagnes de la Suisse occidentale ; mais que la véritable place géognostique de cette
formation (lorsqu'il n'y a pas *suppression* des formations inférieures) se trouve bien' au-dessus du grès de Nebra, entre le
muschelkalk (ou le quadersandstein?) et la craie. Un nom géographique, justement appliqué à plusieurs roches analogues,
nous rend attentif à leur identité de gisement ; mais la place
que des roches homonymes doivent occuper dans la série totale, n'est bien déterminée que lorsque le nom géographique
a été choisi après avoir acquis une certitude entière sur leur
gisement. Les géognostes se trouvent encore dans une position
semblable, en fixant l'âge relatif de la molasse d'Argovie (nagelfluhe) et du quadersandstein de Pirna (grès blanc de
M. de Bonnard), deux roches très-récentes, qui ont été très-
bien étudiées séparément, mais dont les rapports entre elles
et avec la craie et le calcaire du Jura n'ont été que très-ré-
cemment éclaircis. On peut être assez sûr d'avoir rencontré
dans le nouveau continent des roches identiques avec la molasse ou le quadersandstein, sans pouvoir prononcer pour cela
sur leurs rapports avec toutes les autres secondaires ou tertiaires.
Quand des formations ne se touchent pas immédiatement, et
qu'elles ne sont pas recouvertes par des terrains d'un gisement
connu, on ne peut juger de leur ancienneté relative que d'après
de simples analogies.

Les *termes* de la série géognostique sont ou *simples* ou *complexes*.
Aux termes simples appartiennent la plupart des formations primitives : les granites, les gneis, les micaschistes, les thonschiefer, etc. Les termes complexes se trouvent en plus grand
nombre parmi les roches de transition : c'est là que chaque
formation comprend un groupe entier de roches qui alternent
périodiquement. Les termes de la série n'y sont pas des calcaires

de transition ou des grauwackes, constituant des formations indépendantes : ce sont des associations de thonschiefer, grünstein et grauwacke; de porphyre et grauwacke; de calcaire grenu stéatiteux et de poudingues à roches primitives; de thonschiefer et de calcaire noir. Lorsque ces associations sont formées de trois ou quatre roches qui alternent, il est difficile de leur donner des noms significatifs, des noms qui indiquent toute la composition du groupe, tous les membres partiels du terme complexe de la série. On peut alors aider à fixer les groupes dans la mémoire, en rappelant les roches qui y dominent sans manquer absolument dans les groupes voisins. C'est ainsi que le calcaire grenu stéatiteux caractérise la formation de la Tarantaise; le grauwacke, la grande formation de transition du Harz et des bords du Rhin; les porphyres métallifères riches en amphibole et presque dépourvus de quarz, la formation du Mexique et de la Hongrie. Si les phénomènes d'alternance et d'agroupement atteignent leur *maximum* dans les terrains de transition, ils ne sont pas entièrement exclus pour cela des terrains primitifs et secondaires. Dans l'un et l'autre de ces terrains, des termes complexes sont mêlés aux termes simples de la série géognostique. Je citerai parmi les formations secondaires le grès placé au-dessus du calcaire alpin (le grès de Nebra, le bunte sandstein), qui est une association d'argile marneuse, de grès et d'oolithes; le calcaire qui recouvre le grès rouge houiller (le zechstein ou alpenkalkstein), qui est une association moins constante de calcaire, de gypse (muriatifère). de stinkstein et de marne bitumineuse pulvérulente (asche des mineurs du Mansfeld). Dans les terrains primitifs nous trouvons les trois premiers termes de la série, les roches les plus anciennes, ou isolés ou alternant deux à deux, selon qu'ils sont géognostiquement plus rapprochés par leur âge relatif, ou bien alternant tous les trois. Le granite forme quelquefois avec le gneis, le gneis avec le micaschiste, des associations constantes. Ces alternances suivent des lois particulières : on voit (par

exemple, au Brésil, et quoique moins distinctement, dans la
chaîne du littoral de Venezuela) le granite, le gneis et le micaschiste dans une triple association; mais je ne connois pas
de granite alternant seul avec du micaschiste, du gneis et du
micaschiste alternant seuls avec le thonschiefer.

Il ne faut pas confondre, et j'ai souvent insisté sur ce point
dans cet article, des roches passant insensiblement à celles qui
sont en contact immédiat avec elles, par exemple, des micaschistes qui *oscillent* entre le gneis et le thonschiefer, avec des
roches qui alternent les unes avec les autres, et qui conservent
tous leurs caractères distinctifs de composition et de structure.
M. d'Aubuisson a fait voir, il y a long-temps, combien l'analyse chimique rapproche le thonschiefer du mica. (*Journal de
physique*, tom. 68, *pag.* 128; *Traité de Géognosie*, tom. 2,
pag. 97.) Le premier, il est vrai, n'a pas l'éclat métallique du
micaschiste; il renferme un peu moins de potasse et plus de
carbone; la silice ne s'y réunit pas en nœuds ou lames minces
de quarz comme dans le micaschiste : mais on ne peut douter
que des feuillets de mica ne constituent la base principale du
thonschiefer. Ces feuillets sont tellement soudés ensemble, que
l'œil ne peut les distinguer dans le tissu. C'est peut-être cette
affinité même qui empêche l'alternance des thonschiefer et des
micaschistes : car dans ces alternances la nature semble favoriser l'association de roches hétérogènes; ou, pour me servir
d'une expression figurée, elle se plaît dans les associations dont
les roches alternantes offrent un grand contraste de cristallisation, de mélange et de couleur. Au Mexique j'ai vu des grünstein vert-noirâtre alterner des milliers de fois avec des syénites
blanc-rougeâtre et qui abondent plus en quarz qu'en feldspath :
il y a dans ce grünstein des filons de syénite, et dans la syénite
des filons de grünstein; mais aucune des deux roches ne passe
à l'autre. (*Essai politique sur la nouvelle Espagne*, tom. 2,
pag. 523.) Elles offrent sur la limite de leur contact mutuel
des différences aussi tranchées que les porphyres qui alternent

avec les grauwackes ou avec les syénites, que les calcaires
noirs qui alternent avec les thonschiefer de transition, et tant
d'autres roches de composition et d'aspect entièrement hétérogènes. Il y a plus encore : lorsque dans des terrains primitifs
des roches plus rapprochées par la nature de leur composition
que par leur structure ou par le mode de leur agrégation, par
exemple, les granites et les gneis, ou les gneis et les micaschistes, alternent, ces roches ne montrent guère cette même tendance de passer les unes aux autres qu'elles présentent isolément
dans des formations non complexes. Nous avons déjà fait observer plus haut que souvent une couche β, devenant plus fréquente dans la roche α, annonce au géognoste voyageur qu'à
la formation simple α va succéder une formation complexe
dans laquelle α et β alternent. Plus tard il arrive que β prend
un plus grand développement; que α n'est plus une roche alter-
nante, mais une simple couche subordonnée à β, et que cette
roche β se montre seule jusqu'à ce que par la fréquente apparition de couches γ elle prélude à une formation complexe
de β alternant avec.γ. On peut substituer à ces signes les
mots de granite, gneis et micaschiste; ceux de porphyre, grauwacke et syénite; de gypse, marne et calcaire fétide (stinkstein). Le langage *pasigraphique* a l'avantage de généraliser les
problèmes; il est plus conforme aux besoins de la *philosophie
géognostique*, dont j'essaie de donner ici les premiers élémens,
en tant qu'ils ont rapport à l'étude de la superposition des
roches. Or, si souvent entre des formations simples et très-
rapprochées dans l'ordre de leur ancienneté relative, entre les
formations α, β, γ, se trouvent placées des formations complexes, $\alpha\beta$ et $\beta\gamma$ (c'est-à-dire α alternant avec β, et β alternant avec γ); on observe aussi, quoique moins fréquemment,
qu'une des formations (par exemple, α) prend un accroissement si extraordinaire qu'elle enveloppe la formation β, et
que β, au lieu de se montrer comme une roche indépendante,
placée entre α et γ, n'est plus qu'une couche dans α C'est

ainsi que dans la Silésie inférieure le grès rouge renferme la formation du zechstein ; car le calcaire de Kunzendorf, rempli d'empreintes de poissons, et analogue à la marne bitumineuse et abondante en poissons de Thuringe, est entièrement enveloppé dans le grès houiller. (Buch, *Beob., T. I, pag.* 104, 157 ; *Idem, Reise nach Norwegen, T. I, pag.* 158; Raumer, *Gebirge von Nieder-Schlesien, pag.* 79.) M. Beudant (*Voyage minér., tom. III, pag.* 183) a observé un phénomène semblable en Hongrie. Dans d'autres régions, par exemple, en Suisse et à l'extrémité méridionale de la Saxe, le grès rouge disparoît entièrement, parce qu'il est remplacé et pour ainsi dire vaincu par un prodigieux développement du grauwacke ou du calcaire alpin. (Freiesleben, *Kupfersch. B. IV*, 109.) Ces effets de l'alternance et du développement inégal des roches sont d'autant plus dignes d'attention, que leur étude peut jeter du jour sur quelques déviations apparentes d'un type de superposition généralement reconnu ; et qu'elle peut servir à ramener à un type commun des séries de gisement observées dans des pays très-éloignés.

Pour désigner les formations composées de deux roches qui alternent les unes avec les autres, j'ai généralement préféré les mots *granite et gneis, syénite et grünstein,* aux expressions plus usitées de *granite-gneis, syénite-grünstein.* J'ai craint que cette dernière méthode de désigner des formations composées de roches alternantes, ne fît plutôt naître l'idée d'un passage du granite au gneis, de la syénite au grünstein. En effet, un géognoste dont les travaux sur les trachytes de l'Allemagne n'ont pas été assez appréciés, M. Nose, s'étoit déjà servi des mots *granite-porphyres* et *porphyre-granites,* pour indiquer des variétés de structure et d'aspect, pour séparer les granites porphyroïdes des porphyres qui, par la fréquence des cristaux empâtés dans la masse, présentent une structure d'agrégation, une véritable structure granitique. En adoptant les dénominations de granite et gneis, de syénite et porphyre, de grauwacke et

3

porphyre, de calcaire et thonschiefer, on ne laisse aucun doute
sur la nature des termes complexes de la série géognostique.

Parmi les différentes preuves de l'identité des formations dans
les régions les plus éloignées du globe, une des plus frappantes
et que l'on doit aux secours de la zoologie, est l'identité des
corps organisés enfouis dans des couches d'un gisement analogue. Les recherches qui conduisent à ce genre de preuves
ont singulièrement exercé la sagacité des savans, depuis que
MM. de Lamarck et Defrance ont commencé à déterminer les
coquilles fossiles des environs de Paris, et que MM. Cuvier et
Brongniart ont publié leurs mémorables travaux sur les ossemens
fossiles et les terrains tertiaires. Comme la plus grande masse
des formations qui composent la croûte de notre planète ne
renferme pas des dépouilles de corps organisés ; que ces dépouilles
sont très-rares dans les terrains de transition, souvent brisés et
difficiles à séparer de la roche dans les terrains secondaires très-
anciens, l'étude approfondie des corps fossiles n'embrasse qu'une
petite partie de la géognosie, mais une partie bien digne de
l'attention du philosophe. Les problèmes qui se présentent sont
nombreux : ils ont rapport à la géographie des animaux dont
les races sont éteintes, et qui par cette raison appartiennent
déjà à l'histoire de notre planète : ils nécessitent la discussion
des caractères zoologiques par lesquels on voudroit distinguer
les différentes formations superposées. Pour rester fidèle au but
que je me suis proposé, de ne considérer, dans cette *Introduction au Tableau des roches*, les objets que dans leur plus
grande généralité, je vais citer les questions de *zoologie géognostique* qui paroissent les plus importantes dans l'état actuel
de la science, et dont la solution a été tentée avec plus ou
moins de succès : Quels sont les genres et (si l'état de conservation et le peu d'adhérence à la masse rocheuse permettent
une détermination plus complète) quelles sont les espèces auxquelles on peut rapporter les dépouilles fossiles ? Une détermination exacte des espèces en fait-elle reconnoître avec certitude

qui sont identiques avec les plantes et les animaux du monde actuel ? Quels sont les classes, les ordres et les familles d'êtres organisés qui offrent le plus de ces analogies ? Dans quel rapport le nombre des genres et des espèces identiques augmente-t-il avec la nouveauté des roches ou des dépôts terreux ? L'ordre observé dans la superposition des terrains intermédiaires, secondaires, tertiaires et d'alluvion, est-il partout en harmonie avec l'analogie croissante qu'offrent les types d'organisation ? Ces types se succèdent-ils de bas en haut (en passant des grauwackes et des calcaires noirs de transition, par le grès houiller, le calcaire alpin, le calcaire du Jura et la craie, au gypse tertiaire, aux terrains d'eau douce et aux alluvions modernes) dans le même ordre que nous adoptons dans nos systèmes d'histoire naturelle, en disposant les êtres selon que leur structure devient plus compliquée, et qu'aux organes de la nutrition d'autres systèmes d'organes se trouvent ajoutés ? La distribution des corps organisés fossiles indique-t-elle un développement progressif de la vie végétale et animale sur le globe ; une apparition successive de plantes acotylédones et monocotylédones, de zoophytes, de crustacés, de mollusques (céphalopodes, acéphales, gastéropodes), de poissons, de sauriens (quadrupèdes ovipares), de plantes dicotylédones, de mammifères marins et de mammifères terrestres? En considérant les corps fossiles, non-dans leur rapport avec telle ou telle roche dans laquelle on les a découverts, mais simplement sous le point de vue de leur distribution climatérique, remarque-t-on une différence appréciable entre les espèces qui dominent dans l'ancien et le nouveau continent dans les climats tempérés et sous la zone torride, dans l'hémisphère boréal et dans l'hémisphère austral? Y a-t-il un certain nombre d'espèces tropicales que l'on trouve partout, et qui semblent annoncer qu'indépendantes d'une distribution de climats semblables aux climats actuels, elles ont éprouvé, au premier âge du monde, la haute température que la croûte crevassée du globe fortement échauffé dans son in-

térieur a donné à l'atmosphère ambiante ? Est-on sûr de distinguer par des caractères précis les coquilles d'eau douce et
les coquilles marines ? La détermination du genre suffit-elle ?
ou n'y a-t-il pas (comme parmi les poissons) quelques genres
dont les espèces vivent à la fois dans les fleuves et les mers?
Quoique dans quelques-unes des roches tertiaires les coquilles
fluviatiles se trouvent mélangées (par exemple, à l'embouchure
de nos rivières) avec les coquilles pélagiqnes, n'observe-t-on pas
en général que les premières forment des dépôts particuliers,
caractérisant des terrains dont l'étude avoit été négligée jusqu'ici, et qui sont d'une origine très-récente ? A-t-on jamais découvert sous le calcaire du Jura, près des poissons réputés fluviatiles, dans le schiste bitumineux du calcaire alpin, des
coquilles d'eau douce ? Des espèces identiques de fossiles se
trouvent-elles dans les mêmes formations sur différens points
du globe ? Peuvent-elles fournir des caractères zoologiques pour
reconnoître les diverses formations superposées? ou ne doit-on
pas plutôt admettre que des especes que le zoologiste est en
droit de regarder comme identiques, d'après les méthodes adoptées, pénètrent à travers plusieurs formations; qu'elles se montrent même dans celles qui ne sont pas en contact immédiat ?
Les caractères zoologiques ne doivent-ils pas être tirés et de
l'absence totale de certaines espèces, et de leur fréquence relative ou *prédominance*, enfin de leur association constante avec
un certain nombre d'autres espèces ? Est-on en droit de diviser
une formation dont l'unité a été reconnue d'après des rapports
de gisement et d'après l'identité des couches qui sont également
ment intercalées aux strates supérieurs et inférieurs, par la
seule raison que les premiers de ces strates renferment des coquilles d'eau douce, et les derniers des coquilles marines ? L'absence totale de corps organisés dans certaines masses de terrains
secondaire et tertiaire, est-elle un motif suffisant pour considérer ces masses comme des formations particulières, si d'autres
rapports géognostiques ne justifient pas cette séparation ?

Une partie de ces problèmes s'étoit présentée depuis long-
temps aux naturalistes. Déjà Lister avoit avancé, il y a plus
de cent cinquante ans, que chaque roche étoit caractérisée par
des coquilles fossiles différentes. (*Philos. Trans.*, *n.*° 76, *pag.*
2283.) Pour prouver que les coquilles de nos mers et de nos
lacs sont spécifiquement différentes des coquilles fossiles (*lapi-
des sui generis*), il affirme « que les dernières, par exemple,
« celles des carrières de Northamptonshire, portent tous les
« caractères de nos *Murex*, de nos *Tellines* et de nos *Trochus;*
« mais que des naturalistes qui ne sont pas accoutumés à s'ar-
« rêter à un aperçu vague et général des choses, trouveront
« les coquilles fossiles *spécifiquement* différentes de toutes les co-
« quilles du monde actuel. » Presque à la même époque, Nicolas
Stenon (*De solido intra solidum contento*, 1669, *pag.* 2, 17. 28,
63, 69, *fig.* 20—25) distingua le premier « les roches (primi-
« tives) antérieures à l'existence des plantes et des animaux sur
« le globe et ne renfermant par conséquent jamais des débris
« organiques, et les roches (secondaires) superposées aux pré-
« mières et remplies de ces débris (*turbidi maris sedimenta sibi
« invicem imposita*). » Il considéra chaque banc de roche secondaire « comme un sédiment déposé par un fluide aqueux ; » et
exposant un système entièrement semblable à celui de Deluc
« sur la formation des vallées par des affaissemens longitudi-
« naux, et sur l'inclinaison de couches d'abord toutes horizon-
« tales, » il admet pour le sol de la Toscane, à la manière de
nos géologues modernes, « six grandes époques de la nature
« (*sex distinctæ Etruriæ facies, ex præsenti facie Etruriæ col-
« lectæ*), selon que la mer inonda périodiquement le continent,
« ou qu'elle se retira dans ses anciennes limites. » Dans ces
temps où l'observation de la nature fit naître en Italie les premières idées sur l'âge relatif et la succession des couches primitives et secondaires, la zoologie et la géognosie ne pouvoient
encore se prêter un secours mutuel, parce que les zoologistes
ne connoissoient pas les roches, et que les géognostes étoient

entièrement étrangers à l'histoire naturelle des animaux. On se bornoit à des aperçus vagues, on regardoit comme spécifiquement identique tout ce qui offroit quelque analogie de forme; mais en même temps, et ceci étoit un pas fait dans la bonne route, on étoit attentif aux fossiles qui prédominoient dans telle ou telle roche. C'est ainsi que les dénominations de *calcaire à gryphites*, de *calcaire à trochites*, de *schistes à fougères*, *schistes à trilobites* (Gryphiten- und Trochiten-Kalk; Kräuter- und Trilobiten-Schiefer), furent très-anciennement employées par les minéralogistes d'Allemagne. La détermination des genres caractérisés par les dents, par les fossettes, par les lames saillantes et crénelées de la charnière, par les plis et les bourrelets de l'ouverture de la coquille, est bien plus difficile dans les roches secondaires très-anciennes que dans les formations tertiaires, les premières étant généralement moins friables et plus adhérentes au test du corps fossile. Cette difficulté augmente lorsqu'on veut distinguer les espèces; elle devient presque insurmontable dans quelques roches calcaires de transition et dans le muschelkalk, qui renferme des coquilles brisées. Si les caractères zoologiques d'un certain nombre de formations pouvoient être tirés de genres bien distincts, si les trilobites et les orthocératites appartenoient exclusivement aux terrains intermédiaires, les gryphites au calcaire alpin (zechstein), les pectinites au bunte sandstein (grès de Nebra), les trochites et mytulites au muschelkalk, les tellines au quadersandstein, les ammonites et turritelles au calcaire du Jura et à ses marnes, lés oursins anachytes et les spatanges à la craie, les cérites au calcaire grossier; la connoissance de ces genres seroit d'un secours aisé pour la détermination des roches : on n'auroit plus besoin d'examiner sur les lieux la superposition des formations; on reconnoîtroit ces dernières sans sortir de son cabinet, en ne consultant que les collections. Mais il s'en faut de beaucoup que la nature ait rendu si facile à l'homme l'étude des masses coquillières qui constituent la croûte de notre planète.

Les mêmes types d'organisation se sont répétés à des époques
très-différentes : les mêmes genres se retrouvent dans les formations les plus distinctes. Il y a des orthocératites dans les
calcaires de transition, les calcaires alpins et le grès bigarré ;
des térébratulites dans le calcaire du Jura et dans le muschelkalk ; des trilobites dans les thonschiefer de transition, dans le
schiste bitumineux du zechstein, et, selon un excellent géognoste, M. de Schlottheim, même dans le calcaire du Jura ; il
y a des pentacrinites dans le thonschiefer de transition et dans
le muschelkalk le plus moderne. Les ammonites pénètrent à
travers beaucoup de formations calcaires et marneuses, depuis
les grauwackes (Raumer, *Versuche*, pag. 22 ; Schlottheim,
Petrefactenkunde, pag. 38) jusque dans les couches inférieures
de la craie. Il y a des troncs de monocotylédones et dans le
grès rouge, et dans les marnes du gypse d'eau douce, formées à une époque où le monde étoit déjà rempli de plantes
dicotylédones.

Mais, à une époque où les naturalistes ne s'arrêtent plus à
des notions vagues et incertaines, on a reconnu avec sagacité
que le plus grand nombre de ces fossiles (gryphites, térébratulites, ammonites, trilobites, etc.), enfouis dans différentes
formations, ne sont pas spécifiquement les mêmes ; qu'un
grand nombre d'espèces qu'on a pu examiner avec précision,
varient avec les roches superposées. Les poissons que l'on observe dans les schistes de transition (Glaris), dans les schistes
bitumineux du zechstein, dans le calcaire du Jura, dans le
calcaire tertiaire à cérite de Paris et de Monte Bolca, et dans
le gypse de Montmartre, sont des espèces distinctes, en partie
pélagiques, en partie fluviatiles. Est-on en droit de conclure de
la réunion de ces faits, que toutes les formations sont caractérisées par des espèces particulières, que les coquilles fossiles de
la craie, du muschelkalk, du calcaire du Jura et du calcaire
alpin, diffèrent toutes entre elles ? Je pense que ce seroit pous-
ser l'induction beaucoup trop loin. et M. Brongniart même,

qui connoît si bien la valeur des caractères zoologiques, restreint leur application absolue au cas « où la superposition (les cir- « constances de gisement) ne s'y opposent pas. » Je pourrois citer les cérites du calcaire grossier qui se trouvent (près de Caen) au-dessous de la craie, et qui semblent indiquer, comme la répétition des argiles avec lignites en dessus et au-dessous de la craie, une certaine connexité entre des terrains qu'au premier coup d'œil on croiroit entièrement distincts. Je pourrois m'arrêter à d'autres espèces de coquilles, qui appartiennent à la fois à plusieurs formations tertiaires, et rappeler que si un jour, par des caractères peu sensibles et par de foibles nuances, on parvenoit à séparer des espèces que l'on croit identiques aujourd'hui, la finesse même de ces distinctions ne rassureroit pas trop sur l'universalité, d'ailleurs si désirable, des caractères zoologiques en géognosie. Une autre objection, tirée de l'influence que les climats exercent même sur les animaux pélagiques, me paroît plus importante encore. Quoique les mers, par des causes physiques très-connues, offrent, à de grandes profondeurs, la même température sous l'équateur et sous la zone tempérée, nous voyons pourtant, dans l'état actuel de notre planète, les coquilles des tropiques (parmi lesquelles les univalves dominent, comme parmi les testacés fossiles) différer beaucoup des coquilles des climats septentrionaux. Le plus grand nombre de ces animaux aiment les récifs et les bas-fonds : d'où il suit que les différences spécifiques sont souvent très-sensibles, sous un même parallèle, sur des côtes opposées. Or, si les mêmes formations se répètent et s'étendent, pour ainsi dire, à de prodigieuses distances, de l'est à l'ouest et du nord au sud, d'un hémisphère dans l'autre, n'est-il pas probable, quelles que soient les causes compliquées de l'ancienne température de notre globe, que des variations de climats ont modifié, jadis comme de nos jours, les types d'organisation, et qu'une même formation (c'est-à-dire une même roche placée, dans les deux hémisphères, entre deux formations homonymes)

a pu envelopper des espèces distinctes ? Il arrive souvent sans
doute que des couches superposées présentent un contraste de
corps fossiles très-frappant. Mais peut-on conclure de là qu'a-
près qu'un dépôt s'étoit formé, les êtres qui habitoient alors la
surface du globe, aient tous été détruits ? Il est incontestable
que des générations de types différens se sont succédé les unes
aux autres. Les ammonites, que l'on trouve à peine parmi les
roches de transition, atteignent leur *maximum* dans les couches
qui représentent sur différens points du globe le muschelkalk et
le calcaire du Jura ; ils disparoissent dans les couches supérieures de la craie et au-dessus de cette formation. Les échinites, très-rares dans le calcaire alpin et même dans le muschelkalk, deviennent au contraire très-communs dans le calcaire du
Jura, dans la craie et les terrains tertiaires. Mais rien ne nous
prouve que cette succession de différens types organiques, cette
destruction graduelle des genres et des espèces, coïncide nécessairement avec les époques où chaque terrain s'est formé. « La
« considération de similitude ou de différence entre les débris
« organiques n'est pas d'une grande importance, dit M. Beudant
« (*Voyage min., tom. III, pag.* 278), lorsque l'on compare des
« dépôts qui se sont formés dans des contrées très-éloignées
« les unes des autres : elle est de beaucoup d'importance, si
« l'on compare des dépôts très-rapprochés. »

Tout en combattant les conclusions trop absolues qu'on pourroit être tenté de tirer de la valeur des caractères zoologiques,
je suis loin de nier les services importans que l'étude des corps
fossiles rend à la géognosie, si l'on considère cette science sous
un point de vue philosophique. La géognosie ne se borne pas
à chercher des caractères diagnostiques ; elle embrasse l'ensemble des rapports sous lesquels on peut considérer chaque formation : 1.º son gisement ; 2.º sa constitution oryctognostique
(c'est-à-dire, sa composition chimique, et le mode particulier
d'agrégation plus ou moins cristalline de ses molécules) ; 3.º
l'association des différens corps organisés que l'on y trouve en-

fouis. Si la superposition des masses rocheuses hétérogènes nous révèle l'ordre successif de leur formation, comment ne pas nous intéresser aussi à connoître l'état de la nature organique aux différentes époques où les dépôts se sont formés ? On ne peut révoquer en doute que, sur une surface de plusieurs milliers de lieues carrées (en Thuringue et dans toute la partie septentrionale de l'Allemagne), neuf formations superposées, celles de calcaire de transition, de grauwacke, de grès rouge, de zechstein avec schiste bitumineux (de gypse muriatifère), de grès à oolithes (de gypse argileux), de muschelkalk et de grès blanc (quadersandstein), ont pu être reconnues comme distinctes, sans recourir aucunement à l'emploi de caractères zoologiques ; mais il ne suit pas de là que la recherche la plus minutieuse de ces caractères, ou, pour mieux dire, que la connoissance la plus intime des fossiles contenus dans chacune des formations ne soit indispensable pour offrir un tableau complet et vraiment géognostique. Il en est de l'étude des terrains comme de celle des êtres organisés. La botanique et la zoologie, considérées de nos temps sous un point de vue plus élevé, ne se bornent plus à la recherche de quelques caractères extérieurs et distinctifs des espèces ; ces sciences approfondissent l'ensemble de l'organisation végétale et animale. Les caractères tirés des formes de la coquille suffisent pour distinguer les diverses espèces d'acéphales testacés. Regarderoit-on pour cela comme superflue la connoissance des animaux qui habitent ces mêmes coquilles ? Telle est la connexité des phénomènes et de leurs rapports naturels (de ceux de la vie, comme de ceux qu'offrent les dépôts pierreux formés à différentes époques), que, si l'on en néglige quelques-uns, on se forme non-seulement une image incomplète, mais le plus souvent une image infidèle.

Dans le cas de la conformité de gisement, il peut y avoir identité de masse (c'est-à-dire de composition minéralogique) et diversité de fossiles, ou diversité de masse et identité de fossiles. Les roches β et β' placées à de grandes distances horizontales entre deux formations identiques α et γ, ou appartiennent à une même formation, ou sont des formations parallèles. Dans le premier cas, leur composition minérale est semblable; mais, à cause de la distance des lieux et des effets climatériques, les débris organiques qu'elles renferment, peuvent différer considérablement. Dans le second cas, la composition minéralogique est différente, mais les débris organiques peuvent être analogues. Je pense que les mots, *formations identiques, formations parallèles*, indiquent la conformité ou non-conformité de composition minéralogique, mais qu'ils ne font rien préjuger sur l'identité des fossiles. S'il est assez probable que des dépôts β et β', placés à de grandes distances horizontales entre les mêmes roches α et γ, sont formés *à la même époque*, parce qu'ils renferment les mêmes fossiles et une masse analogue, il n'est pas également probable que les *époques de formation* sont très-éloignées les unes des autres, lorsque les fossiles sont distincts. On peut concevoir que sous une même zone, dans un pays de peu d'étendue, des générations d'animaux se sont succédé, et ont caractérisé, comme par des types particuliers, les *époques* des formations; mais, à de grands éloignemens horizontaux, des êtres de formes très-diverses peuvent, sous différens climats, avoir occupé simultanément la surface du globe ou le bassin de mers. Il y a plus encore : le gisement de β entre α et γ prouve que la formation de β est antérieure à celle de γ, postérieure à celle de α; mais rien ne nous donne la mesure absolue de l'intervalle entre les *époques-limites*, et différens dépôts (isolés) de β peuvent ne pas être simultanés.

Il semble résulter des faits que le zèle et la sagacité des naturalistes ont réunis depuis un petit nombre d'années, que, si l'on ne doit pas toujours s'attendre à trouver, comme le prétendoit Lister, dans chaque formation différente d'autres dépouilles de corps organisés, le plus souvent des formations reconnues pour identiques par leur gisement et leur composition, renferment, dans les contrées les plus éloignées du globe, des associations d'espèces entièrement semblables. M. Brongniart, dont les travaux, joints à ceux de MM. Lamarck, Defrance, Beudant, Desmarest, Prevost, Férusssac, Schlottheim, Wahlenberg, Buckland, Webster, Phillips, Greenough, Warburton, Sowerby, Brocchi, Soldani, Cortesi, et d'autres minéralogistes célèbres, ont tant avancé l'étude de la *conchyliologie souterraine*, a fait voir récemment les analogies frappantes qu'offrent, sous le rapport des corps fossiles, certains terrains d'Europe et de l'Amérique septentrionale. Il a essayé de prouver qu'une formation est parfois tellement déguisée, que ce n'est que par des caractères zoologiques que l'on peut la reconnoître (Brongniart, *Hist. nat. des crustacés fossiles*, pag. 57, 62). Dans l'étude des formations, comme dans toutes les sciences physiques descriptives, ce n'est que l'ensemble de plusieurs caractères qui doit nous guider dans la recherche de la vérité. La description spécifique des débris de plantes et d'animaux renfermés dans les divers terrains, nous en offre pour ainsi dire la *Flore* ou la *Faune*. Or, dans le monde primordial, comme dans celui d'aujourd'hui, la végétation et les productions animales des diverses portions du globe paroissent avoir été moins caractérisées par quelques formes isolées d'un aspect extraordinaire, que par l'association de beaucoup de formes spécifiquement différentes, mais analogues entre elles, malgré la distance des lieux. En découvrant une nouvelle terre près du détroit de Torres, il ne seroit pas aisé de déterminer, d'après un petit nombre de productions, si cette terre est contiguë à la Nouvelle-Hollande, ou à l'une des îles Moluques ou à la Nouvelle-Guinée. Comparer des formations sous le rapport des fossiles, c'est comparer des *Flores* et des *Faunes* de divers pays et de diverses époques ; c'est résoudre un problème d'autant plus compliqué qu'il est modifié à la fois par l'espace et le temps.

Parmi les caractères zoologiques appliqués à la géognosie, l'absence de certains fossiles caractérise souvent mieux les for-

mations que leur présence. C'est le cas des roches de transition : on n'y trouve généralement que des madrépores, des encrinites, des trilobites, des orthocératites et des coquilles de
la famille des térébratules, c'est-à-dire des fossiles dont quelques espèces, non identiques, mais analogues, se rencontrent
dans des couches secondaires très-modernes ; mais ces roches
de transition sont privées de bien d'autres dépouilles de corps
organisés, qui paroissent en abondance au-dessus du grès rouge.
Le jugement que l'on porte sur l'absence de certaines espèces,
ou sur l'absence totale des corps fossiles, peut cependant être
fondé sur une erreur qu'il sera utile de signaler ici. En examinant en grand les formations coquillières, on observe que les
corps organisés ne sont pas toujours également distribués dans
la masse ; mais 1.°, que des strates entièrement dépourvus de
fossiles alternent avec d'autres strates qui en fourmillent ; 2.°
que, dans une même formation, des associations particulières
de fossiles caractérisent certains strates qui alternent avec d'autres strates à fossiles distincts. Ce phénomène, observé depuis
long-temps, se retrouve dans le muschelkalk et dans le calcaire
alpin (zechstein), qu'une couche de trochites sépare souvent
du grès houiller (Buch, *Beob.*, *T. I. pag.* 135, 146, 171); il
est propre aussi au calcaire du Jura et à plusieurs formations
tertiaires. En n'étudiant que la craie des environs de Paris, on
pourroit presque croire que les coquilles univalves manquent
entièrement à cette formation : cependant les univalves polythalames, les ammonites, comme nous l'avons rappelé déjà, sont
très-communs en Angleterre, dans les couches les plus anciennes
de la craie. Même en France (côte de Sainte-Catherine près de
Caen) la craie tuffeau et la craie chloritée contiennent beaucoup de fossiles que l'on ne trouve pas dans la craie blanche
(Brongniart, *Caractères zool.*, *pag.* 12). Comme dans différens
pays les terrains ne se sont pas développés également, et que
l'on peut prendre des lambeaux de formations pour des formations entières et complètes, celles qui sont dépourvues de co-

quilles dans une région, peuvent en offrir dans une autre. Cette considération est importante pour obvier à la tendance assez générale de trop multiplier les formations ; car, lorsque sur un même point du globe un terrain (par exemple de grès) abonde dans sa partie inférieure en corps fossiles, et que sa partie supérieure en manque entièrement, cette seule absence des fossiles ne justifie pas la scission du même terrain en deux formations distinctes. Dans la description géologique des environs de Paris, M. Brongniart a très-bien réuni les meulières sans coquilles avec celles qui sont comme pétries de coquilles d'eau douce.

Nous venons de voir qu'une formation peut renfermer dans différens strates des pétrifications spécifiquement différentes, mais que le plus souvent quelques espèces du strate inférieur se mêlent à la grande masse d'espèces hétérogènes qui se trouvent réunies dans le strate superposé. Lorsque cette différence porte sur des genres dont les uns sont des coquilles pélagiques, les autres des coquilles d'eau douce, le problème de l'unité ou de l'indivisibilité d'une formation devient plus embarrassant. Il faut d'abord distinguer deux cas : celui où quelques coquilles fluviatiles se trouvent mêlées à une grande masse de coquilles marines, et celui où des coquilles marines et fluviatiles pourroient alterner couche par couche. MM. Gilet de Laumont et Beudant ont fait des observations intéressantes sur ce mélange de productions marines et d'eau douce dans une même couche. M. Beudant a prouvé, par des expériences ingénieuses, comment beaucoup de mollusques fluviatiles s'habituent graduellement à vivre dans une eau qui a toute la salure de l'océan. Le même savant a examiné, conjointement avec M. Marcel de Serres, certaines espèces de paludines qui, préférant les eaux saumâtres, se trouvent près de nos côtes, tantôt avec des coquilles pélagiques, tantôt avec des coquilles fluviatiles. (*Journ. de phys.*, T. *LXXXIII*, pag. 137, T. *LXXXVIII*, pag. 211 ; Brongniart, *Géogr. min.*, pag. 27, 54, 89.) A ces faits curieux se joignent d'autres faits, que j'ai publiés dans la Relation de mon

Voyage aux régions équinoxiales (*T. I, pag.* 535 *et T. II, pag.*
606), et qui semblent expliquer ce qui s'est passé jadis sur le
globe, d'après ce que nous observons encore aujourd'hui. Sur
les côtes de la Terre-ferme, entre Cumana et Nueva-Barcelona,
j'ai vu des crocodiles s'avancer loin dans la mer. Pigafetta a
fait la même observation sur les crocodiles de Bornéo. Au sud
de l'île de Cuba, dans le golfe de Xagua, il y a des lamantins
dans la mer, sur un point où, au milieu de l'eau salée, jaillissent des sources d'eau douce. Lorsqu'on réfléchit sur l'ensemble
de ces faits, on est moins étonné du mélange de quelques productions terrestres avec beaucoup de productions incontestablement marines. Le second cas que nous avons indiqué, celui de
l'alternance, ne s'est jamais présenté, je crois, d'une manière
aussi prononcée que l'alternance du thonschiefer et du calcaire
noir dans un même terrain de transition, ou (pour rappeler un fait
qui a rapport à la distribution des corps organisés) que l'alternance de deux grandes formations marines (calcaire à cérites et
grès de Romainville), avec deux grandes formations d'eau douce
(gypse et meulières du plateau de Montmorency). Ce que l'observation attentive des superpositions a offert jusqu'ici, se réduit
à des couches alternantes de gypse et de marne, placées entre
deux formations marines, et renfermant au centre (dans leur
plus grande masse) des productions terrestres et d'eau douce, et
vers les limites supérieure et inférieure, tant dans le gypse que
dans les marnes, des productions marines : telle est la constitution géologique du gypse de Montmartre. La variation spécifique
dans les pétrifications, le mélange observé à Pierrelaie, et le
phénomène d'alternance que présente Montmartre, ne suffisent
pas pour motiver le morcellement d'une même formation. Les
marnes et le gypse qui renferment des coquilles marines (n.° 26
de la troisième masse), ne peuvent être géognostiquement séparés
des marnes et des gypses qui renferment des productions d'eau
douce. Aussi MM. Cuvier et Brongniart n'ont pas hésité de considérer l'ensemble de ces marnes et de ces gypses marins et d'eau

douce comme un même terrain. Ces savans ont même cité cette réunion de couches alternantes comme un des exemples les plus clairs de ce que l'on doit entendre par le mot *formation*. (*Géogr. minér.*, *pag.* 31, 39, 189.) En effet, dans un même terrain peuvent être renfermés différens systèmes de couches : ce sont des groupes, des sous-divisions, ou, comme disent les géognostes de l'école de Freiberg, des membres plus ou moins développés d'une même formation. (Freiesleben, *Kupf.*, *T. I*, *pag.* 17, *T. III, pag.* 1.)

Malgré le mélange de coquilles pélagiques et fluviatiles que l'on observe quelquefois au contact de deux formations d'origine différente, on peut donner à l'une de ces formations le nom de *calcaire* ou de *grès marin*, lorsqu'on ne veut tirer la dénomination des roches que des espèces qui constituent la plus grande masse et le centre des couches. Cette terminologie rappelle un fait qui a rapport, pour ainsi dire, à la géogonie, à l'ancienne histoire de notre planète : elle précise (et peut-être un peu trop) l'alternance des eaux douces et des eaux salées. Je ne conteste pas l'utilité des dénominations *grès* ou *calcaire marin* pour des descriptions locales; mais, d'après les principes que je me suis proposé de suivre dans le tableau général des formations caractérisées d'après la place qu'elles occupent comme termes d'une série, j'ai cru devoir l'éviter avec soin. Tous les terrains au-dessous de la craie et même au-dessous du calcaire à cérites (calcaire grossier du bassin de Paris) sont-ils, sans exception, des *calcaires* et des *grès marins?* Ou les monitors et les poissons des schistes cuivreux dans le calcaire alpin de Thuringe; les ichthyosaures de M. Home, placés au-dessous des oolithes d'Oxford et de Bath, dans le lyas de l'Angleterre (qui sur le continent est représenté par une partie du calcaire du Jura); les crocodiles de Honfleur, enfouis dans des argiles avec bancs calcaires au-dessus des oolithes de Dive et du calcaire d'Isigny, par conséquent supérieurs au calcaire du Jura, prouvent-ils qu'il y a déjà au-dessous de la craie, entre ce terrain

et le grès rouge, de petites formations d'eau douce intercalées
aux grandes *formations marines ?* Les houilles à fougères sous
le grès rouge et sous le porphyre secondaire ne nous offrent-
elles pas un exemple évident d'une très-ancienne formation non
marine? Ces circonstances prescrivent, dans l'état actuel de la
science, beaucoup de réserve, lorsqu'on se hasarde, d'après des
caractères purement zoologiques, de morceler des terrains dont
l'unité a paru constatée par l'alternance des mêmes couches et
par d'autres phénomènes de gisement. (Engelhard et Raumer,
Geogn. Versuche, pag. 125 — 133.) Cette réserve est d'autant
plus nécessaire que, d'après le témoignage d'un minéralogiste
qui a long-temps approfondi cette matière, M. Brongniart,
« il existe une espèce de transition entre la formation du calcaire marin et du gypse d'eau douce qui suit ce calcaire, et
que ces deux terrains n'offrent pas cette séparation brusque
qui se montre, sur les mêmes lieux, entre la craie et le calcaire grossier, c'est-à-dire entre deux formations marines. On
ne peut douter, ajoute le même observateur, que les premières
couches de gypse n'aient été déposées dans un liquide analogue à la mer, tandis que les suivantes ont été déposées dans
un liquide analogue à l'eau douce. » (*Géograph. minér., p.* 168
et 193.)

En énonçant les motifs qui m'empêchent de généraliser une
terminologie fondée sur le contraste entre des productions
d'eau douce et des productions marines, je suis loin de con-
tester l'existence d'une formation d'eau douce supérieure à
toutes les autres formations tertiaires, et qui ne renferme que
des bulimes, des limnées, des cyclostomes et des potamides.
Des observations récentes ont démontré combien cette formation est plus répandue qu'on ne l'avoit cru d'abord. C'est un
nouveau et dernier terme à ajouter à la série géognostique.
Nous devons la connoissance plus intime de ce calcaire d'eau
douce aux utiles travaux de M. Brongniart. Les phénomènes
qu'offrent les formations d'eau douce, dont l'existence n'étoit

anciennement connue que par les tuffs de la Thuringe et par
le Travertin toujours renaissant des plaines de Rome (Reuss ,
Geogn. , *T. II , pag.* 642 , Buch , *Geogn. Beobacht.* , *T. II , p.*
21 — 3o), se lient de la manière la plus satisfaisante aux lois
admirables que M. Cuvier a reconnues dans le gisement des os
des quadrupèdes vivipares. (Brongniart , *Annales du Muséum* ,
T. XV, pag. 357 , 581 ; Cuvier , *Rech. sur les ossem. fossiles* ,
T. I, p. LIV.)

La distinction entre les coquilles fossiles fluviatiles et marines est l'objet de recherches très-délicates : car il peut arriver ,
lorsque les dépouilles des corps organisés se détachent diffici-
lement de la masse du calcaire siliceux qui les renferme , qu'on
confonde des ampullaires avec des natices , des potamides avec
des cérites. Dans la famille des conques on ne sépare avec
certitude les cyclades et les cyrènes , des vénus et des lucines ,
que par l'examen des dents de la charnière. Le travail que
M. de Férussac a entrepris sur les coquilles terrestres et fluviatiles , jettera beaucoup de jour sur cet objet important. D'ailleurs , lorsqu'on croit voir un genre de coquilles pélagiques au
milieu d'un genre de coquilles d'eau douce , on peut agiter
la question , si effectivement les mêmes types génériques ne
peuvent se retrouver dans les lacs et dans les mers. On connoit
déjà l'exemple d'un véritable mytilus fluviatile. Peut-être les
ampullaires et les corbules offriront-ils des mélanges analogues
de formes marines et de formes d'eau douce. (Voyez un mémoire
de M. *Valenciennes ,* inséré dans mon *Recueil d'observations de*
zoologie et d'anatomie comparée , *T. II , pag.* 218.)

Il résulte de ces considérations générales sur les caractères
zoologiques et sur l'étude des corps fossiles , que , malgré les
beaux et anciens travaux de Camper , de Blumenbach et· de
Sömmering , l'exacte détermination spécifique des espèces , et
l'examen de leurs rapports avec des couches très-récentes et
voisines de la craie , ne datent que de vingt-cinq ans. Je pense
que cette étude des corps fossiles , appliquée à toutes les autres

couches secondaires et intermédiaires par des géognostes qui
consultent en même temps le gisement et la composition minérale des roches, loin de renverser tout le système des formations déjà établies, servira plutôt à étayer ce système, à le
perfectionner, à en compléter le vaste tableau. On peut envisager sans doute la science géognostique des formations sous
des points de vue très-différens, selon que l'on s'attache de
préférence à la superposition des masses minérales, à leur
composition (c'est-à-dire, à leur analyse chimique et mécanique), ou aux fossiles qui se trouvent renfermés dans plusieurs
de ces masses; cependant la science géognostique est une. Les
dénominations, *géognosie de gisement* ou *de superposition*, *géognosie oryctognostique* (analysant le tissu des masses), *géognosie
des fossiles*, désignent, je ne dirai pas, des embranchemens
d'une même science, mais diverses classes de rapports que l'on
tâche d'isoler pour les étudier plus particulièrement. Cette
unité de la science, et le vaste champ qu'elle embrasse, avoient
été très-bien reconnus par Werner, le créateur de la géognosie
positive. Quoiqu'il ne possédât pas les moyens nécessaires pour
se livrer à une détermination rigoureuse des espèces fossiles, il
n'a cessé, dans ses cours, de fixer l'attention de ses élèves sur
les rapports qui existent entre certains fossiles et les formations
de différens âges. J'ai été témoin de la vive satisfaction qu'il
éprouva, lorsqu'en 1792 M. de Schlottheim, géognoste des
plus distingués de l'école de Freiberg, commença à faire de
ces rapports l'objet principal de ses études. La géognosie positive s'enrichit de toutes les découvertes qui ont été faites sur la
constitution minérale du globe; elle fournit à une autre science,
improprement appelée *théorie de la terre*, et qui embrasse l'histoire première des catastrophes de notre planète, les matériaux
les plus précieux. Elle réfléchit plus de lumière sur cette science
qu'elle n'en reçoit d'elle à son tour; et sans révoquer en doute
l'ancienne fluidité ou le ramollissement de toutes les couches
pierreuses (phénomène qui se manifeste par les corps fossiles,

par l'aspect cristallin des masses, par les cailloux roulés ou les fragmens empâtés dans les roches de transition et les roches secondaires), la géognosie positive ne prononce point sur la nature de ces liquides dans lesquels, dit-on, les dépôts se sont formés, sur ces *eaux de granite, de porphyre et de gypse*, que la géologie hypothétique fait arriver, marée par marée, sur un même point du globe.

Dans le tableau des formations je n'ai point indiqué l'inclinaison des strates comme caractère géognostique. Nul doute que la *discordance* de deux roches (Ungleichförmigkeit der Lagerung), c'est-à-dire, le manque de parallélisme dans leur direction et leur inclinaison, ne soit le plus souvent une preuve évidente de l'indépendance des formations ; nul doute que la grande inclinaison du terrain houiller (coal-measures), du grès rouge et des roches de transition, si justement opposée en Angleterre par M. Buckland à l'horizontalité du calcaire magnésien, du red-marl, du lyas et de toutes les couches plus modernes encore, ne soit un phénomène très-digne d'attention : mais, dans d'autres régions de la terre, sur le continent de l'Europe et dans l'Amérique équinoxiale, le calcaire alpin et le calcaire du Jura, qui représentent ces formations horizontales de l'Angleterre, sont très-inclinés aussi. En embrassant sous un même point de vue de vastes étendues du globe, les Alpes, les montagnes métallifères de la Saxe, les Apennins, les Andes de la Nouvelle-Grenade et les Cordillères du Mexique, on observe que l'inclinaison des strates n'augmente pas du tout (comme on le répète encore souvent dans des ouvrages très-estimés) selon l'âge des formations. Il y a quelquefois, et sur des étendues de terrain très-considérables, des couches presque horizontales parmi les roches très-anciennes ; et, qui plus est, ces phénomènes s'observent plutôt parmi les roches primitives que parmi les roches de transition, et dans les premières plutôt parmi le gneis et les granites stratifiés, que parmi les thonschiefer et les micaschistes. Il m'a paru en général, que les

roches les plus inclinées se trouvent (si l'on fait abstraction
de couches très-rapprochées des hautes chaînes de montagnes)
entre le micaschiste primitif et le grès rouge. L'horizontalité
des strates n'est bien générale et bien prononcée qu'au-dessus
de la craie, dans les terrains tertiaires, par conséquent dans
des masses d'une épaisseur comparativement peu considérable.

Ce n'est point ici le lieu d'approfondir la question de savoir
si toutes les couches inclinées sont des couches relevées, comme
le prétendoit Stenon dès l'année 1667, et comme le semble
prouver le phénomène local de galets ou fragmens aplatis placés
parallèlement aux surfaces des couches inclinées dans des conglomérats de transition (grauwacke) et dans le nagelfluhe, ou
s'il est possible que des attractions que l'on suppose avoir agi
à la fois sur une grande partie de la surface du globe, ont
produit dans nos plaines des strates inclinés dès leur origine,
semblables à ces lames superposées, et sans contredit primiti-
vement inclinées, qui forment le clivage d'un cristal. Certains
grès (Nebra) offrent un parallélisme très-régulier dans leurs
feuillets les plus minces, coupant sous un angle de 20° à
35° les fissures de stratification horizontales ou inclinées. Sans
vouloir tenter de résoudre ces problèmes, il me sera permis de
réunir à la fin de cette introduction quelques faits qui se lient
à l'étude des gisemens. Lorsqu'au milieu de pays non monta-
gneux, ou sur des plateaux non interrompus par des vallées,
où la roche reste constamment visible, on voyage pendant huit
à dix lieues dans une direction qui coupe celle des couches à
angle droit, et que l'on trouve ces couches (de thonschiefer
de transition) parallèles entre elles, presque également inclinées de 5o à 6o degrés, vers le nord-ouest par exemple, on
a de la peine à se former une idée d'un relèvement ou d'un
abaissement si uniforme, et des dimensions de la montagne
ou du creux qu'on doit admettre pour expliquer par une impulsion violente et simultanée cette inclinaison des strates.
En raisonnant sur l'origine des couches inclinées, il faut dis-

tinguer deux circonstances très-différentes : leur position dans la proximité d'une haute chaîne de montagnes qui est traversée par des vallées longitudinales ou transversales, et leur position loin de toute chaîne de montagnes, au milieu des plaines ou de plateaux peu élevés. Dans le premier cas, les effets du relèvement paroissent souvent incontestables et les couches inclinent assez généralement vers la chaîne, c'est-à-dire sur la pente septentrionale des Alpes au sud, sur la pente méridionale, mais beaucoup moins régulièrement au nord (Buch, *in Schr. Nat. Freunde*, 1809, *pag.* 103, 109, 179, 181 ; Bernouilli, *Schweiz. Miner., pag.* 23); mais, à de grandes distances de la chaîne, celle-ci paroît influer sur la seule direction des couches, et non sur leur inclinaison.

J'ai été, dès l'année 1792, très-attentif à ce parallélisme ou plutôt à ce *loxodromisme* des couches. Habitant des montagnes de roches stratifiées où ce phénomène est très-constant, examinant la direction et l'inclinaison des couches primitives et de transition, depuis la côte de Gênes, à travers la chaîne de la Bochetta, les plaines de la Lombardie, les Alpes du Saint-Gothard, le plateau de la Souabe, les montagnes de Bareuth et les plaines de l'Allemagne septentrionale, j'avois été frappé, sinon de la constance, du moins de l'extrême fréquence des directions *hor.* 3 — 4 de la boussole de Freiberg (du sud-ouest au nord-est). Cette recherche, que je croyois devoir conduire les physiciens à la découverte d'une grande loi de la nature, avoit alors tant d'attraits pour moi, qu'elle est devenue un des motifs les plus puissans de mon voyage à l'équateur. Lorsque j'arrivai sur les côtes de Venezuela, et que je parcourus la haute chaîne du littoral et les montagnes de granite-gneiss qui se prolongent du Bas-Orénoque au bassin du Rio Negro et de l'Amazone, je reconnus de nouveau, dans la direction des couches, le parallélisme le plus surprenant. Cette direction étoit encore *hor.* 3 — 4 (ou N. 45° E.), peut-être parce que la chaîne du littoral de Venezuela ne s'éloigne pas considérable-

ment de l'angle que fait avec le méridien la chaîne centrale
de l'Europe. J'ai énoncé les premiers résultats que m'offroient
les roches primitives et de transition de l'Amérique méridionale, dans un mémoire publié par M. de Lamétherie, dans
son *Journal de physique*, T. 54, p. 46. J'y ai mêlé (comme
cela arrive souvent aux voyageurs, lorsqu'ils publient le résultat
de leurs travaux pendant le cours même du voyage), à des observations très-précises sur la grande uniformité dans la direction des couches (à l'isthme d'Araya, à la Silla de Caracas, au
Cambury près Portocabello, sur les rives du Cassiquiare :
voyez ma *Relat. histor.*, *T. I, p.* 393, 542, 564, 578, *T. II,*
pag. 81, 99, 125, 141), des aperçus généraux que j'ai regardés depuis comme vagues et moins exacts. Quatre années de
courses dans les Cordillères ont rectifié mes idées sur un phénomène qui est beaucoup plus important qu'on ne l'avoit cru
autrefois ; et, de retour en Europe, je me suis empressé de
consigner le résultat général de mes observations dans la *Géo-*
graphie des plantes, pag. 116, et dans l'*Essai politique sur la*
Nouvelle-Espagne, *T. II, p.* 520. L'indication de ce résultat
étoit sans doute restée inconnue au savant auteur du *Critical*
examination of Geology (p. 276), lorsqu'il a combattu les assertions publiées pendant mon absence, en 1799, par M. de
Lamétherie.

Il n'existe dans aucun hémisphère, parmi les roches, une
uniformité générale et absolue de direction ; mais, dans des
régions d'une étendue tres-considérable, quelquefois sur plusieurs milliers de lieues carrées, on reconnoît que la direction,
plus rarement l'inclinaison, ont été déterminées par un système de forces particulier. On y découvre, à des distances
très-grandes, un *parallélisme de couches*, une direction dont le
type se manifeste au milieu des perturbations partielles, et qui
reste souvent le même dans les terrains primitifs et de transition. Cette identité de direction s'observe plus fréquemment
loin des hautes chaînes alpines très-élevées, que dans ces chaî-

nes memes, où les strates se trouvent contournés, redressés et
brisés. Assez généralement, et ce fait avoit déjà frappé M. Palassou (*Essai sur la Min. des Pyrénées*, 1781) et même M. de
Saussure (*Voyages dans les Alpes*, §. 2302), la direction de
couches très-éloignées des chaînes principales suit la direction
de ces chaînes de montagnes. Cette uniformité de parallélisme
des couches (du nord-est au sud-ouest) a été observée dans
une grande partie de l'Allemagne septentrionale, au Fichtelgebirge, en Franconie et sur les bords du Rhin ; en Belgique ;
aux Ardennes ; dans les Vosges; dans le Cotentin ; dans la
Tarantaise; dans la majeure partie des Alpes de la Suisse et
en Écosse. Je ne citerai que des géognostes modernes, très-exer-
cés à ce genre d'observations, et d'autant plus attentifs à la
direction et à l'inclinaison des strates, que les assertions que
j'avois émises sur un *parallélisme* ou *loxodromisme à de grandes
distances*, avoient excité de vives contestations. « Qu'on vienne,
« dit M. Boué, examiner en Écosse, la boussole à la main,
« la position des masses minérales, et qu'on sache s'arrêter
« aux faits généraux ; l'on s'apercevra que la direction des cou-
« ches est *constante* et correspond à celle des chaînes du sud-
« ouest au nord-est, mais que l'inclinaison varie d'après des
« circonstances locales. » (Raumer, *Geogn. Versuche*, p. 41,
44, 48 ; *Id.*, *Fragmente*, pag. 58, 64. Goldfuss et Bischof,
Fichtelgeb., T. I, p. 189. Omalius d'Halloy, dans le *Journal
des mines*, 1808, pag. 463. Brochant, *Observ. géol. sur les terrains de transition*, pag. 14. Escher, dans l'*Alpina*, T. IV,
pag. 337; Gruner, dans l'*Isis*, 1805, *Oct.*, pag. 181. Bernouilli, *Schweiz. Min.*, pag. 19—24. Ebel, *Alpen*, T. 1,
pag. 220; T. II, pag. 201, 215, 357. Boué, *Géol. d'Écosse*,
pag. 13.) Dans les Pyrénées la direction générale des strates
est, d'après les belles observations de MM. Palassou, Ramond,
Charpentier et d'Aubuisson, comme la direction générale de
la chaîne, N. 68° O., ou de l'est-sud-est à l'ouest-nord-ouest.
(Ramond, *Pyrén.*, T. I, pag. 57, T. II, pag. 354; d'Au-

buisson, *Géologie*, *T. I*, *pag.* 342.) Cette même régularité
règne dans le Caucase. Aux Etats-Unis de l'Amérique septentrionale, les roches primitives et intermédiaires sont dirigées,
d'après M. Maclure, comme la chaîne des Alleghanys, du
nord-est au sud-ouest. Les directions du nord au sud ou du
nord-nord-est au sud-sud-ouest prédominent en Suède et en
Finlande. (Haussmann, dans les *Mémoires de l'Académie de
Munic*, 1808, *P. I*, *p.* 147. Buch, *Lappland*, *T. I*, *p.* 277,
298. Hisinger, *Min. Geogr. von Schweden*, *p.* 465. Engelhardt,
Felsgebilde Russlands, *p.* 18.) Dans les Cordillères du Mexique
on observe un type de direction très-général : les couches qui
forment le plateau se dirigent du sud-est au nord-ouest, parallèlement à la direction de la chaîne d'Anahuac, tandis que
l'axe volcanique (la ligne qui passe, entre les 18° 59′ et 19°
12′ de latitude par le Pic d'Orizaba, les deux volcans de la
Puebla, le Nevado de Toluca, le Pic de Tancitaro et le volcan
de Colima, ligne qui est en même temps le *parallèle des plus
grandes élévations*) se prolonge de l'est à l'ouest, comme une
crevasse qui traverse l'isthme mexicain d'une mer à l'autre.
(*Essai politique*, *T. II*, *p.* 253.)

Comme nous ignorons les causes primordiales des phénomènes, la philosophie naturelle, dont la géognosie sera un
jour une des parties les plus intéressantes, doit s'arrêter à la
connaissance des lois ; et, dans le phénomène qui nous occupe,
ces lois peuvent être soumises à des mesures exactes. Il ne faut
point oublier que les lignes de direction des couches (*Strei-
chungslinien*) rencontrent les méridiens, lorsqu'à de grandes
distances ces couches sont, par exemple, uniformément dirigées N. 45° E., comme les élémens d'une ligne loxodromique,
sans être parallèles dans l'espace. La direction des couches anciennes (primitive et de transition) n'est pas un petit phénomène de localité : c'est au contraire un phénomène indépendant de la direction des chaines secondaires, de leurs embranchemens et de la sinuosité de leurs vallées ; un phénomène

dont la cause a agi, d'une manière uniforme, à de prodigieuses
distances, par exemple, dans l'ancien continent entre les 43°
et 57° de latitude, depuis l'Écosse jusqu'aux confins de l'Asie.
Quelle est cette influence apparente des hautes chaînes alpines
sur des couches qui, quelquefois, en sont éloignées de plus de
cent lieues ? J'ai de la peine à croire que la même catastrophe
ait soulevé les montagnes et incliné les strates dans les plaines,
de sorte que la tranche de ces strates, jadis tous horizontaux,
aujourd'hui tous inclinés de 5o° à 60°, et formant la surface
du globe, se seroit trouvée à de grandes profondeurs. Les chaînes
des montagnes alpines ont-elles été soulevées ? Sont-elles sorties (semblables à cette rangée de cimes volcaniques dans les
plaines de Jorullo, entre la ville de Mexico et les côtes de la
mer du Sud) sur des crevasses formées parallèlement à la direction de couches inclinées préexistantes?

En traçant le tableau géognostique des formations, j'ai dû
m'abstenir de citer à chaque observation la source à laquelle
je l'ai puisée. La géognosie positive est une science qui ne date
que de la fin du dernier siècle, et il n'est pas facile, je pourrois ajouter, il n'est pas sans danger, de faire l'histoire d'une
science si moderne. Quoique dans le cours d'une vie laborieuse
j'aie eu le bonheur de voir une plus grande étendue de montagnes qu'aucun autre géognoste, le peu que j'ai observé se
perd dans la grande masse des faits que j'entreprends d'exposer ici. Ce que ce Traité des formations renferme d'important, est dû aux efforts réunis de mes contemporains. J'ai
voulu présenter aux lecteurs, d'une manière concise, l'enchaînement des découvertes qui ont été faites : j'ai cru pouvoir
ajouter ce qui est seulement probable à ce qui me paroît entièrement constaté. Si j'avois atteint le but que je me suis proposé, les hommes supérieurs qui en Allemagne, en France, en
Angleterre, en Suède et en Italie, ont contribué à agrandir l'é-
difice de la science géognostique, devroient reconnoître à chaque page le résultat de leurs travaux. J'ai rejeté dans des notes,

à la fin du tableau, les citations des faits moins généralement
connus, et je n'ai nommé dans le tableau même que les savans
qui ont bien voulu me communiquer des observations et des
aperçus qu'ils n'ont point encore publiés. Les communications
les plus nombreuses et les plus intéressantes de ce genre sont
celles que je dois, depuis quinze ans, à M. Léopold de Buch,
avec lequel j'ai eu l'avantage de faire mes premières études mi-
néralogiques sous un grand maître, et qui, sur une vaste étendue de terrains (entre les 28° et les 71° de latitude), a recueilli
des matériaux précieux pour la géognosie, l'histoire de l'atmosphère et la géographie des végétaux. J'ai fait usage, dans le
cours de mon travail, de plusieurs notes inédites que ce savant
a bien voulu me donner sur le tissu cristallin des trachytes que
j'ai rapportés des Cordillères, et sur l'ordre des formations en
Suisse, en Angleterre, en Écosse, en Toscane et dans les environs de Rome. J'ai aussi eu l'avantage de le consulter, pendant les différens séjours qu'il a faits à Paris, sur ce qui me
paroissoit douteux dans le gisement des formations. Toutes les
observations relatives à la Hongrie sont tirées du *Voyage mi-*
néralogique de M. Beudant, qui est sur le point de paroître, .
et dans lequel la plupart des questions de gisement sont traitées
avec une grande supériorité. Mon compatriote, M. de Charpentier, directeur des salines de Suisse, a bien voulu communiquer son excellente description des Pyrénées, travail le
plus complet que l'on possède sur une grande chaîne de montagnes. Plusieurs renseignemens sur les porphyres d'Europe
sont tirés d'une notice que j'ai écrite, pour ainsi dire, sous
la dictée de M. Werner, lorsque cet homme célèbre est venu,
pour quelques jours, de Carlsbad à Vienne (en 1811), pour
s'entretenir avec moi sur la constitution géognostique de la Cordillère des Andes et du Mexique. C'est un devoir bien doux à
remplir que de donner un témoignage public de reconnoissance à ceux dont la mémoire nous est chère. Je n'ai pas tiré
tout le parti que j'aurois voulu des travaux importans de MM.

Maculloch, Jameson, Weawer, Berger, et d'autres membres des *Sociétés géologique* et *wernérienne*, en Angleterre, parce que j'ai craint de prononcer sur l'identité des formations d'un pays que je ne connois pas, au nord des montagnes du Derbyshire, et qui, dans ce moment, est exploré avec tant de zèle et de succès.

En indiquant pour chaque formation les noms de quelques-uns des lieux où elles se trouvent (ce que les botanistes appellent les *habitations*), je n'ai eu aucunement la prétention d'étendre le domaine de la géographie minéralogique : je n'ai voulu que présenter des exemples de gisement bien observés. Les exemples ne sont pas toujours choisis parmi des contrées qui, par les descriptions de géognostes célèbres, sont devenues, pour ainsi dire, *classiques*. Il a fallu nommer quelquefois, dans l'autre hémisphère, des lieux qu'on ne trouve sur aucune de nos cartes. Allemont, Dudley, cap de Gates, Mansfield et OEmingue sont plus connus des minéralogistes que les grandes provinces métallifères d'Antioquia, des Guamalies et de Zacatecas. Pour faciliter ce genre de recherches, j'ai souvent ajouté, entre deux parenthèses, des renseignemens géographiques, par exemple, Quindiu (Nouvelle-Grenade), Ticsan (Andes de Quito), Tomependa (plaines de l'Amazone). A côté de l'indication des lieux où prédomine telle ou telle formation, j'ai tâché de faire connoître l'ordre entier de superposition qui a été observé avec quelque certitude sur des points très-éloignés, par exemple, dans les Cordillères des Andes, en Norwége, en Allemagne, en Angleterre, en Hongrie et au Caucase. Ces descriptions de coupes, qui présentent des matériaux pour la construction, si long-temps désirée, d'un *Atlas géognostique*, sont, pour ainsi dire, les pièces justificatives d'un tableau général des roches ; car la géognosie, lorsqu'elle s'occupe de la série des formations, est à la géographie minéralogique ce que l'*hydrographie comparée* est à la topographie des grands fleuves, tracée isolément. C'est de la connoissance intime des influences qu'exer-

cent les inégalités du terrain, la fonte des neiges, les pluies
périodiques et les marées, sur la vîtesse, sur les sinuosités, sur
les étranglemens, sur les bifurcations et sur la forme des em-
bouchures du Danube, du Nil, du Gange, de l'Amazone, que
résulte une théorie générale des fleuves, ou pour mieux dire,
un *système de lois empiriques* qui embrassent ce que l'on a
trouvé de commun et d'analogue dans les phénomènes locaux
et partiels. (Voyez quelques élémens de cette hydrographie
comparée, dans ma *Relat. historiq.*, *T. II*, *p.* 517 — 526, et
657 — 664.) La *géognosie des formations* offre aussi des lois empiriques, qui ont été abstraites d'un grand nombre de cas particuliers. Fondée sur la géographie minéralogique, elle en diffère essentiellement, et cette différence entre l'abstraction et
l'observation individuelle peut devenir, chez des géognostes
qui ne connoissent qu'un seul pays, la cause de quelques
jugemens erronés sur la précision d'un tableau général des
terrains.

Les sciences physiques reposent en grande partie sur des
inductions; et plus ces inductions deviennent complètes, plus
aussi les circonstances locales qui accompagnent chaque phénomène, se trouvent exclues de l'énoncé des lois générales.
L'histoire même de la géognosie justifie cette assertion. Werner, en créant la science géognostique, a reconnu, avec une
perspicacité digne d'admiration, tous les rapports sous lesquels
il faut envisager l'indépendance des formations primitives, de
transition et secondaires. Il a indiqué ce qu'il falloit observer,
ce qu'il importoit de savoir : il a préparé, pressenti, pour
ainsi dire, une partie des découvertes dont la géognosie s'est
enrichie après lui, dans des pays qu'il n'a pu visiter. Comme
les formations ne suivent pas les variations de latitude et de
climats, et que des phénomènes, observés peut-être pour la
première fois dans l'Himalaya ou dans les Andes, se retrouvent,
et souvent avec l'association de circonstances que l'on croiroit
entièrement accidentelles, en Allemagne, en Écosse ou dans les

Pyrénées; une très-petite portion du globe, un terrain de quelques lieues carrées dans lequel la nature a réuni beaucoup de
formations, peut (comme un vrai *microcosme* des philosophes
anciens) faire naître, dans l'esprit d'un excellent observateur,
des idées très-précises sur les vérités fondamentales de la géognosie. En effet, la plupart des premiers aperçus de Werner,
même ceux que cet homme illustre s'étoit formes avant l'année
1790, étoient d'une justesse qui nous frappe encore aujour-
d'hui. Les savans de tous les pays, même ceux qui ne montrent
aucune prédilection pour l'école de Freiberg, les ont conservés
comme bases des classifications géognostiques. Cependant, ce
que l'on savoit en 1790 des terrains primitifs, de transition et
secondaires, se fondoit presque entièrement sur la Thuringe,
sur les montagnes metallifères de la Saxe et sur celles du
Harz, sur une étendue de pays qui n'a pas soixante-quinze
lieues de longueur. Les mémorables travaux de Dolomieu, les
descriptions des Alpes de Saussure, furent consultés; mais ils
ne purent exercer une grande influence sur les travaux de Werner. Sans doute, Saussure a donné des modèles inimitables
d'exactitude dans la topographie de chaque cime, de chaque
vallon; mais cet intrépide voyageur, frappé et de la complication que présentent les phénomènes de superposition et du
désordre apparent qui règne toujours dans l'intérieur des hautes
chaînes alpines, sembloit peu tenté de se livrer à des idées
générales sur la constitution géognostique d'un pays. Dans ce
premier âge de la science, le *type des formations* étoit fondé
sur un petit nombre d'observations; il ressembloit trop à la
description des lieux où il avoit pris naissance. On prenoit
pour des formations indépendantes les masses minérales qui,
dans d'autres pays, ne sont que des couches subordonnées ou
accidentelles; on ignoroit l'existence des formations qui jouent
un rôle important dans l'Amérique équatoriale, dans le nord
et dans l'ouest de l'Europe; on méconnoissoit l'ancienneté relative des porphyres, des syénites et des euphotides; on ne

complétoit pas l'histoire des couches plus récentes par une détermination rigoureuse des corps organiques fossiles qu'elles
renferment : on observoit avec une grande précision le gisement
des basaltes, des phonolithes (phorphyrschiefer) et des dolérites, qu'on avoit long-temps confondus avec les grünstein trappéens; mais on combattoit jusqu'à la possibilité de leur origine ignée, parce que, dans le pays où la géognosie moderne
s'est formée, on n'étoit entouré que de quelques lambeaux de
terrains volcaniques, et que l'on ne pouvait examiner les rapports qui existent entre les trachytes (trapporphyr), les basaltes, les laves plus modernes, les scories et les ponces. Si le
tableau des formations de Werner, malgré les livres qu'il con-
sultoit, malgré la surprenante perspicacité avec laquelle il savoit
démêler la vérité dans les récits souvent confus des voyageurs,
étoit resté incomplet, ce savant ne s'affligeoit pas de voir ses
travaux perfectionnés par d'autres mains. Il avoit enseigné le
premier l'art de reconnoître et d'observer des *formations*. C'est
par l'application de cet art que la géognosie est devenue une
science positive. Reconnoissant que sa véritable gloire se fondoit plutôt sur la découverte des principes de la science, sur
l'instrument qu'il falloit employer, que sur les résultats ob-
tenus à telle ou telle époque, Werner ne chérissoit pas moins
ceux de ses élèves qui ne partageoient pas son opinion sur
l'âge relatif et sur l'origine de plusieurs terrains. Ce n'est qu'en
soumettant à l'observation une plus grande partie du globe,
que le type des formations a pu être à la fois agrandi et sim-
plifié. On l'a rendu plus conforme à la constitution géognostique des continens considérés sous un point de vue général.

Nous connoissons aujourd'hui d'une manière assez exacte le
gisement relatif de beaucoup de formations. 1.° Dans *l'ancien
continent :* dans les îles de la Grande-Bretagne, dans le nord
de la France, et en Belgique, en Norwége, en Suède et en
Finlande, en Allemagne, en Hongrie, en Suisse, dans les Pyrénées, en Lombardie, en Toscane et dans les environs de

Rome ; en Crimée et au Caucase (lat. 41° — 71° bor. ; long.
40° or. — 12° oc.). 2.° Dans le *nouveau continent* : aux Etats-
Unis de l'Amérique septentrionale, entre la Virginie et le lac
Ontario (lat. 36° — 43° bor. ; long. oc. 78° — 86°) ; au Mexique, entre Veracruz, Acapulco et Guanaxuato (lat. 16° 50' —
21° 1' bor. ; long. oc. 98° 29' — 103 22') ; dans l'île de Cuba
(lat. 23° 9' bor.) ; dans les Provinces-Unies de Venezuela, entre
la côte de Paria, Portocabello, le Haut-Orénoque et San Carlos
del Rio Negro ; dans les Andes de la Nouvelle-Grenade, de
Popayan, de Pasto, de Quito et du Pérou ; dans la vallée de
la Rivière des Amazones et sur les côtes de la mer du Sud
(lat. 10° 27' bor. à 12° 2' austr. ; long. oc. 66° 15' — 82°
16') ; au Brésil, entre Rio Janeiro et la limite occidentale de
la province de Minas Geraes (lat. 18° — 23° aust. ; long. oc.
45° — 49°). A mesure que l'on s'élève à des idées plus générales, le tableau des formations, tout en devenant plus vaste
et (nous osons le croire) plus vrai, satisfait moins ceux qui
voudroient y trouver fortement prononcés les traits individuels,
la physionomie locale de leur canton. Mais ces traits individuels, cette physionomie locale, ne peuvent y être conservés
que comme de simples variations d'un type général, comme
des modifications particulières des grandes lois de gisement.
Quelque incomplète que soit encore la connoissance de ces
lois, nous pouvons du moins nous flatter d'avoir déjà acquis,
par les travaux réunis de nos contemporains, la certitude qu'il
en existe de constantes et d'immuables au milieu du conflit des
perturbations locales.

TERRAINS PRIMITIFS.

Les plus anciennes formations de roches primitives que l'on
a pu soumettre aux observations, sont, dans quelques régions
du globe, le *granite* (une formation dans laquelle le granite
n'alterne avec aucune autre roche) ; dans d'autres régions, le

granite-gneis (une formation granitique dans laquelle des couches
de granite alternent avec des couches de gneis). On auroit de
la peine à nommer un granite que les géognostes regardassent
unanimement comme antérieur à toutes les autres roches ; mais
cette incertitude tient à la nature même des choses, à l'idée
que nous nous formons de l'âge relatif et de la superposition
des roches. On peut constater par l'observation, que le granite
du Saint-Gothard repose sur du micaschiste ; que celui de Kielwig, en Norwége, repose sur du thonschiefer. Mais comment
démontrer un fait négatif ? comment prouver que, sous un granite que l'on appelle de première formation, il ne se trouve
pas de nouveau du gneis, ou quelque autre roche primitive ?
En traçant le tableau des connoissances que nous avons ac-
quises sur la superposition des roches, nous devons nous abstenir de prononcer avec assurance sur la première assise de
l'édifice géognostique. C'est ainsi (car il en est du temps comme
de l'espace) qu'à travers de longues migrations des peuples l'histoire ne reconnoît pas avec certitude quels ont été les premiers
habitans d'une contrée.

I. Granite primitif.

§. 1. Granite qui n'alterne pas avec le gneis. Comme on a
récemment élevé des doutes très-fondés sur l'ancienneté de
beaucoup de formations de granite, on ne peut désigner la première des roches primitives que par des caractères négatifs. Il
m'a paru que dans les deux hémisphères, surtout dans le nouveau monde, le granite est d'autant plus ancien, qu'il n'est
pas stratifié, qu'il est plus riche en quarz et moins abondant
en mica. Dans les hautes chaînes des montagnes (dans les
Alpes de la Suisse et dans les Cordillères des Andes, entre Loxa
et Zaulaca), le granite, par l'abondance et la direction uniforme des feuillets de mica, tend à devenir lamelleux ; tandis
que les granites qui percent la terre végétale dans les plaines,
présentent généralement, par leur texture plus uniformément

5

grenue, un contraste plus marqué avec le gneis. La grosseur
du grain, la régularité de la cristallisation des parties constituantes, et la couleur rouge ou blanche du feldspath, sont
des phénomènes très-dignes d'attention, si l'on considère de
grandes masses d'une roche, et si l'on fait abstraction des
bancs subordonnés de granite à petits grains que l'on rencontre au milieu d'un granite à gros grains, et *vice versa*. Ces
phénomènes désignent l'âge relatif d'une formation dans une
étendue de terrain plus ou moins circonscrite; mais on ne
sauroit en déduire des caractères généraux, applicables à un
continent entier. Dans les Cordillères, le granite à petits grains
et à feldspath blanc et blanc jaunâtre m'a paru le plus ancien. L'absence, je ne dis pas de la tourmaline et du titane-rutile,
mais de l'amphibole disséminé, de la stéatite, des grenats, de
l'épidote, de l'actinote, de l'étain, du fer oligiste, remplaçant le mica (Gottesgabe dans le Haut-Platinat); le manque
de bancs subordonnés hétérogènes (grünstein, calcaire grenu)
et de rognons à très-petits grains et fortement micacés, qui
sont de formation contemporaine et semblent comme enchâssés
dans la masse principale; enfin, le manque de stratification
dans les couches inférieures, et la structure non porphyroïde,
paroissent caractériser les granites de première formation (côtes
occidentales de l'Amérique équinoxiale, Cascas, Santa et Guar-
may dans le Bas-Pérou; rives du Cumbeima près Ibagué; Quilichao et Caloto dans les Andes de la Nouvelle-Grenade). Les
granites des cataractes de l'Orénoque et des montagnes de la
Parime renferment, comme ceux des Pyrénées et de la Haute-
Égypte, quelques couches dans lesquelles on reconnoît des
cristaux isolés d'amphibole : ces roches appartiennent probablement à une époque un peu plus récente que le granite du
Bas-Pérou. Quoique les granites les plus anciens n'offrent généralement pas de bancs subordonnés de calcaire primitif, la
chaux commence cependant à se montrer, au sein des montagnes primitives (je n'ose dire au premier âge du monde, dans

le feldspath et peut-être dans les tourmalines. Plus tard cette quantité de chaux augmente par l'addition de l'amphibole dans les couches syénitiques qui caractérisent les granites les plus modernes.

Granite et Gneis primitifs.

§. 2. Cette formation, si bien caractérisée par M. de Raumer, offre des couches de granite et de gneis très-distinctes, à peu près contemporaines et alternant les unes avec les autres. Elle repose quelquefois (Riesengebirge) immédiatement sur la formation précédente; d'autres fois (au sud-est de Riobamba, dans le royaume de Quito) elle est la plus ancienne des roches visibles. Ce retour périodique de couches hétérogènes se retrouve surtout dans les formations de transition, par exemple, dans celles de porphyre et syénite, de syénite et grünstein. Je pense qu'il faut distinguer de la formation de granite et gneis, et les granites dont les couches passent souvent et insensiblement au gneis, comme le granite du littoral de Venezuela, et les gneis qui passent au granite (pente méridionale de la Jungfrau et du Titlis). Les bancs subordonnés au granite et gneis sont : les micaschistes, qui, à leur tour, renferment du calcaire grenu ; les schistes amphiboliques et chloriteux; le weisstein.

Granite stannifère.

§. 3. Généralement à parties constituantes très-désagrégées, le feldspath passant au caolin (Carlsbad, chemin d'Eibenstock à Johann-Georgenstadt; et, d'après M. de Bonnard, probablement aussi les granites du département de la Haute-Vienne). On reconnoîtra peut-être dans la suite que plusieurs de ces roches stannifères sont d'un âge plus récent encore, et qu'il faudroit les placer parmi les granites postérieurs au gneis et antérieurs au micaschiste. Des caractères de nouveauté semblent se retrouver même dans les granites du Fichtelgebirge, en Franconie, qui non-seulement sont très-régulièrement stratifiés, mais qui contiennent aussi des bancs d'urgrünstein (dia-

base primitive, paterlestein). Je ne connois point la formation alpine de granite stannifère dans les Andes : le granite qui
constitue les sommets des Cordillères, est presque toujours
recouvert de formations de porphyre de transition et de trachyte.

WEISSTEIN AVEC SERPENTINE.

§. 4. Le weisstein (eurite), dans lequel domine le feldspath
compacte (partie nord-ouest de l'Erzgebirge), repose sur le
granite ancien. Il est recouvert de gneis, quelquefois de micaschiste (Hartha), ou d'un schiste primitif auquel (Hermsdorf,
Döbeln) le weisstein paroît passer insensiblement. Bancs subordonnés : granite tantôt à grains très-gros (Penig), tantôt à petits
grains, passant souvent au weisstein, et renfermant de la lépidolithe et de la parenthine lamelleuse; serpentine (Wald-
heim). Le weisstein qui enchâsse quelquefois des grenats et
de la cyanite, est en Saxe d'après les observations de MM. Pusch,
Raumer et Mohs, une formation indépendante, antérieure au
gneis, et non un banc subordonné; en Silésie (Engelsberg près
Zobten, et Weiseritz près Schweidnitz), il ne forme que des
couches dans le granite et le gneis primitifs. Ce phénomène
n'a rien qui puisse étonner le géognoste. Les micaschistes, les
gneis et les porphyres se trouvent à la fois comme roches indépendantes et comme bancs subordonnés. La serpentine de
Buenavista dans les montagnes de l'Higuerote, à l'ouest de Caracas, appartient proprement au gneis talqueux; mais il paroît
que, dans le même groupe de montagnes, il y a aussi de la
serpentine liée à un weisstein qui est superposé à la formation
de granite et gneis. La serpentine du weisstein est la plus ancienne des roches d'euphotides à très-petits grains, roches qui
passent, pour ainsi dire, à travers toutes les formations suivantes jusqu'à la limite supérieure des terrains de transition.

II. GNEIS PRIMITIF.

§. 5. Nous distinguons cette formation de gneis (Freiberg,
Lyon, plateau entre Autun et la montagne d'Aussi : Arnsberg

dans le Riesengebirge, Lödingen en Norwége, Grampians en
Écosse), qui renferme des bancs subordonnés de micaschiste,
de la formation, également importante, de gneis et micaschiste, dans laquelle des couches de gneis alternent avec des
couches de micaschiste. Le gneis est, d'après MM. de Buch et
Haussmann, la roche dominante en Scandinavie, où le granite
ancien (antérieur au gneis) n'est presque nulle part visible.
Les bancs subordonnés du gneis sont très-variés et fréquens;
ils le sont cependant beaucoup moins lorsque le gneis ne passe
pas au micaschiste. Nous ne nommerons ici que les bancs les
plus remarquables : quarz souvent grenatifère; feldspath plus
ou moins décomposé et dépourvu de potasse; porphyre, généralement rougeâtre, à base pétrosiliceuse, renfermant du
feldspath, du quarz et du mica (lagerporphyr de la Hals-
brücke, d'Ober-Frauendorf, de Liebstadt), calcaire grenu assez
rarement (route du Simplom, mine du Kurprinz près de Freiberg); grenat commun; mêlé de calcaire grenu, de blende et
de fer oxidulé (Schwarzenberg); micaschiste (Bergen en Norwége); syénite (Burkersdorf en Silésie); granite à feldspath
décomposé, mais non stannifère; serpentine (ophyolithe) formant, d'après M. Cordier, une couche d'une étendue immense
dans les départemens de la Haute-Vienne, du Lot et de l'Avey-
ron; amphibolite schistoïde ou hornblendschiefer; grünstein,
mêlé de fer magnétique (Taberg près Jonköping), de zircon,
de zoïsite et de menakan (Priockterhalt, en Carinthie); fer
magnétique en couches de vingt à trente toises d'épaisseur,
souvent mêlé de calcaire grenu, d'ichthyophtalme, de spodu-
mène, de trémolite, d'amianthe, d'actinote et de bitume (Da-
nemora, Gellivara et Kinsivara, en Suède et en Laponie);
pegmatite (Loch-Läggan en Écosse); gneis renfermant des
masses anguleuses de gneis d'une texture différente de celle de
la roche principale (Rostenberg, en Norwége). Ce dernier
phénomène (effet d'une cristallisation contemporaine?) est
beaucoup plus analogue aux granites du Greiffenstein en Saxe,

et du Pic Quairat dans les Pyrénées, qu'au gneis de transition
renfermant les poudingues de la Valorsine. La grande formation de gneis primitif, très-riche en minérais d'argent et d'or,
en Allemagne, dans quelque partie de la France, en Grèce et
dans l'Asie mineure, a été désignée long-temps comme la
roche la plus argentifère du globe. On sait aujourd'hui, d'après
des recherches faites dans les deux Amériques et en Hongrie,
que la grande masse des métaux précieux qui circulent dans
les deux continens, est due à des formations de beaucoup postérieures au gneis et à toutes les autres formations primitives;
qu'elle provient des roches de transition, de porphyres syénitiques et même de trachytes. Le gneis peu métallifère de la
partie équinoxiale du nouveau monde se montre sur une plus
grande étendue de terrain dans les montagnes qui courent de
l'est à l'ouest (chaîne du littoral de Caracas, Cap Codera, et
îles du lac de Tacarigua; Orénoque, Sierra de la Parime) et
dans les régions basses éloignées de la chaîne des Andes (à l'est
des montagnes du Brésil), que dans la crête élevée de cette
chaîne même. Je n'ai pas vu le gneis (à la Silla de Caracas
et au passage des Andes de Quindiù) à plus de treize cents et
quatorze cents toises de hauteur au-dessus du niveau de l'océan.
Sur le dos des Cordillères, entre Ibague et Carthago (Nouvelle-Grenade ou Cundinamarca), comme an Paramo de Chulucanas, en descendant vers l'Amazone, un granite de nouvelle
formation recouvre le gneis à dix-huit cents toises de hauteur.
Si dans les montagnes de l'Europe le gneis, le micaschiste et
un granite de seconde formation constituent les plus hautes
cimes; dans les Andes, au contraire, les sommets les plus
élevés ne présentent que d'énormes accumulations de roches
trachytiques. En suivant une même chaîne, un même aligne-
ment de montagnes, on voit les basses régions de granite-gneis
et de gneis-micaschiste (province d'Oaxaca dans la Nouvelle-
Espagne, où le gneis est aurifère; groupes primitifs de Quindiù; Almaguer, Guamote, au sud du Chimborazo; Saraguru

et Loxa, dans les Andes du Pérou) alterner avec les régions
élevées (deux mille à trois mille trois cents toises) de trachytes.
Ces derniers terrains, produits ou modifiés par le feu, recouvrent sans doute et quelquefois immédiatement, sans que des
formations porphyriques de transition soient interposées, le granite et le gneis; cependant, là où j'ai pu voir les trachytes du
royaume de Quito (volcan de Tunguragua, ravin du Rio-Puela
près de Penipe) reposer sur un schiste micacé verdâtre rempli
de grenats et recouvrant à son tour un granite un peu syénitique avec quarz et mica (noir!), cette superposition n'a aussi
lieu qu'à là hauteur peu considérable de douze cent quarante
toises. Il résulte en général de mon nivellement barométrique
des Cordillères, que dans toute cette région des tropiques les
granites et les gneis anciens, qu'il ne faut pas confondre
avec des roches syénitiques et granitiques de transition, ne
s'élèvent guères au-dessus de la hauteur qu'atteignent les sommets
des Pyrénées. Tous les massifs superposés aux roches primitives, qui dépassent la limite des neiges perpétuelles (deux mille
trois cents à deux mille quatre cent soixante toises), et qui
donnent aux Cordillères leur caractère de grandeur et de ma-
jesté, ne sont généralement dus ni à des formations primitives
ni à des roches calcaires (il n'y a que le calcaire alpin des
plateaux de Gualgayoc et de Guancavelica qui se trouve à
deux mille cent et deux milles trois cents toises), mais à des
porphyres trachytiques, à des dolérites et des phonolithes.
(Nous ignorons encore de quelles roches sont composés les
sommets de l'Himalaya, les extrémités de ces pics récemment
mesurés par M. Webb. Le gneis des Cordillères abonde bien
plus que le micaschiste en couches subordonnées de calcaire
grenu (micacé et rempli de pyrites). Aussi dans l'Amérique
équinoxiale, comme à l'extrémité la plus boréale de l'Europe
et dans les Pyrénées, le grenat est le plus commun dans le
gneis, et cette dernière roche ne cesse généralement de contenir des grenats que lorsqu'elle se rapproche du schiste micacé

(montagne d'Avila, près de Caracas). Un véritable gneis, dépourvu de grenats, se montre cependant à l'ouest de Mariquita, entre Rio Quamo et les mines de S. Ana (Nouvelle-Grenade). Au Brésil, d'après l'observation de M. d'Eschwege, l'étain (zinnstein) est disséminé, non dans le granite, mais dans le gneis (bords du Rio-Paraopeba près de Villa-Ricca).

Entre les deux grandes formations de gneis et de micaschiste primitifs, nous placerons plusieurs formations parallèles :

GNEIS ET MICASCHISTE ;	SYÉNITE PRIMITIVE?
GRANITE POSTÉRIEUR AU GNEIS	SERPENTINE PRIMITIVE?
ET ANTÉRIEUR AU MICASCHISTE ;	CALCAIRE GRENU.

Deux de ces formations sont peut-être aussi douteuses que l'est le porphyre primitif, considéré comme formation indépendante.

GNEIS ET MICASCHISTE.

§. 6. Des couches de gneis alternent avec des couches de micaschiste, de même que le gneis, dans la formation §. 2, alterne avec le granite. Ce ne sont pas des roches qui passent l'une à l'autre, mais des couches alternantes, très-nettement tranchées (Neisbach et Jauersberg en Silésie; Waltersdorf près Scheibenberg en Saxe. Dans les Cordillères de l'Amérique, et peut-être dans la plupart des grandes chaînes de montagnes de l'ancien continent, comme l'illustre Dolomieu me l'avoit fait observer en Suisse dès l'année 1795, les formations *mixtes* ou *d'alternance périodique*, de gneis et granite, et de gneis et micaschiste, sont beaucoup plus fréquentes que les formations *simples*, de granite, de gneis et de micaschiste. La formation indépendante de gneis-micaschiste repose tantôt sur la formation de gneis (§. 5), tantôt immédiatement sur le granite le plus ancien (§. 1). Dans ce dernier cas elle doit être considérée comme une formation parallèle au gneis. Bancs subordonnés : calcaire grenu, schistes amphiboliques, grünstein, serpentine, et thonschiefer avec actinote. Ces bancs subordonnés se répètent plusieurs fois; car, dans toutes les *formations d'alternance périodique*, soit primitives, soit de transition (les granites et gneis, les gneis et micaschistes, les syénites et grün-stein, les porphyres et syénites, les porphyres et grauwacke, les calcaires noirs et schistes de transition), le retour pério-dique des masses s'étend jusqu'aux bancs subordonnés. Cette grande loi géologique se manifeste dans toute la Cordillère des Andes, surtout dans les montagnes situées au sud et au sud-est du volcan de Tunguragua, au Condorasto, au Cuvillan et au Paramo del Hatillo, où (ce qui est très-rare dans cette région) le gneis micaschiste s'élève à plus de deux mille toises de hau-teur, et renferme des filons d'argent jadis très-célèbres (weiss-gültigerz et sprödglaserz, argent blanc et argent vitreux aigre). Ces gneis-micaschistes métallifères du Condorasto et de Pomal-lacta se cachent vers le sud sous les formations de porphyres trachytiques des Andes de l'Assuay; ils reparoissent (à dix-sept cents toises de hauteur) entre les ruines du palais de l'Inca (Ingapilca) et la ferme de Turche, et ils se cachent de nou-veau sous les grès de Cuença. Les forêts de Quinquina, à l'ouest de Loxa, couvrent aussi des montagnes de gneis alternant avec du micaschiste. Dans le passage des Andes de Quindiù, entre les bassins du Rio Cauca et du Rio Magdalena, la formation de gneis-micaschiste repose (au-dessus de la station de la Pal-milla) immédiatement sur le granite ancien. Elle atteint une énorme épaisseur, en s'élevant vers le Paramo de San-Juan. Les couches de micaschistes alternant avec le gneis y sont tou-jours dépourvues de grenats: elles offrent, au Valle del Moral (à un mille soixante-cinq toises de hauteur), des filons remplis de soufre, exhalant des vapeurs sulfureuses dont la température s'élève à 48° cent., l'air atmosphérique étant à 20°. Ce phéno-mène est d'autant plus remarquable qu'au sud de l'équateur, dans la célèbre *montagne du soufre* de Ticsan, j'ai trouvé le soufre dans du quarz, subordonné comme couche au mica-schiste primitif. Les couches de gneis de Quindiù contiennent

des grenats disséminés et des bancs de caolin décomposé. Dans
la chaîne côtière de Caracas, entre Turiamo et Villa de Cura,
les formations de granite-gneis et de gneis-micaschiste occupent,
dans une direction perpendiculaire à l'axe de la chaîne, un
terrain de dix lieues de largeur; le gneis micaschiste se cache
vers les Llanos de Venezuela sous des schistes verts de transition. Près de la Guayra, au cap Blanc, cette formation renferme des bancs subordonnés de chlorite schisteuse (avec
grenats et sable magnétique), de hornblendschiefer et de grünstein mêlé de quarz et de pyrites. Sur les côtes du Brésil, où
plusieurs chaînes primitives se dirigent parallèlement aux Andes
du Pérou et du Chili dans le sens d'un méridien, des couches
de granite, de gneis et de micaschiste constituent une seule
formation et alternent en séries périodiques (Ilha Grande, au
sud de Rio-Janeiro, près Villa d'Angra dos Reis, selon M. d'Eschwege). Les trois roches y sont contemporaines, comme les syénites qui alternent périodiquement, soit avec les thonschiefer,
soit avec le grünstein de transition.

GRANITES POSTÉRIEURS AU GNEIS, ANTÉRIEURS AU MICACHISTE PRIMITIF.

§. 7. Je réunis ici plusieurs formations de granite à peu près
parallèles, placées entre le gneis et le micaschiste, telles que le
granite stannifère (hyalomicte, graisen) de Zinnwald et d'Altenberg, en Saxe, qui paroît reposer sur le gneis et qui abonde
en tourmalines noires; la plupart des pegmatites ou granites
graphiques (schriftgranite), qui renferment de la lépidolite
(Rozena, en Moravie; les granites avec épidote; les granites à
bancs subordonnés de weisstein ou eurite (Reichenstein en
Silésie); les granites avec stéatite et chlorite, contenant souvent
de l'amphibole disséminée, et prenant l'aspect d'une syénite
ou d'un schiste chloriteux (protogines du Mont-Blanc et de
presque toute la chaîne des Alpes entre le Mont-Cenis et le
Saint-Gothard; probablement aussi la roche du Rehberg au
Harz); les granites des Pyrénées, si bien étudiés par M. de

Charpentier, et renfermant de nombreux bancs de gneis, de micaschiste et de calcaire grenu. Peut-être les granites d'Alten-berg appartiennent-ils (c'est l'opinion de M. Beudant) aux as-sises inférieures des porphyres de transition; peut-être les gra-nites des Pyrénées, qui enchâssent des amas d'urgrünstein (diabase primitive), sont-ils même postérieurs à la grande for-mation de micaschiste (§. 11), comme aussi les granites stan-nifères du Fichtelberg, qui renferment du grünstein (Ochsen-kopf, Schnéeberg, en Franconie), et que nous avons indiqués provisoirement au §. 3. Le même doute me reste sur beaucoup de granites qui abondent en filons argentifères, sur tous les granites avec grenats, et sur les granites porphyroïdes (à très-grands cristaux de feldspath rouge et blanc), qui sont souvent aussi régulièrement stratifiés que l'est le calcaire secondaire. Je n'ai point voulu citer ici les amas d'étain de Geyer et de Schla-ckenwald, parce que les granites qui les renferment, ne sont que des couches dans le gneis et le micaschiste : ce ne sont pas de véritables roches, des formations indépendantes, comme les granites de Carlsbad et du Fichtelgebirge. Dans l'Amérique équinoxiale on peut rapporter avec quelque vraisemblance à la formation de granite postérieure au gneis et antérieure au micaschiste, les granites de la pente occidentale des Cordil-lères du Mexique (plateau du Papagallo et de la Moxonera), qui sont ou porphyroïdes, ou divisés en boules à couches concentriques. Ils enchâssent des bancs syénitiques liés à des filons de basanite (urgrünstein compacte). Je les ai vu régu-lierement stratifiés en couches de sept à huit pouces d'épais-seur, et affectant, non une même inclinaison, mais une même direction avec les couches du porphyre de transition et du calcaire alpin superposées. On ne connoît point, il est vrai, les roches que recouvre cette formation mexicaine de granite: c'est celle sur laquelle toutes les autres roches du Mexique sont placées; mais les caractères de composition et de structure qu'elle offre en grand, et son analogie avec d'autres granites stratifiés des hautes Andes du Pérou, me font croire qu'elle est d'un âge plus récent que la formation S. 1. Au granite antérieur au micaschiste, mais postérieur au gneis, appartient plus positivement celui de la Garita del Paramo, au pied du volcan éteint de Tolima (Andes de Quindiù); celui de la Silla de Caracas; les granites très-régulièrement stratifiés (sans passer au gneis) de Las Trincheras dans la chaîne côtière de Venezuela; les granites du groupe étendu des montagnes de la Parime, qui sont ou régulièrement stratifiés (détroit du Baraguan, vallée du Bas-Orénoque), ou passant à la pegmatite (Esmeralda et confluent de l'Ucamu, Haut-Orénoque), ou amphiboliques (cataractes d'Aturès). Dans ce vaste groupe granitifère de la Sierra Parime, qui sépare le bassin du Bas-Orénoque de celui de l'Amazone, se répètent quelques phénomènes de la Finlande et de la Norwége : aucune autre masse minérale n'y paroît au jour que la roche granitique. Là où j'ai côtoyé la Sierra Parime au nord, à l'ouest et au sud, j'ai observé, à quelques petites masses de grès près, une absence totale de formations secondaires, même de roches postérieures à un granite de nouvelle formation. Ce granite, et le gneis qui le supporte, forment, là ou de petites plaines séparent les montagnes entre elles, au milieu des forêts et d'une végétation vigoureuse, des bancs de rochers nus, dépourvus de terreau, ayant plus de deux cent cinquante mille toises carrées et s'élevant à peine de trois à quatre pouces au-dessus du sol environnant. Dans l'hémisphère méridional je peux citer comme granites de nouvelle formation, la roche du Pareton (pente orientale des Andes du Pérou, entre Guancabamba et la rivière des Amazones), où le granite stéatiteux passe à la protogyne; le granite du Paramo de Pata grande et de Nunaguacu, stratifié et dépourvu d'amphibole; la roche de Yanta, stratifiée comme le granite de l'Ochsenkopf en Franconie, se cachant sous le micaschiste de Gualtaquillo et d'Aipata, et renfermant des cristaux disséminés d'amphibole, sans passer à la vraie syénite (Cordillères de Gueringa, à l'ouest de Guancabamba). On voit par ces exemples que, dans les Andes comme dans les Alpes, surtout à des hauteurs considérables, une roche granitique couvre le gneis primitif. On se demande si les grünstein primitifs, qui forment des couches dans les formations §§. 3, 5, 6, 7, renferment quelquefois, comme le prétendent plusieurs géognostes, non-seulement de l'amphibole mêlé au feldspath compacte, mais aussi du pyroxène. M. de Charpentier a vu cette dernière substance en grandes masses dans le calcaire primitif des Pyrénées. Il y a aussi du pyroxène-coccolithe dans l'urgrünstein du lac Champlain ; je n'ai vu des véritables pyroxènes identiques avec ceux des trachytes et de quelques porphyres de transition de Quito, que dans les grünstein et mandelstein de transition de Parapara (montagnes de Venezuela).

SYÉNITE PRIMITIVE?

§. 8 La plupart des syénites de l'ancien et du nouveau continent que l'on considéroit autrefois comme des roches indépendantes et de formation primitive, sont ou des granites avec amphibole, c'est-à-dire des couches subordonnées aux granites §§. 7 et 11 (Syène, non Philæ, ou les premières cataractes mêmes de la Haute-Egypte, qui sont dans le gneis ; Aturès ou cataractes de l'Orénoque : vallée de Macara et Gualtaquillo, à la pente orientale des Andes du Pérou), ou des formations de transition (Mont Sinaï, d'après les intéressantes observations de M. Rozière ; vallée de Plauen, près de Dresde ; Guanaxuato, au Mexique), intimement liées aux porphyres, au grünstein et au thonschiefer de transition. Quelques véritables syenites ne me paroissent cependant offrir aucune trace de cette liaison ; elles constituent peut-être des formations primitives indépendantes : telles sont la syénite (beaucoup de feldspath lamellaire rougeâtre, peu d'amphibole, presque pas de quarz, pas de mica, pas de fer titané) du Cerro Munchique (Cordillère centrale des Andes du Popayan, à l'est de la métairie du Cascabel),

superposée au gneis, et en partie (?) recouverte de micaschiste
primitif; la syénite du Paramo de Yamoca (pente orientale
des Andes du Pérou, près des villages indiens de Colascy et
de Chontaly), placée sur le granite de Zaulaca et recouverte
par le schiste du lac de Hacatacumba. Comme ce schiste, à
son tour, supporte un porphyre vert de transition, et que ce
porphyre supporte un calcaire gris noirâtre, mais coquillier
(San-Felipe, province de Jaen de Bracamoros), il reste très-
douteux si la syénite de Yamoca et le schiste de Hacatacumba
ne sont pas aussi des roches de transition, et par conséquent plus
neuves que les syénites du Cerro Munchique dans les Andes de
Popayan. Les syénites composées de feldspath blanc et d'amphibole vert du pied de Mont-Blanc (Cormayeux), et les syénites
de Biela, liées à des euphotides, sont-elles primitives?

SERPENTINE PRIMITIVE?

S. 9. Les grandes formations d'euphotide (gabbro ou roches
serpentineuses) sont postérieures au thonschiefer primitif, et
appartiennent en partie déjà aux roches de transition. La petite
formation que nous désignons ici, est analogue à celle de Zœ-
blitz en Saxe : elle repose sur du gneis, et n'est recouverte par
aucune autre roche. Dans l'Amérique méridionale la serpentine
(sans diallage métalloïde, mais avec grenats) des montagnes
de l'Higuerote (près San-Pedro, entre la ville de Caracas et les
vallées d'Aragua) paroît analogue à celle de Saxe : elle repose
sur le gneis talqueux de Buenavista, qui passe, ce qui est assez
rare dans ces contrées, à un micaschiste grenatifère. Cependant,
comme on ne voit aucune roche superposée à ces serpentines,
leur âge reste un peu douteux. Ce qui me paroît prouver l'ancienneté des serpentines de l'Higuerote, c'est qu'avant de paroître comme formation particulière et indépendante, elles se
montrent comme des couches subordonnées au gneis-micaschiste, à peu près comme les serpentines de la vallée d'Aoste.

CALCAIRE PRIMITIF.

§. 10. Existe-t-il une formation indépendante de calcaire
grenu parmi les roches primitives? Ou tous ces calcaires grenus,
comme on l'a admis assez généralement jusqu'ici, ne sont-ils
que des bancs subordonnés au gneis, au micaschiste, aux granites de nouvelle formation et au thonschiefer? Dans les Pyrénées (vallée de Vicdessos) M. de Charpentier regarde le calcaire
grenu quelquefois noirâtre et mêlé de graphite, et renfermant
de grandes masses de pyroxène (lherzolite, augitfels) et des
couches de grünstein, comme une formation étendue et indépendante. Cette autorité est sans doute de beaucoup de poids.
Au sud de l'équateur, sur le plateau de Quito (au Cebollar et
aux bords du Rio Machangara, près Cuença; Portete, dans le
Llano de Tarquin), on trouve placé sur le micaschiste (de Guasunto et du Cañar) un calcaire blanc, à gros grain, ressemblant
au plus beau marbre de Carare, et alternant avec des couches
calcaires presque compactes, rubanées et tellement translucides
qu'on s'en sert, dans les couvens et les chapelles, en guise de
glaces pour les fénêtres. J'ai regardé long-temps ce calcaire grenu
de Cuenca, dépourvu de pétrifications, comme une formation
primitive et indépendante; mais il n'est couvert que de grès
rouge de Nabon, et une formation très-analogue (Tolonta près
de Chillo), placée au milieu d'un terrain de trachytes et de
porphyres de transition, rend très-douteux l'âge de la formation
de Cuença. Les bancs de calcaires primitifs, subordonnés aux
roches de granite-gneis, sont beaucoup plus rares dans l'Amérique équinoxiale que dans les Pyrénées et les Alpes. En examinant avec soin les granites-gneis de la Parime, entre les 2.ᵉ et
8.ᵉ degrés de latitude boréale, je n'ai pas vu un seul de ces
bancs.

III. MICASCHISTE PRIMITIF.

§. 11. Le micaschiste (schiste micacé, glimmerschiefer) repose le plus souvent sur le gneis, d'autres fois immédiatement

sur le granite (§. 1), avec lequel il commence d'abord à alterner (Schnéeberg, en Saxe: Minas Geraes, au Brésil) avant de
se montrer comme une formation indépendante. Il se distingue
du gneis, lorsque les deux roches sont nettement tranchées (ce
qui est bien plus rare dans la haute chaîne des Alpes et des
Cordillères du Pérou que dans les plaines), par l'agrégation du
mica, qui, dans le micaschiste, offre une surface continue. De
toutes les formations primitives c'est celle qui, dans l'Europe
centrale, est la plus développée, et qui présente la plus grande
variété de bancs subordonnés; l'hétérogénéité des couches augmente à mesure que l'on s'éloigne du granite. Les micaschistes
des Pyrénées, que l'on considere comme bien décidément primitifs, renferment souvent de la chiastolithe, et cette substance
pénètre quelquefois jusque dans les bancs de thonschiefer et
de calcaire grenu intercalés. Couches subordonnées au micaschistes : schiste chloritique (chloritschiefer avec grenat); mélange entrelacé de micaschiste et de calcaire grenu (Splügen,
entre Glaris et Chiavenna; pic de Midi de Tarbes, dans les Pyrénées); thonschiefer; calcaire grenu et dolomie avec trémolite
(grammatite), épidote, talc, tourmaline, lépidolithe, amphibole, fer magnétique et corindon; calcaire grenu renfermant du
quarz (Pyrénées); dolomie mêlée de gypse primitif (passage
du Splügen dans les Alpes); quarz schistoïde et micacé, gestell-
stein; grünstein et grünsteinschiefer, diabase grenue et schisteuse
(Montaña de Avila, Cabo blanco près Caracas); feldspath compacte vert noirâtre (dichter grünstein); pierre ollaire, topfstein
(Ursern); schiste talqueux (talkschiefer) avec grenats, cyanite,
tourmaline et actinote; serpentine pure (Sillthal dans le Tyrol); serpentine mêlée de calcaire grenu, verde antico (montagnes de Caramanie; Reichenstein, Rörsdorf et Rothzeche, en
Silésie); schiste amphibolique (Saint-Pierre, au sud du grand
Saint-Bernard); amphibole commune en grandes masses (Schön-
berg, en Tyrol), syénite (Mittelwald, dans le Tyrol), couches
de grenat avec fer oxidulé (Braunsberg près Freiberg, Frauen-

berg près Ehrenfriedrichsdorf, en Saxe); grenat avec pyroxène-
omphacite et amphibole (Gefrees et Schwarzenbach , pays de
Bareuth; Saualpe en Carinthie); grenat actinote et cyanite;
fluate de chaux (Meffersdorf); bancs de micaschiste renfermant
des masses de gneis, peut-être d'une formation contemporaine
(Toffle, en Norwége), bancs de plusieurs pieds d'épaisseur, composés d'un mélange intime de feldspath compacte, de quarz et
de mica (Kühlstad près Drontheim , en Norwége); micaschiste
avec mica noir et carburé (Sneehättan , en Norwége; Huffiner,
dans le Valais). Je ne cite pas le gypse du Val Canaria près
d'Airolo , que nous avons cru, M. Freiesleben et moi, en 1795,
être de formation primitive intercalée au micaschiste, mais que
MM. Brochant et Beudant (qui les ont étudiés tous deux séparément avec soin) ont reconnu pour un gypse de transition superposé au micaschiste. Le micaschiste renferme souvent de
l'amphibole disséminé dans toute sa masse (Salzbourg; Saint-
Gothard; Oberwiesenthal en Saxe; Sommerleiten près Bareuth).
Les émeraudes de Sabara, dans la Haute-Égypte , retrouvées par
l'intrépide voyageur M. Cailliaud, et celles de Salzbourg, sont
enchâssées dans la masse du micaschiste même, comme le sont,
dans les deux continens, le grenat, la staurotide (Saint-Gothard; Sierra Nevada de Merida) et la cyanite(îles Schetland ;
Maniquarez, au nord de Cumana). Les émeraudes de Muzo ,
dans la Nouvelle-Grenade , m'ont paru former une couche dans
un hornblendschiefer qui est subordonné au micaschiste. Si l'on
ne considère les formations que sous le rapport de leur volume
et de leur masse, on doit admettre que le micaschiste, dans
les chaînes des montagnes de l'Europe, joue un rôle presque
aussi important que le font, au Mexique et dans les Andes de
Quito et du Pérou, les porphyres de transition et les trachytes.
Les masses continues de micaschiste les plus considérables que
j'aie vues dans l'Amérique équinoxiale, sont celles de la Cordillère du littoral de Venezuela, où le granite-gneis domine depuis
le cap Codera jusqu'à la Punta-Tucacas (à l'ouest de Portoca-

bello), tandis que la même Cordillère est composée de micaschiste et même d'un micaschiste grenatifère vers l'est, dans les
montagnes du Macanao de l'île de la Marguerite et dans toute la
péninsule d'Araya. A l'ouest de Chuparipari, cette dernière
roche offre de petites couches de quarz avec cyanite et titane
rutile. Près de Caracas le calcaire grenu forme des couches, non
dans le micaschiste, mais dans le gneis, au contraire, dans les
montagnes du Tuy, c'est un micaschiste passant (comme dans
la vallée de Capaya) au schiste talqueux, qui renferme des
bancs de calcaire primitif et de petites couches de zeichenschiefer
(ampélite graphique). Au sud de l'Orénoque, dans le groupe
des montagnes de la Parime, sur 180 lieues de longueur, je
n'ai pas vu de véritable micaschiste superposé au granite-gneis.
Cette dernière formation semble seule couvrir cette vaste contrée;
mais le gneis y passe quelquefois au micaschiste : il rend res-
plendissans, au lever et au coucher du soleil, les flancs de
plusieurs montagnes élevées (pic Calitamini, Cerro Ucacuamo,
entre les sources de l'Essequebo et du Rio-Branco, et il a contribué par là au mythe du Dorado et des richesses de la Guyane
espagnole. Dans les Cordilleres des Andes, la formation indépendante de micaschiste m'a paru moins rare au nord qu'au
sud de l'équateur. Au Nevado de Quindiù (Nouvelle-Grenade)
elle atteint une épaisseur de plus de 600 toises. En avançant de
là par Quito et Loxa vers les Andes du Pérou, on voit sortir le
micaschiste sous les trachytes et porphyres de transition de Popayan (au sud dés volcans de Sotara et du Puracè); plus loin
cette roche reste visible sur différens points, depuis l'Alto del
Roble (arête qui partage les eaux entre l'océan Pacifique et la
mer des Antilles) jusqu'à la vallée de Quilquasè. Elle se cache
de nouveau par intervalles sous des porphyres trachytiques, à
base de phonolithe, et reparoît plusieurs fois, par exemple,
entre Almaguer et le Rio Yacanacatu, entre Voisaco et le volcan
de Pasto, entre Gansce et le volcan de Tungaragua , entre Guamote et Ticsan près d'Alausi (où le micaschiste offre une im-

mense couche de quarz renfermant du soufre, et une autre
couche (?) de gypse primitif), entre Guasunto et Popallacta ;
entre le Cañar et Burgay, à la partie méridionale du groupe trachytique de l'Assuay ; enfin, entre Loxa et Gonzanama. C'est
près de ce dernier lieu que, dans le ravin de Vinayacu, on
trouve une couche de graphite lamellaire dans un micaschiste
qui est certainement primitif. En descendant de Loxa par le
Paramo de Yamoca, vers l'Amazone, entre les 4° et les 5½°
de latitude australe, un granite de seconde formation est recouvert de micaschiste dans la vallée de Pomahuaca ; mais, en général, dans cette partie des Cordillères ce n'est pas le micaschiste, mais la syenite et le thonschiefer primitifs qui ont
pris un grand développement, partout où le sol n'est pas couvert de porphyres et de trachytes. Dans la Nouvelle-Espagne, le
micaschiste abonde (mines d'or de Rio San-Antonio) dans la
province d'Oaxaca : mais plus au nord (16—18° lat. bor.), sur la
pente orientale des Cordillères entre Acapulco et Sumpango, le
granite n'est pas même recouvert de gneis ; il l'est immédiatement de calcaire alpin (Alto del Peregrino) et de porphyres de
transition (la Moxonera, Acaguisotla). Cependant un micaschiste, dépourvu de grenats et passsant quelquefois au thonschiefer, se montre dans les riches mines de Tehuilotepec et de
Tasco (entre Chilpansingo et Mexico) sous le calcaire alpin.
Des filons d'argent rouge pénètrent de l'une de ces roches dans
l'autre, malgré la grande distance qu'on doit admettre entre
l'âge de leur formation. Je ne connois dans les Andes aucun
exemple d'une couche de porphyre dans le micaschiste, ou d'un
passage de cette dernière roche à une roche porphyroïde ; passage qui, selon l'importante observation de M. de Buch, a
lieu dans les Alpes du Splügen, entre le village de ce nom et
la vallée de Schams. Les terrains primitifs dans lesquels abonde
le micaschiste, sont ceux qui offrent aux oryctognostes la plus
grande variété de substances cristallisées. Ces roches, si abondantes en potasse, rivalisent sous se rapport avec les mandel-

stein (amygdaloïdes) de transition et plusieurs roches volcaniques. Il est très-rare que l'on observe dans la nature un développement à peu près égal des trois formations de gneis, de micaschiste et de thonschiefer, et lorsque ce développement à eu lieu, c'est plutôt dans des montagnes de peu d'élévation et là où elles se perdent vers les plaines, que dans les hautes chaînes des Andes, des Alpes, des Pyrénées et de la Norwége. Nulle part, peut-être, la suppression totale des formations micacées ou schisteuses n'est plus fréquente que dans les Cordillères du Mexique et de l'Amérique méridionale. On y voit la série des roches primitives s'arrêter brusquement, soit au granite-gneis et à une syénite que je crois primitive, soit au gneis-micaschiste. Ce phénomène) a même lieu là où il y a (Cordillère de la Parime) absence de trachytes et de tout phénomène volcanique.

Granite postérieur au Micaschiste, antérieur au Thonschiefer.

§. 12. Un granite de nouvelle formation reposant sur le micaschiste, auquel il appartient géognostiquement (Saint-Gothard, dans les Alpes; Reichenstein, en Silésie). Souvent il est stratifié (Högholm, en Norwége, selon M. de Buch ; Maifriedersdorf et Striegau en Silésie, selon M. Schulze), renferme des grenats et de l'amphibole, et passe à une roche syénitique à très-gros grains. Le quarz y est remarquable par sa grande transparence, le feldspath par la grandeur de ses cristaux. Ce granite est parfois stéatiteux ; il indique le retour des roches schisteuses aux roches grenues et cristallisées. Le granite de Mittelwald, au nord de Brixen (passage des Alpes du Brenner), repose sur une syénite primitive qui alterne plusieurs fois avec le micaschiste. Le granite à topazes du Schneckenstein, en Saxe, que l'on a considéré long-temps comme une roche ou terrain particulier (topasfels), n'est probablement qu'un amas transversal dans le micaschiste. Je suppose l'existence d'une formation de granite analogue à celle du Saint-Gothard (c'est-à-dire postérieure aux micaschistes) dans les Andes du Baraguan, de

Quindiù et d'Hervéo, où plusieurs granites modernes viennent
au jour sur la crête des Cordillères, supportant des pics de trachytes. Est-ce à cette même formation qu'appartiennent le
granite de Krieglach en Styrie, dans lequel la lasulithe (blau-
spath) remplace le feldspath commun, et la roche intéressante
du Carnatic, dont nous devons la connoissance à M. le comte
de Bournon? Cette dernière est composée d'indianite, de feldspath et de corindon (avec grenats, épidote et fibrolite).

GNEIS POSTÉRIEUR AU MICASCHISTE.

§. 13. Une petite formation de gneis grenatifère, observée
par M. de Buch. Elle couvre le micaschiste (Bergen, Classness
et Klöwen, en Norwége), et renferme des bancs subordonnés de
calcaire grenu et même de micaschiste. Cette formation se retrouve dans les Pyrénées.

GRÜNSTEIN - SCHIEFER ?

§. 14. La diabase schistoïde (grünstein-schiefer) est placée
entre le gneis et le thonschiefer primitif (Siebenlehn, Rosen-
thal), ou entre le micaschiste et le thonschiefer primitif (Gers-
dorf et Rosswein en Saxe); elle renferme des filons argentifères
très-anciens. On trouve aussi le grünstein-schiefer comme banc
subordonné au micaschiste. C'est une formation de feldspath
compacte, dont l'indépendance me paroît assez douteuse.

IV. THONSCHIEFER PRIMITIF.

§. 15. Schiste primitif (schiste argileux, phyllade, urthonschiefer), moins carburé et généralement à couleurs moins
foncées que le thonschiefer de transition. Lorsqu'il passe au micaschiste, le mica est fendu en grandes lames, tandis que le
mica, en petites paillettes isolées, caractérise le thonschiefer de
transition. Bancs subordonnés: calcaire grenu bleuâtre; porphyre;
chlorite schisteuse avec grenats et sphène disséminés; micaschiste (Klein-Kielvig, en Norwége); grünstein, mais beaucoup plus rare que dans le thonschiefer de transition; grün,

stein-schiefer; quarz avec épidote; un melange de diallage et de feldspath. Les bancs subordonnés au thonschiefer primitif sont moins fréquens que ceux de micaschiste, roche dans laquelle l'hétérogénéité des couches, l'abondance et la variété des substances cristallisées ont atteint leur *maximum*, en passant du granite primitif aux roches de transition. Lorsqu'on considère en grand la différence des thonschiefer primitifs et des thonschiefer de transition, on peut indiquer pour les premiers plusieurs caractères négatifs très-importans, tels que l'absence des nœuds ou bancs subordonnés de calcaire compacte, l'absence de chiastolithe disséminée dans la masse, de feuillets de thonschiefer luisans et fortement chargés de carbone; enfin l'absence des couches fréquentes de grünstein (en boules), d'ampélite alumineuse et graphique (alaun- und zeichenschiefer), de pierre lydienne et de kieselschiefer: mais il ne faut point oublier que ces caractères généraux souffrent des exceptions partielles, dont le géognoste expérimenté est d'autant moins surpris, que le thonschiefer de transition succède souvent immédiatement, selon l'âge relatif des formations, au thonschiefer primitif. On trouve, dans le dernier, de la chiastolithe aux sommets des Pyrénées et près de Kielvig en Norwége. M. de Raumer y a vu, en Silésie (Rohrsdorf, Nieder-Kunzendorf), à la fois des bancs subordonnés de porphyre à base feldspathique, de gneis-micaschiste, de calcaire grenu, d'ampélite et de pierre lydienne. Dans l'Amérique équinoxiale (chaîne du littoral de Venezuela, isthme d'Araya, Cerro de Cbupariparu), j'ai observé, dans un thonschiefer qui passe au micaschiste primitif et cyanitifère sur lequel il repose, à la fois des couches de titane-rutile et d'ampélite luisante, traversées par de petits filons d'alun natif. Il est quelquefois tres-difficile d'indiquer avec précision où cessent le thonschiefer primitifs, où commencent ceux de transition. Les schistes bleu-noirâtre de Piedras Azules (entre Villa de Cura et Parapara), à l'ancien rivage boréal des Llanos ou steppes de Venezuela, ceux de Guanaxuato, au Mexique, dont les strates inférieurs

passent au schiste talqueux et chloriteux (talk- et chloritschiefer), tandis que les strates supérieurs sont chargés de carbone et enchâssent des bancs de syénite serpentineuse, se trouvent sur cette limite de deux terrains contigus. Il n'est guères
douteux que dans les deux continens la plus grande masse de
schistes ne soient des schistes de transition ; mais en Amérique,
surtout dans la région équinoxiale, on est moins frappé de
cette différence que de la rareté absolue de tous les thonschiefer,
en les comparant aux gneis micaschistes. Le thonschiefer paroît
manquer entièrement dans la Cordillère de la Parime, à travers
laquelle l'Orénoque s'est frayé un chemin : dans les Andes,
comme dans les Pyrénées, il n'occupe que des terrains de peu
d'étendue. Je l'ai trouvé au nord de l'équateur, supportant les
formations secondaires du plateau de Santa-Fé de Bogota, entre
Villeta et Mave; au sud de l'équateur, placé sur les micaschistes
du Condorasto, et servant de base aux porphyres de transition
de l'Alto de Pilches, entre San-Luis et Pomallacta (Andes de
Quito); sous la pierre calcaire alpine de Hualgayoc, venant
au jour à 2000 toises de hauteur, dans le Paramo de Yanaguanga (crête des Andes du Pérou); superposé immédiatement à
du granite ancien, entre les villages indiens de San-Diego et
de Cascas (pente occidentale des Andes du Pérou.) J'ignore si
le thonschiefer recouvrant une syénite qui appartient au granite, aux bords du lac de Hacatacumba et au Paramo de Yamoca (pente orientale des Andes du Pérou, province de Jaen
de Bracamoros), est véritablement de formation primitive. Les
passages insensibles que l'on observe quelquefois entre les granites, les gneis, les micaschistes et les thonschiefer, et qui
trouvent leurs analogues dans les passages des syénites et des
serpentines au grünstein de transition, ont fait croire à plusieurs
géognostes que ces quatre formations n'en sont qu'une seule.
On voit, en effet, de vastes étendues de pays dans lesquelles le
gneis oscille perpétuellement entre le granite et le micaschiste,
le micaschiste entre le gneis et le thonschiefer ; mais ce phéno-

mène n'est aucunement général. Il faut distinguer dans les deux hémisphères, 1.° des terrains où ces passages insensibles, ces oscillations entre des roches voisines, ont lieu fréquemment et d'une manière irrégulière; 2.° des terrains où des strates distincts de granite et de gneis, de gneis et de micaschiste, alternent et constituent des formations complexes de granite et gneis, de gneis et micaschiste; 3.° des terrains ou les formations simples de granite, gneis, micaschiste et thonschiefer sont superposées sans alternance (avec ou sans passage au point du contact mutuel). Ce dernier cas n'exclut point, dans le gneis, par exemple, les couches de granite qui rappellent les roches de dessous, ni les couches de micaschiste, qui annoncent, pour ainsi dire, d'avance les roches qui se trouveront superposées.

Nous ferons suivre au thonschiefer quatre formations parallèles :

ROCHE DE QUARZ.

GRANITE - GNEIS POSTÉRIEUR AU THONSCHIEFER.

PORPHYRE PRIMITIF ?

EUPHOTIDE PRIMITIVE,

La première de ces formations est très-peu connue en Europe; la troisième paroît douteuse comme formation indépendante.

ROCHE DE QUARZ (AVEC MASSES DE FER OLIGISTE MÉTALLOÏDE).

§. 16. C'est la grande formation qui embrasse l'Itacolumite, ou quarz élastique chloriteux (gelenkquarz, biegsamer sandstein, chloritquarz) de M. d'Eschwege, et des couches de fer oligiste micacé et spéculaire. Au sud de l'équateur, dans les montagnes du Brésil et dans les Cordillères des Andes, on trouve des masses de quarz, tantôt entièrement pur, tantôt mêlé de talc et de chlorite, qui, par l'énorme épaisseur de leurs couches et par l'étendue qu'elles occupent, méritent l'attention des géognostes. Ces roches de quarz m'ont paru offrir plusieurs formations d'une ancienneté relative très-différente. Dans l'Amérique méridionale, les unes sont liées à un thonschiefer qui est décidément primitif : les autres, bien plus difficiles à saisir dans

leurs rapports de superposition, sont placées entre les porphyres
de transition et le calcaire alpin ; elles remplacent quelquefois
le grès rouge. Nous ne parlerons ici que des premières, en séparant les formations dont le gisement est exactement connu, de
celles qui offrent plus d'incertitude. Sur le plateau de Minas-
Geraes près de Villa-Rica (selon les belles observations de M.
d'Eschwege, directeur général des mines du Brésil), un micaschiste qui renferme des bancs de calcaire grenu, est recouvert
d'un thonschiefer primitif. Sur cette dernière roche repose, en
stratification concordante, le quarz chloriteux (chloritquarz) qui
constitue la masse du Pic d'Itacolumi, à 1000 toises de hauteur
au-dessus du niveau de la mer. Cette formation quarzeuse renferme des couches alternantes, 1.° de quarz aurifère blanc, ou
verdâtre, ou rubané, mêlé de talc-chlorite et offrant des strates
de quarz flexible, que l'on a faussement attribuées jusqu'ici à
l'hyalomicte (greisen), ou à des couches de quarz dans le micaschiste ; 2.° de chlorite schisteuse ; 3.° de quarz aurifère, mêlé
de tourmaline (schörlschiefer de Freiesleben) ; 4.° de fer oligiste
métalloïde, mêlé de quarz aurifère (goldhaltiger eisenglimmer-
schiefer). Les couches de quarz chloriteux ont jusqu'à 1000 pieds
d'épaisseur. Toute cette formation est couverte d'une brèche ferrugineuse extrêmement aurifère. C'est à la destruction des couches
que nous venons de nommer, et qui sont liées géognostiquement
les unes aux autres, que M. d'Eschwege croit pouvoir attribuer
les terrains de lavage qui renferment à la fois l'or, le platine,
le palladium et les diamans (Corrego das Lagens), l'or et les
diamans (Tejuco), le platine et les diamans (Rio Abaete). Le
chloritschiefer décomposé, dont ont tire les topazes et les eu-
clases du Brésil, appartient à cette même formation. Quelquefois, dans les montagnes de Minas-Geraes, la roche de quarz est
d'une structure plus simple. Sans être composée de couches alternantes, elle n'offre qu'une seule masse de quarz entrelacé
avec du fer spéculaire granulaire ou dense (dichter eisenglanz;
fer oligiste non lamellaire, non micacé). Cette masse a jusqu'à

1800 pieds d'épaisseur, et ne contient pas d'or disséminé. Elle
est placee sur le thonschiefer primitif qui recouvre immédiatement le gneis. On peut dire que c'est cette formation peu connue de quarz-Itacolumite qui a fourni, par sa décomposition
(par les terrains meubles auxquels il a donné naissance), dans
les années 1756 — 1764, annuellement près de trente millions
de francs en or. Elle succede immédiatement au thonschiefer;
mais, d'après les observations faites jusqu'ici, il seroit difficile
de la considérer avec les schistes novaculaires (cos, wczschiefer),
qui sont gris-verdâtre, gris de fumée, mêlés de beaucoup d'alumine, comme des couches subordonnées au thonschiefer. Le
quarz-Itacolumite, par une affinité oryctognostique qui existe
entre le talc et la chlorite, se rapproche du schiste talqueux
(talkschiefer), qui abonde dans tous les pays, en minéraux
bien cristallisés, et qui, par la suppression des lames de talc,
n'est quelquefois que du quarz pur : aussi le schiste talqueux
forme-t-il, dans les deux continens, des couches subordonnées
au thonschiefer et au micaschiste primitifs. J'ai trouvé une formation analogue à celle de Minas-Geraes, mais dépourvue de
fer spéculaire, à 1600 toises de hauteur au-dessus du niveau de
la mer, dans les savanes de Tiocaxas (au sud du Chimborazo,
entre Guamote et San-Luis) et à l'est du Paramo de Yamoca
pres de Hacatacumba (Andes de Quito). D'énormes masses de
quarz y sont mêlées à quelques feuillets de mica, et superpo-
sees au thonschiefer primitif. L'indépendance des formations
quarzeuses primitives, que nous indiquons ici, sera mieux éta-
blie lorsqu'on les trouvera immédiatement superposées, non toujours à la même roche (au thonschiefer), mais à différentes
roches plus anciennes, par exemple, au micaschiste, au gneis
et au granite. C'est dans cette indépendance de gisement que
s'observe la roche de quarz de Contumaza, que je crois secondaire : elle recouvre d'abord le porphyre, puis (près de Cascas)
le même granite qui forme les côtes de la mer du Sud dans le
Bas-Pérou. Une observation très-importante, que M. de Buch a

faite dans le nord de la péninsule Scandinave, paroît justifier
la place que nous assignons, parmi les roches primitives, à la
roche de quarz de l'hémisphère austral. Cet infatigable voyageur
a reconnu que, dans la région boréale de l'ancien monde, le
thonschiefer primitif est remplacé quelquefois par une roche
de quarz que colore le fer. Cette roche de quarz et le thonschiefer sont par conséquent, en Norwége, des roches parallèles, des équivalens géognostiques. Il est bien remarquable
de voir le soufre, l'or, le mercure et le fer oligiste métalloïde,
liés dans l'Amérique méridionale à ces énormes amas de silice.
Quel que soit l'intérêt qu'inspirent les métaux précieux, on
ne sauroit nier que l'abondance du soufre dans des terrains
primitifs est, sous le rapport de l'étude des volcans et des
roches à travers lesquelles le feu souterrain s'est frayé son
chemin. un phénomène bien plus important que l'abondance
de l'or. Un peu au sud des hautes savanes de Tiocaxas et de
Guamote (Cordillères de Quito), où nous venons de désigner
la formation, peut-être indépendante, de quarz superposé au
thonschiefer, j'ai examiné la célèbre montagne de soufre de
Ticsan, qui est une couche de quarz (direction N. 18° E.; inclinaison 70—80° au NO.; épaisseur de la couche, 200 toises;
hauteur au-dessus du niveau de la mer, 1250 toises) dans le
micaschiste. Au Brésil, la formation de quarz chloriteux (Itacolumite), superposée au thonschiefer primitif, renferme non-
seulement de l'or, mais aussi du soufre. Des plaques de cette
roche, fortement chauffées, brûlent avec une flamme bleue.
Un thonschiefer du même âge que celui sur lequel est superposé le quarz chloriteux, renferme (Serra do Frio, près de S.
Antonio Pereira) un banc de calcaire primitif mêlé de masses
de soufre natif. L'or et le soufre se trouvent aussi (Andes de
Caxamarca, au Pérou, entre Curimayo et Alto del Tual), sur
la limite des porphyres de transition et des calcaires alpins,
dans des masses puissantes de quarz qui sont parallèles au grès
rouge. C'est à ces mêmes roches de quarz, ou plutôt à des for-

mations plus neuves encore, qu'appartient le grand dépôt (quarz-
flötz) de mercure sulfuré de Guancavelica, tandis que le mercure
de Cuenca (partie méridionale du royaume de Quito), de même
que celui du duché de Deux-ponts, appartient au grès rouge. Ces
notions suffisent pour répandre quelque jour sur les couches puissantes de quarz que nous avons observées, M. d'Eschwege et moi,
dans l'hémisphere austral, et qu'on ne peut guère appeler des
grès qüarzeux. Ces roches semblent passer, comme les formations calcaires, à travers les différens terrains primitifs, intermédiaires et secondaires. Plusieurs géognostes célèbres ont déjà
tenté d'introduire des roches de quarz, comme formations indépendantes, dans le type général des terrains. Le *quarzgebirge*
de Werner est primitif et repose sur du gneis (Frauenstein,
Oberschönau, en Saxe), dont peut-être il a été jadis recouvert.
Des couches qui appartiennent essentiellement à une formation,
se trouvent quelquefois à la limite supérieure et inférieure de
cette formation (exemples : schiste bitumineux sous le zechstein
ou calcaire alpin; gypse au-dessus du zechstein; kieselschiefer,
pierre lydienne ou ampélite, au-dessus du thonschiefer de transition et dans cette roche). Les petites masses de quarz primitif
observées sur la crête des montagnes de l'Europe ne peuvent être
comparées, pour leur puissance et leur étendue, aux roches de
quarz primitives des Andes et du Brésil. Le *granular-quarzrock*
(avec feldspath) des Hébrides de M. Jameson, les *roches quarzeuses et chloriteuses* antérieures au grauwacke et liées au grès
rouge (*primary red sandstone*) de M. Maculloch, offrent quelques
traits d'analogie géognostique avec les masses quarzeuses de
l'Amérique équinoxiale; mais elles sont beaucoup plus mélangées (moins simples de structure), et pourroient bien, d'après
les discussions intéressantes de M. Boué, appartenir à d'anciennes
roches de transition. Le *trappsandstein* ou quarzfels secondaire
de quelques géognostes allemands entoure les basaltes, et est,
à n'en pas douter, d'un âge beaucoup plus récent que la formation de quarz en masse (extrêmement pur, non mélangé et

non agrégé) qui, placé entre le porphyre de transition et le calcaire alpin, atteint, d'après mes observations à la pente occidentale des Andes du Pérou (Contumaza, Namas), l'énorme épaisseur de 6000 pieds.

Granite et Gneis postérieur au Thonschiefer.

§. 17. Une formation de granite à petits grains, passant quelquefois à un gneis grenatifere et alternant avec lui. Cette formation intéressante (Kielvig, à l'extrémité septentrionale de la Norwége, et îles Shetland) repose, selon M. de Buch, sur le thonschiefer primitif. Elle renferme de l'amphibole et du diallage; elle manifeste par là son affinité avec une des formations suivantes. On pourroit désigner les formations de granite (§§. 4, 7, 12 et 17) par les noms de granite du weisstein, du gneis, du micaschiste et du thonschiefer ; mais ces dénominations feroient croire que ces petites formations sont nécessairement dans le weisstein, dans le gneis, dans le micaschiste et dans le thonschiefer : elles se trouvent simplement superposées aux roches dont elles paroissent dépendre. La présence de l'étain, du fer magnétique (?), de l'amphibole, de la diallage, du grenat, du talc et de la chlorite remplaçant le mica, comme la tendance de passer à la pegmatite (schriftgranit), caractérisent les granites de nouvelle formation.

Porphyre primitif ?

§. 18. Existe-t-il une formation primitive et indépendante de porphyre ? Il ne peut être question ici, ni des porphyres qui se trouvent comme des bancs subordonnés dans d'autres roches primitives (§§. 5 et 15), ni de ces gneis et micaschistes des hautes Alpes qui deviennent grenus et prennent, par l'isolement des cristaux de feldspath, un aspect porphyroïde. J'hésite de placer parmi les roches primitives les porphyres de Saxe et de Silésie (duché de Schweidnitz), quoique les premiers recouvrent immédiatement le gneis (entre Freiberg et Tharandt). Ils sont quel-

quefois traversés par des filons d'étain (Altenberg) et des mine-
rais d'argent (Grund). Les porphyres de Silésie renferment de
l'amphibole disséminé (Friedland) : on les a crus jusqu'ici plus
anciens que le thonschiefer primitif. Il est certain que les por
phyres de Saxe sont en partie des porphyres de transition, en
partie des porphyres de grès rouge. Dans les Cordillères des
Andes du Pérou, de Quito, de la Nouvelle-Grenade et du
Mexique, parmi cette innombrable variété de roches porphyriques dont les masses atteignent 2500 à 3000 toises d'épaisseur,
je n'ai pas vu un seul porphyre qui me parût décidément primitif. La formation la plus ancienne que j'aie observée, se
trouve dans la vallée profonde de la Magdalena (entre Guambos
et Truxillo, au Pérou) : c'est un porphyre à base argileuse, un
peu décomposée, avec feldspath commun, non vitreux, sans
amphibole, mais aussi sans quarz. Cette formation, qui paroît
distincte de tous les porphyres de transition et trachytiques de
Quito et de la crête des Andes du Pérou, vient au jour à 600
toises de hauteur au-dessus du niveau de la mer ; elle est placée
immédiatement sur le granite, et recouverte, à la pente occidentale des Andes, d'une roche de quarz secondaire, à la pente
orientale (vraisemblablement) de grès rouge.

V. Euphotide primitive posterieure au Thonschiefer.

§. 19. Une formation placée à la limite des formations primitives et de transition. C'est le Gabbro de M. de Buch ; l'Euphotide de M. Haüy ; le Schillerfels de M. de Raumer ; l'Ophio-
lithe de M. Brongniart. Cette roche a été désignée jadis sous
les noms de serpentinite, granite serpentineux, granite de diallage, granitone, granito di gabbro, granito dell' Impruneta,
serpentinartiger urgrünstein. Nous la caractérisons ici telle que
M. de Buch l'a circonscrite le premier. Elle se trouve superposée
(cap Nord de l'île Mageroe, en Norwége) à un schiste primitif,
qui passe vers le haut à l'euphotide, vers le bas au micaschiste.
L'euphotide du Val Sesia recouvre aussi, selon M. Beudant, im-

médiatement le micaschiste primitif. On peut dire qu'en général
l'euphotide ou gabbro est un mélange de diallage (smaragdite),
de jade (saussurite, feldspath tenace) et de feldspath lamelleux.
Quelquefois (Bergen, en Norwége) le jade manque entièrement;
mais dans le verde di Corsica (Stazzona, au nord de Corte et
S. Pietro di Rostino dans l'île de Corse) l'euphotide n'est qu'un
mélange de jade voisin du feldspath compacte, et de diallage
verte sans feldspath lamelleux. Quoique, d'après les intéressantes
observations rapportées par M. Haüy dans son *Tableau comparatif,* les diallages métalloïdes (schillerspath) vertes, à reflets
satinés, et les diallages grises passent progressivement (roches du
Musinet près de Turin) les unes aux autres, on peut pourtant
distinguer ces substances par les caractères géognostiques qu'elles
offrent le plus fréquemment en grand. L euphotide à diallage
grise est beaucoup plus fréquente (un peu plus ancienne?)
que l'euphotide à diallage verte. La serpentine est presque toujours dans une liaison de gisement intime avec l'euphotide,
dont elle ne semble être qu'une variété à très-petits grains, d'apparence homogène. Cette liaison se manifeste aussi en Hongrie
(Dobschau), où M. Beudant a trouvé l'euphotide grenue et
schisteuse immédiatement superposée au micaschiste primitif.
La soude, d'après les travaux de Théodore de Saussure et de
Klaproth, s'observe parmi les roches primitives dans le feldspath
compacte du weisstein et du grünsteinschiefer, dans le jade des
euphotides, et dans la lazulite (outre-mer) du Baldakschan.
Cette dernière substance paroît appartenir à une couche de calcaire primitif intercalée au granite-gneis. Bancs subordonnés à
l'euphotide : serpentine avec asbeste et diallage métalloïde; serpentine accompagnée de chrysoprase, opale et calcédoine (Ko
semitz, en Silésie); calcaire grisâtre compacte, passant au calcaire à petits grains (Alten, en Norwége). Ce calcaire rapproche
l'euphotide de la Scandinavie, qui est le dernier membre des
formations primitives, du terrain des roches intermédiaires très-
anciennes. Comme l'euphotide n'est souvent pas recouverte, et

que la superposition d'une roche sur une autre très-ancienne ne
nous éclaire pas sur l'époque de sa formation, il reste des doutes
sur l'âge relatif de beaucoup d'euphotides. M. de Buch a vu celle
du Haut-Valais (Saas, Mont-More) placée au-dessus du micaschiste ; celle de Sestri, au nord du golfe de la Spezzia, sous le
thonschiefer (de transition?) de Lavagna. M. de Raumer, dans
son excellent ouvrage sur la Silésie inférieure, place le schillerfels du Zobtenberg parmi les formations primitives ; M. Keferstein
y range l'euphotide du Harz (entre Neustadt et Oderkrug), qui
renferme du titane ferrifère (nigrine) disséminé. Je pense aussi
que les serpentines du Heideberg près de Zell, et celles que
l'on trouve entre Wurlitz et Kotzau, où elles renferment du
pyroxène-diopside, sont très-anciennes. Toutes ces serpentines
des montagnes de Bareuth m'ont paru intimement liées au
schiste amphibolique (hornblendschiefer) et au schiste chlori-
riteux (chloritschiefer). Elles offrent des propriétés magnétiques
très-remarquables, que j'ai fait connoître en 1796, et qui depuis
ont été l'objet des recherches plus exactes de MM. Goldfuss,
Bischof et Schneider. En jetant un coup d'œil général sur les
euphotides des deux continens, on ne sauroit se refuser d'admettre plusieurs formations, d'un âge relatif assez distinct. Les
euphotides que j'ai observées à l'île de Cuba, à Guanaxuato,
au Mexique, et à l'entrée des Llanos de Venezuela, sont liées
soit à la syénite, soit au calcaire noir, et me semblent bien décidément des euphotides de transition, de même que l'euphotide
(serpentine stratifiée en couches assez minces : direct. N. 52° E.;
incl. 70° NO.; épaisseur 10 toises) de la cime de la Bochetta
de Gênes, que j'ai observée en 1795 et 1805, et qui est intercalée
à un thonschiefer de transition qui alterne avec du calcaire noir.
Les euphotides de la Spezzia, de Prato et de tout le Siennois,
que MM. de Buch et Brocchi considèrent comme de formation
primitive ou de formation de transition très-ancienne, paroissent à M. Brongniart, qui les a récemment examinées avec beaucoup de soin, appartenir aux formations secondaires, ou tout

au plus aux formations de transition les plus récentes. Les géognostes célèbres que je viens de nommer, sont assez d'accord sur
le gisement immédiat de ces euphotides de l'Italie, c'est-à-dire
sur la détermination oryctognostique des roches qui se trouvent
au-dessous et au-dessus de l'euphotide ; mais ils diffèrent sur l'âge
de formation que l'on doit assigner géognostiquement à ces roches
en contact avec l'euphotide. C'est ainsi qu'en géographie on connoît quelquefois avec précision le gisement d'un îlot, par rapport aux îles voisines ; tandis que la longitude absolue de tout
l'archipel, sa plus grande proximité de l'ancien ou du nouveau
continent, restent encore incertaines.

TERRAINS DE TRANSITION.

Le terrain de transition réunit, d'après M. Werner, des roches
qui offrent dans leur composition beaucoup d'analogie avec celles
des terrains primitifs, mais qui alternent avec des roches fragmentaires ou arénacées (clastiques, agrégées ; roches de transport).
Quelques débris de corps organiques (des empreintes de roseaux,
de palmiers et de fougères arborescentes ; des madrépores, pentacrinites, orthocératites, trilobites, hystérolithes, etc.) y paroissent de préférence, je ne dirai pas dans les roches supérieures,
ou les moins anciennes de cet ordre, mais en général dans les
roches non feldspathiques et dont la masse ne présente pas un aspect très-cristallin. Ce sont surtout les belles observations de
MM. de Buch et Brochant qui ont étendu les limites des terrains
de transition. Ces limites sont plus faciles à fixer vers le haut,
où commencent les terrains secondaires, que vers le bas, où
finissent les terrains primitifs. J'ai rappelé ailleurs comment,
par les micaschistes anthraciteux et les thonschiefer verts, les
roches de transition se lient aux roches primitives ; comment, par
les porphyres à feldspath vitreux, elles se lient aux terrains
volcaniques, et par les grauwackes à petits grains et les porphyres abondant en cristaux de quarz, au grès rouge et aux
porphyres des terrains secondaires. Dans les régions les plus

7

éloignées les unes des autres, des roches analogues, des thonschiefer talqueux, à feuillets fortement contournés, chargés de
carbone, renfermant de l'ampélite (alaunschiefer) et de la pierre
lydienne; des calcaires noirs alternant avec le thonschiefer, des
grauwackes, des porphyres et des syénites mélangés de fer titané,
se trouvent placés entre des roches primitives, c'est-à-dire entièrement dépourvues de traces d'organisation et de masses arénacées, et la grande formation de houilles; mais la succession des
roches homonymes de transition varie même là où elles semblent
toutes également développées. Le plus grand nombre des formations de ce terrain sont composées de deux ou trois roches alternantes (calcaire noir compacte, grünstein et thonschiefer; grauwacke et porphyre; calcaire grenu, grauwacke et micaschiste
anthraciteux); et comme des membres partiels des groupes ou
formations d'une structure si compliquée passent d'un groupe à
l'autre, d'excellens observateurs, MM. de Raumer, d'Engelhardt
ét Bonnard, ont été tellement frappés de ce phénomène de
connexité et d'alternance, qu'ils ne reconnoissent dans la classe
entière qu'une seule grande famille de roches. Si l'on examine
les formations de transition d'après leur structure et leur composition oryctognostique, on y distingue cinq associations très-
marquées : les roches schisteuses; les roches porphyritiques
(feldspathiques ou syénitiques); les roches calcaires grenues et
compactes, avec gypse anhydre et sel gemme; les roches d'euphotide, et les roches agrégées (grauwacke et brèches calcaires).
Sur quelques points du globe un seul de ces groupes ou de ces
associations de roches cristallisées et non cristallisées a pris un
développement si extraordinaire, que les autres groupes paroissent presque entièrement supprimés. C'est ainsi que dominent
dans les Cordillères du Mexique et de Quito, comme en Hongrie
et dans plusieurs parties de la Norwége, les porphyres et les
syénites de transition; dans la Tarantaise, les calcaires grenus
et talqueux; dans quelques régions des Alpes et de la Bochetta,
les calcaires noirs presque compactes ou à très-petits grains;

enfin , au Harz et sur les bords du Rhin , les grauwackes et thonschiefer de transition : mais cette épaisseur et cette étendue qu'acquièrent les masses minérales, ne doivent pas guider le géognoste lorsqu'il discute l'âge relatif des formations partielles. Une extrême variété de gisement ne s'observe pas seulement dans les petites formations ; les grandes formations homonymes très-développées ne peuvent aussi guères être envisagées comme con-temporaines, c'est-à-dire qu'elles n'offrent pas le même gisement par rapport aux autres termes de la série des roches intermé-diaires. Les porphyres de Guanaxuato, par exemple, sont super-posés à un thonschiefer stéatiteux et chargé de carbone ; ceux de la Hongrie, à un micaschiste talqueux de transition renfer-mant des bancs de calcaire gris-noirâtre. Les porphyres des Andes de Quito (et des îles Britanniques?) recouvrent immédiatement des roches primitives, et sont par conséquent antérieurs à toute roche calcaire qui renferme des vestiges de corps organisés : au contraire, les porphyres et syénites zirconiennes de Norwége, comme probablement aussi les porphyres du Caucase, si bien observés par MM. d'Engelhardt et Parrot, succèdent, selon l'âge de leur formation, au calcaire rempli d'orthocératites. Les plus grandes masses de grauwacke (alternant avec le grauwacken-schiefer) se sont développées sans doute au milieu des schistes de transition les plus anciens ; mais on trouve aussi des bancs de grauwacke très-puissans, d'une origine beaucoup plus récente. En général, les cinq groupes de roches que nous venons de distinguer d'après des rapports de composition ou des caractères oryctognostiques, ne conservent pas partout la même place dans la série des formations intermédiaires ; ils ne se trouvent guère séparés dans la nature comme dans une classification oryctognos-tique des roches. On observe que les thonschiefer et les calcaires noirs, les thonschiefer et les porphyres, les thonschiefer et les grauwackes, les porphyres et les syénites, les calcaires grenus et les micaschistes anthraciteux, forment des associations géognos-tiques dans les contrées les plus éloignées les unes des autres.

C'est la constance de ces associations binaires ou ternaires qui
caractérise les terrains de transition, bien plus que l'analogie
qu'offre dans chaque groupe la succession des roches homonymes.

En discutant les terrains primitifs où les formations sont plus
simples, plus tranchées, sujettes à des alternances moins fréquentes, j'ai pu essayer d'énumérer séparément les granites qui
succèdent aux gneis, les gneis qui succèdent aux micaschistes.
Il y a des granites et des gneis primitifs de différens âges, comme
dans les terrains de transition il y a des grauwackes ou des calcaires noirs, semblables de composition, mais très-éloignés les
uns des autres, selon leur ancienneté relative. Si dans ces derniers terrains le géognoste ne tente pas de nommer séparément
les différentes couches de grauwacke ou de calcaire, c'est parce
que ces couches, isolément, n'ont pas de valeur comme termes
de la série des roches intermédiaires ; elles n'en ont qu'autant
qu'elles font partie de certains groupes. Or, ce sont ces groupes
mêmes, ces associations constantes de thonschiefer, grünstein et
grauwacke, de calcaire stéatiteux et grauwacke, de porphyre et
grauwacke, etc., qui sont les véritables termes de la série. Il en
résulte que, d'après les principes que nous suivons dans l'arrangement des formations, on doit énumérer séparément non des
masses isolées de calcaire, de grauwacke et de porphyre, qui se
mêlent entre elles ou à d'autres roches, mais des groupes entiers
et bien caractérisés, ceux, par exemple, dans lesquels dominent
les grauwackes et les thonschiefer, ou les porphyres et les syénites. Parmi ces derniers les uns sont postérieurs, les autres
antérieurs à des roches qui renferment des débris d'êtres organisés. Dans les terrains primitifs les termes de la série sont
généralement simples ; dans les terrains de transition ils sont
tous complexes, et c'est de cette complexité même que naît la
difficulté d'étudier, par assises, un édifice dont on saisit avec
peine l'ordonnance au milieu de l'entassement de tant de matériaux semblables. Pour justifier l'ordre que j'assigne aux diffé-

rens terrains de transition, je commencerai par présenter dans
le tableau suivant la succession des formations (en commençant
par les plus anciennes) qui ont été observées dans plusieurs contrées et examinées avec soin. Je n'emploirai que la description
oréographique des géognostes habitués à suivre les mêmes principes dans la dénomination des roches.

1. Andes de Quito et du Pérou.

Porphyres de transition, non métallifères, recouvrant immédiatement les roches primitives (granite,
thonschiefer).

Grünstein en boules (kugelge-
stein).

Calcaire noir, superposé au porphyre.

Je n'y ai pas vu de grauwacke;
il est remplacé, dans les Andes
de Quito et du Pérou, au sud de
l'équateur, par la grande formation
de porphyre.

3. Montagnes du Mexique.

Thonschiefer de transition, chargé de carbone, renfermant des couches de syénite et de serpentine.
Les couches inférieures passent au
schiste talqueux, et reposent sur des
roches primitives.

Syénite alternant avec du grünstein.

Porphyre de transition, métallifère, placé immédiatement sur le
thonschiefer de transition. Les couches supérieures passent à la phonolithe.

Telle est la série des roches de
Guanaxuato. Dans le chemin de
Mexico à Acapulco j'ai vu les por-
phyres de transition reposer immé-

2. Montagnes de Venezuela.

Schistes verts stéatiteux de transition, couvrant du gneis - micaschiste primitif.

Calcaire noir.

Serpentine et grünstein (recouverts d'amygdaloïde avec pyroxène).

C'est la suite des roches que j'ai
observée au bord septentrional des
Llanos de Calabozo.

4. Hongrie.

Micaschiste de transition avec des
bancs de calcaire noir superposé
à des roches primitives.

Porphyres et syénites de transition. Couches subordonnées : micaschiste de transition; calcaire grenu
blanc avec serpentine ; masses de
grünstein. Ces porphyres sont, comme
la plupart de ceux des Andes, immédiatement recouverts par des trachytes syénitiques blancs et noirs.
(Observations de M. Beudant.)

6. Suisse.

Dans le passage des Alpes, de
Chiavenna à Claris, d'après M. de
Buch :

Thonschiefer de transition, avec
des couches de calcaire gris, reposant sur du thonschiefer et du micaschiste primitifs.

diatement sur le granite primitif.
Près de Totonilco ces porphyres sont
couverts de roches secondaires, tels
que le calcaire alpin, le grès et le
gypse argileux. Je n'ose prononcer
sur les rapports d'âge entre les calcaires de transition des mines du
Doctor et de Zimapan, et les porphyres de Guanaxuato et de Pachuca; mais, d'après MM. Sonneschmidt
et Valencia, on voit suivre dans les
riches mines de Zacatecas, presque
comme à Guanaxuato, de bas en
haut, syénite et thonschiefer de
transition (avec grünstein et pierre
lydienne), grauwacke, porphyre
non métallifère.

5. TARANTAISE.

Une même formation, reposant
immédiatement sur le terrain primitif, renferme du calcaire grenu
stéatiteux, du micaschiste avec gneis
et du grauwacke anthraciteux. Ces
différentes roches alternent plusieurs fois, et offrent des bancs subordonnés de serpentine, de grünstein, de quarz compacte et de gypse
de transition. (Observations de M.
Brochant de Villiers.)

7. ALLEMAGNE.

Système de gisement en Saxe,
entre Freiberg, Maxen et Meissen,
d'après MM. de Raumer et Bonnard:
Thonschiefer avec ampélite et
pierre lydienne, alternant à la fois
avec du grauwacke, du grünstein,
du porphyre et du calcaire. Ce terrain repose sur le gneis primitif.
Syénite et porphyre. Dans cette

Serpentine avec grenats.
Calcaire noir.
Grauwacke.
Thonschiefer alternant avec du
calcaire noir.
Thonschiefer avec empreintes de
poissons (presque secondaire).
Dans les environs de Bex, d'après
M. de Charpentier:
Grauwacke superposé au gneis
(primitif?).
Calcaire noir, renfermant des bélemnites, et alternant avec du thonschiefer de transition.
Calcaire argileux de transition,
avec ammonites, offrant des couches
subordonnées de grauwacke, de
gypse anhydre et de sel gemme.
M. de Buch, d'après des observations géognostiques faites avant l'année 1804, assignoit aux formations
de transition de la Suisse occidentale, considérées sous un point de
vue général, et en passant des roches inférieures aux roches supérieures, l'ordre suivant:
Thonschiefer de transition. —
Calcaire noir. — Muriacite salifère
et gypse. — Grauwacke. — Calcaire
noir. — Thonschiefer, avec empreintes de poissons.

8. PRESQU'ÎLE DU COTENTIN. ET BRETAGNE.

Thonschiefer vert, luisant, stéatiteux (de transition), alternant
quelquefois avec du grauwacke, avec
du calcaire noir et avec la roche
de quarz.
Syénite et granite.
Thonschiefer de transition, recouvrant quelquefois de nouveau la

formation, qui abonde aussi au Thüringerwald, selon l'excellente description de M Heim, se trouvent intercalés du granite et du gneis de transition.

Le Harz et l'Allemagne occidentale (entre le Rhin et la Lahn) sont recouverts d'une grande formation de thonschiefer, dans laquelle, comme par développement intérieur, se montrent des masses de grauwacke et grauwackenschiefer, de calcaire (souvent d'une couleur peu foncée), de grünstein, de quarz et de porphyre. Cette dernière roche y est cependant plus rare que dans la formation indépendante de syénite et porphyre, que supporte dans d'autres contrées le thonschiefer de transition.

11. CAUCASE.

Thonschiefer, peut-être déjà de transition.

Calcaire noir avec ampélite.

Porphyre de transition, alternant avec le thonschiefer. Ce porphyre, souvent colonnaire, avec feldspath vitreux, peu de quarz et peu de mica, ressemble dans les montagnes du Kasbek (comme font souvent les porphyres des sommets mexicains) à du trachyte poreux.

Gneis, syénite et granite de transition en couches alternantes.

Thonschiefer de transition, couert d'un calcaire fétide, qui paroît secondaire. (Observations de MM. d'Engelhardt et Parrot.)

syénite. (Observations de MM. Brongniart et d'Omalius d'Halloy.)

9. ISLES BRITANNIQUES.

Syénite et porphyre de transition reposant sur des roches primitives. (Chaîne du Snowdon, Grampians, Ben-Nevis.)

Thonschiefer de transition, avec trilobites, renfermant dans les couches inférieures un aglomérat de roches primitives, semblable à celui de la Valorsine (Llandrindod, Killarney, cime du Snowdon).

Grauwacke (May-hill et North-Wales).

Calcaire de transition (Longhope, Dudley).

Grauwacke, old red sandstone (Mitchel Dean de Herefordshire).

Calcaire de transition, mountain-limestone (Derbyshire), recouvert par la grande formation de houille. (Observations de M. Buckland, qui semble cependant regarder la syénite et une partie des porphyres comme primitifs.)

10. NORWÉGE.

Gisement des roches près de Christiania, d'après les observations de M. de Buch :

Thonschiefer de transition, alternant avec du calcaire noir, rempli d'orthocératites et reposant sur du gneis primitif.

Grauwacke et kieselschiefer.

Porphyre à cristaux de quarz, renfermant une couche de grünstein poreux avec pyroxène.

Syénite à zircons, et granite de transition, avec couches de porphyre.

On reconnoît, dans ces différens types de superposition, re-
eueillis en Europe, en Amérique et en Asie, au nord et au sud
de l'équateur, que parmi les plus anciennes roches de transition
trois grandes formations, celle de calcaire grenu et talqueux,
grauwacke avec anthracite et micaschiste, celle de syénite et
porphyre (à cristaux d'amphibole et très-peu de quarz, et celle
de thonschiefer, grauwacke et calcaire noir, occupent à peu
près le même rang sur différens points du globe. Les calcaires
micacés et poudingues à fragmens de roches primitives de la
Tarantaise ; les porphyres et syénites du Pérou ; le thonschiefer
de transition avec grauwacke (Harz, Friedrichswalde en Saxe,
Aggerselv en Norwége, et Guanaxuato au Mexique), sont peut-
être d'une origine contemporaine. En rangeant les roches comme
termes d'une seule série, il auroit fallu peut-être rappeler leur
parallélisme de la manière suivante : II (I ou III). Je distingue,
comme termes de la série des roches de transition, six groupes
qui me paroissent bien caractérisés par les roches qui y dominent, par leur gisement et par l'étendue de leur masse. Ces
groupes ou grandes formations sont : I. Calcaire grenu stéatiteux,
micaschiste de transition et grauwacke à fragmens primitifs.
II. Porphyre (non métallifère) antérieur au calcaire à orthocératites, au thonschiefer et au micaschiste de transition. III. Thonschiefer renfermant des grauwackes, des calcaires, des porphyres
et des grünstein. IV. Porphyres et syénites (metallifères) postérieurs au thonschiefer de transition, antérieurs à un calcaire qui
renferme des débris organiques. V. Porphyres, syénites et granites zirconiens (non métallifères), postérieurs au thonschiefer
et au calcaire avec orthocératites. VI. Euphotide de transition
avec jaspe et serpentine. Presque chaque groupe est composé de
roches alternantes, et plusieurs de ces roches, qu'on peut considérer comme de petites formations partielles, sont communes
à tous les groupes. C'est cette communauté, cette alternance,
ce retour périodique des mêmes masses, qui constituent l'unité
apparente de la grande famille des terrains de transition. Cepen-

dant chaque groupe a des roches qui prédominent et qui lui donnent un aspect particulier. Tels sont les calcaires grenus et talqueux dans le premier groupe ; les porphyres non métallifères, abondant en amphibole et presque dépourvus de quarz, dans le second ; les grauwacke dans le troisième ; les roches serpentineuses dans le sixième. Le quatrième et le cinquième groupes sont caractérisés, l'un par des porphyres et syénites métallifères ; l'autre, par des granites zirconiens. Mais ce sont là des caractères en partie oryctognostiques ; la véritable base de la division que nous proposons provisoirement aux géognostes, sont la superposition et l'âge relatif, observés dans différentes parties du globe. Une partie des porphyres mexicains et péruviens du deuxième et même du quatrième groupe, semble avoir des rapports intimes avec les trachytes, qui sont les plus anciennes parmi les roches volcaniques.

Avant de décrire en détail les six grandes formations intermédiaires, je développerai quelques considérations générales sur le terrain de transition, superposé le plus souvent en gisement concordant au terrain primitif. La magnésie ; le fer oxidulé (magnétique), qui offre des rapports géognostiques si frappans avec toutes les substances dans lesquelles domine la magnésie ; le fer titané ; le carbone et la chaux carbonatée, pénètrent à travers la plupart des formations de transition. M. Beudant a fait l'observation importante, que les syénites et porphyres de Schemnitz, de Plauen et de Guanaxuato font effervescence avec les acides, tandis que les trachytes (porphyres trachytiques) de la Hongrie n'offrent pas le même phénomène. Saussure et M. Brochant ont trouvé effervescens des micaschistes de transition (à la Tête-Noire) et des quarz compactes (dans la Tarantaise), là même où ces roches sont très-éloignées de bancs intercalés de calcaire grenu stéatiteux. J'ai vu dans les Cordillères du Pérou (Paramo de Yamoca), comme dans le Thüringerwald-Gebirge (entre Lauenstein et Gräfenthal), un thonschiefer qui offroit d'abord tous les caractères d'une roche primitive, mais qui peu à peu devenoit effervescent, et dont les dernières couches présentoient des nœuds épars de calcaire compacte gris-noirâtre. La chaux carbonatée, d'abord disséminée dans la masse entière, se concentre progressivement pour donner à la roche une structure glanduleuse, pour former des strates minces alternans, des bancs intercalés, et à la fin des roches calcaires grenues ou compactes, qui remplacent le thonschiefer, le micaschiste ou l'euphotide, au sein desquels elles se sont développées. M. Steffens, dans son Traité d'Oryctognosie, a consigné des remarques ingénieuses sur le rôle important que le feldspath et l'amphibole jouent dans les terrains primitifs, dans les terrains intermédiaires ou de transition, et dans le grès rouge. Au milieu du second de ces terrains le feldspath se montre jusque dans le calcaire compacte. On peut croire qu'en passant du granite au thonschiefer par les gneis et les micaschistes, cette substance reste cachée dans la pâte qui n'est qu'homogène en apparence ; car nous voyons le thonschiefer de transition devenir quelquefois du porphyre, comme, par d'autres développemens intérieurs, par des accumulations de silice et de carbone, et par l'agrégation des élémens de l'amphibole, il devient du kieselschiefer, de l'anthracite, du grünstein et de la syénite. Dans les porphyres de transition on distingue souvent deux sortes de feldspath, le commun, et le vitreux à cristaux très-effilés (Andes du Pérou, vallée de Mexico). Ce dernier, qui est moins une espèce minéralogique qu'un état particulier du feldspath commun, appartient à la fois aux terrains de transition et aux véritables trachytes. La présence fréquente de l'amphibole et le manque de quarz cristallisé distinguent oryctognostiquement beaucoup de porphyres de transition de ceux des terrains primitifs. Ces derniers ne sont peut-être que des couches subordonnées à d'autres roches. L'amphibole, qui est presque restreint aux bancs intercalés dans le terrain primitif, n'est nulle part plus abondant que dans les terrains de transition et dans les terrains trachytiques. Parmi les premiers, les grünstein et les syénites offrent, par des changemens

de proportions dans les élémens du tissu cristallin, une espèce
de lutte entre le feldspath et l'amphibole. Le pyroxène, que
l'on croit trop exclusivement caractériser les trachytes, les basaltes et les dolérites, est propre à plusieurs porphyres de transition des Andes et de la Hongrie. On le trouve aussi dans les
couches bulleuses, noires et basaltiques, de la syénite zirconienne
de Norwége. J'ai cru avoir reconnu dans quelques porphyres de
transition de l'Amérique équinoxiale des traces d'olivine; mais
ce n'étoient sans doute que des variétés moins foncées et verdâtres du pyroxène, dont on distinguoit à peine les sommets
dièdres, et dont je n'ai pu essayer la fusibilité au chalumeau.
L'olivine appartient proprement aux formations basaltiques, et
il est même encore douteux si elle se montre dans les trachytes.
La tendance fréquente à la cristallisation, que l'on observe dans
les terrains de transition au milieu de roches à sédiment et de
roches agrégées, est un phénomène si extraordinaire, que des
géognostes célèbres ont été tenté d'admettre que beaucoup de
ces roches qui paroissent agrégées (sous forme de brèches ou poudingues; de roches clastiques et arénacées; de grès de transition
ou d'agglomérats), bien loin de contenir des débris de roches
préexistantes, ne sont que l'effet d'une cristallisation confuse,
mais contemporaine. Des masses que dans quelques strates on
a prises pour des fragmens anguleux et nettement circonscrits,
se fondent à peu de distance de là dans la pâte même de la
roche; d'autres masses, qui ressemblent à des cailloux roulés,
deviennent des nœuds fortement adhérens aux lames contournées
d'un schiste, s'alongent et s'évanouissent peu à peu. Lorsque l'on
compare certains granites et porphyres, des brèches calcaires,
des grauwackes et des grès rouges, on croit reconnoître dans des
roches d'âge si différent, à de certains indices de structure, le
passage insensible d'une formation contemporaine, d'une cristallisation simultanée, mais troublée par des attractions particulières, à une véritable agrégation (agglutination) de débris de
roches préexistances. Sous toutes les zones il y a des granites à

gros grains, dans lesquels des masses à petits grains très-micacés
se trouvent concentrées çà et là, et qui paroissent, au premier
coup d'œil, renfermer des fragmens d'un granite plus ancien.
Cette apparence est aussi trompeuse que celle de tant de porphyres, d'euphotides et de calcaires de transition, que les antiquaires et les marbriers désignent sous le nom de brèches ou de
roches régénérées. Les prétendus fragmens, souvent striés ou rubanés (dans le verde antico et les calcaires les plus recherchés
comme ornemens intérieurs des édifices), ne sont vraisemblablement que des masses qui se sont consolidées les premières
dans un fluide fortement agité. L'eau congelée de nos fleuves,
et divers mélanges de sels, dans nos laboratoires, présentent des
phénomènes analogues. La manière dont les fragmens réunis ou
anguleux du grauwacke, ceux des poudingues calcaires à pâte
grenue et à fragmens compactes, ceux de certains grès rouges,
paroissent quelquefois s'évanouir et se fondre dans la masse entière, est bien plus difficile à expliquer dans l'état actuel de
nos connoissances. On ne peut révoquer en doute que l'alternance fréquente de strates visiblement agrégés et de strates presque homogènes ou légèrement noduleux, de même que le passage de ces masses les unes dans les autres, a été constatée par
des observations très-précises ; et M. de Bonnard, dans son
Traité des terrains, a eu raison de dire « que ce phénomène est
« un des plus incompréhensibles de tous ceux qui peuvent nous
« frapper dans l'étude de la géognosie. » Doit-on admettre,
lorsque les contours des fragmens enchâssés disparoissent presque
en entier, qu'il n'y a eu qu'un très-petit intervalle de temps
entre la *solidification* des fragmens et celle de la pâte ? Nous verrons plus tard que, dans le grès rouge, des cristaux de feldspath
naissent dans cette pâte même et la rapprochent du porphyre du
grès rouge. (Steffens, *Geognostisch-geolog. Aufs.*, pag. 13, 16,
23, 31. Freiesleben, *Kupfersch.*, T. IV, pag. 115.).

I. Calcaire grenu talqueux, Micaschiste de transition, et Grauwacke avec anthracite.

§. 20. C'est un même terrain, une même formation, qui embrasse différentes roches calcaires, schisteuses et fragmentaires, alternant les unes avec les autres. Cette formation n'est pas composée de trois roches isolées (comme l'est la formation de porphyre, de syénite et de grünstein); mais de trois formations partielles, de trois séries ou systèmes de roches. Le type le plus compliqué de cet agroupement de roches presque contemporaines s'est développé au sud-est des Alpes, dans la vallée de l'Isère, où il a été l'objet des recherches approfondies de M. Brochant. Si presque tous les termes de la série des roches intermédiaires sont complexes, ces termes ou grandes formations n'en varient pas moins, selon le degré de cette complexité, selon le nombre et la nature des masses alternantes. Le *terrain de la Tarantaise* (c'est le nom sous lequel nous désignerons le terrain §. 20) offre dans sa structure et sa composition (dans ses calcaires grenus et talqueux, dans ses gneis et ses micaschistes) tellement l'apparence d'un terrain primitif, qu'on ne reconnoît son âge relatif que par quelques débris de corps organiques et par l'intercalation fréquente de couches arénacées (poudingues, brèches, grauwackes). Aussi, pendant long-temps les géognostes, négligeant l'observation de l'alternance et de l'unité de cette formation complexe, ont placé les poudingues de la Valorsine parmi les roches primitives, et les ont considérées comme un phénomène purement local. Des recherches qui embrassent une plus grande partie du globe, nous ont révélé beaucoup de faits analogues. Ces poudingues à fragmens primitifs sont des grauwackes qui alternent avec des calcaires micacés, ou avec les thonschiefer verts, ou avec des gneis de transition. On les observe dans les Alpes (Trient au Valais, dans la Tarantaise, en Irlande, dans les montagnes de Killarney et Saint-David; enfin, sur les côtes orientales de l'Égypte, dans la vallée de Cosseir

(Qozir). Les calcaires de la Tarantaise et du petit Saint-Bernard, qui renferment des cristaux de feldspath disséminés, et qui constituent une espèce de roche porphyroïde à base calcaire, se retrouvent dans des formations analogues des Alpes de Carinthie. Ce phénomène d'association de la chaux et du feldspath est d'autant plus remarquable que le feldspath lamelleux et les calcaires grenus et compactes paroissent manifester partout ailleurs, dans leurs rapports géognostiques, une espèce de répulsion beaucoup plus prononcée que celle qu'on remarque dans quelques pays entre l'amphibole et le calcaire. Des micaschistes et des gneis de transition ont été regardés long-temps comme exclusivement propres à la région sud-ouest des Alpes ; mais ils se retrouvent dans les terrains de thonschiefer et porphyre du Caucase, et dans le terrain de porphyre et syénite de Saxe et de Hongrie. Cependant, en général, la formation qui fait l'objet de cet article, et qui est caractérisée à la fois par l'absence des porphyres et par la fréquence des calcaires grenus et talqueux, des quarz micacés et des anthracites, paroît avoir plus favorisé le développement des micaschistes et des gneis de transition que les grandes formations de porphyres et syénites, ou de thonschiefer et grauwacke. C'est au contraire dans ces deux dernières que se trouvent plus abondamment les granites de transition, roches cristallines, grenues, non feuilletées, presque dépourvues de mica, et appartenant géognostiquement (lors même qu'elles ne renferment aucune trace d'amphibole) à la syénite, comme les micaschistes et les gneis de transition appartiennent au quarz micacé. Les syénites, soit qu'elles forment de simples couches dans les thonschiefer verts, soit qu'elles constituent avec les porphyres une formation indépendante, préludent pour ainsi dire aux granites de transition ; les quarz compactes, schisteux et mélangés de feuillets de mica (quarz du terrain calcaire anthraciteux, quarz du terrain de thonschiefer et porphyre), préludent aux micaschistes et à ces gneis de transition que l'on a très-justement désignés comme des micaschistes porphyroïdes à

cristaux (et nœuds) de feldspath. Ce sont ces modes divers de
développement des granites au sein des roches syénitiques, des
gneis et des micaschistes au sein des roches quarzeuses, qui nous
font concevoir pourquoi les gneis et micaschistes se trouvent
associés (environs de Meissen en Saxe , et pente septentrionale
du Caucase) bien plus rarement au granite des terrains de transition, qu'à celui des terrains primitifs. On pourroit dire que
les granites du premier de ces terrains ne sont que des bancs
de syénite avec suppression d'amphibole, et que la plupart des
micaschistes de transition ne présentent que des modifications
(de certains états) d'un quarz micacé, dans lequel le mica devient plus abondant. Cependant ces changemens par développement intérieur ne se font pas toujours de la même manière.
Quelquefois aussi (vallée de Müglitz en Saxe) le granite de
transition naît immédiatement du thonschiefer, et les syénites
de Meissen et de Prasitz passent à la fois au granite et au gneis
intermédiaires.

Voici les séries de roches calcaires, schisteuses et arénacées
alternantes, qui constituent la formation que nous placons à la
tête des terrains de transition.

Calcaires grenus talqueux, souvent veinés, schisteux, fétides
(comme le marbre grenu et blanc de l'île de Thasos), mêlés
de grains ou nœuds de quarz, et renfermant (Sainte-Foix) des
couches d'une serpentine de transition. *Calcaire compacte* jaunâtre, quelquefois gris et renfermant des cristaux de feldspath
(Bonhomme, petit Saint-Bernard et vallée de la Tarantaise).
Poudingues ou *conglomérats calcaires* à pâte grenue et à fragmens
compactes (brèche tarentaise de Villette). Ces trois roches, qui
forment une sous-division du groupe S. 20, alternent entre elles
et avec les schistes de la série suivante. Les calcaires compactes
de transition ressemblent quelquefois au calcaire du Jura, d'autres fois ils passent au calcaire à petits grains. Le calcaire saccharoïde talqueux, souvent blanc et veiné, prend l'aspect des
beaux marbres primitifs du Pentelique (Cipolino), de l'Hymette

ot du Caryste dans l'Eubée. Les débris de corps organisés manquent généralement dans la série calcaire ; mais, comme nous
le verrons bientôt, les roches de cette série alternent avec des
schistes remplis d'empreintes de plantes monocotylédones. M.
Brochant a même découvert une pétrification de nautile ou
d'ammonite dans les poudingues calcaires de la Villette, entre
Moutiers et Saint-Maurice.

Thonschiefer de transition, ou rubanés, et offrant des lames de
calcaire interposées, ou onctueux, mélangés de talc fibreux (mine
de Pesey), sans parties calcaires visibles, mais faisant effervescence avec les acides. Ce thonschiefer renferme (Bonneval) des
couches subordonnées de grünstein.

Quarz compactes, ou quarzites, sans mélange, ou micacés, et
appartenant aussi bien aux calcaires grenus qu'au thonschiefer
de transition. C'est de l'accumulation du mica dans ces quarz
compactes que naissent les *micaschistes* de cette formation, et
même les *gneis*; car souvent les quarz renferment un peu de
feldspath disséminé dans la masse. Les micaschistes, passant à
des schistes noirs bitumineux, remplis d'empreintes végétales
(Montagny, petit Saint-Bernard, Landry), sont associés à des
anthracites, et alternent (Moutiers) avec les calcaires stéatiteux
et des *grauwackes* ou poudingues à fragmens primitifs. La pâte
de ces conglomérats, qui enchâssent du quarz, du granite et du
gneis, n'est pas toujours de la nature du thonschiefer, comme
dans les grauwackes du Harz (de la grande formation §. 22):
le plus souvent elle ressemble au schiste micacé. Lorsque les
fragmens deviennent très-rares dans la masse, on confond ces
roches avec de vrais micaschistes de transition.

Dans ce terrain, composé de tant de couches périodiquement
alternantes, la série schisteuse avec anthracite paroît un peu plus
neuve, lorsqu'on a égard aux grandes masses, que la série calcaire. Si, d'un côté, les gypses de la Tarantaise et de l'Allée-
blanche, renfermant du muriate de soude, du soufre et de la
chaux anhydrosulfatée, reposent simplement sur les terrains de

transition, sans en être bien visiblement recouverts, il n'en paroît pas moins certain, d'après les discussions intéressantes de
M. Brochant, que les gypses de Cogne, de Brigg et de Saint-
Léonard, en Valais, sont intercalés dans le calcaire de transition
même. Les grandes formations §§. 20 et 25 sont les seules des
roches intermédiaires dans lesquelles les porphyres et les syénites
ne paroissent pas s'être développés : ce sont celles aussi dans lesquelles abondent le plus les calcaires saccharoïdes blancs et les
masses de talc. Le feldspath lamelleux qui pénètre dans les
roches calcaires (calciphyres feldspathiques de M. Brongniart),
semble n'appartenir qu'au terrain §. 20. Les anthracites sont
communs à ce terrain et à la grande formation de thonschiefer
et grauwacke, §. 22 ; mais ils sont moins fréquens dans cette
dernière formation, où le carbone est plutôt disséminé dans la
masse entière des thonschiefer, des lydiennes et des calcaires,
qu'il colore en noir, que concentré dans des couches particulières. L'anthracite, comme l'observe très-bien M. Breithaupt,
est d'une formation plus ancienne que la houille, et d'une formation plus récente que le graphite ou fer carburé. Le carbone
devient plus hydrogéné à mesure qu'il s'approche des roches secondaires. Ces roches sont dans les mêmes rapports géognostiques
avec la houille, que le sont l'anthracite avec les roches de transition, et le graphite avec les roches primitives. Je ne connois
dans les Andes aucune formation calcaire qui se rapproche de
celles contenues dans le groupe §. 20. Seulement à Contreras,
au pied oriental de la Cordillère de Quindiù (Nouvelle-Grenade),
j'ai vu un calcaire de transition non compacte, mais très-grenu,
gris-bleuâtre, mêlé de grains de quarz, et enchâssant des masses
siliceuses qui ressemblent au pechstein. Ces masses sont traversées par des filons de calcédoine. Le gisement de ce calcaire de
Contreras, au milieu d'un terrain de grès et de gypse secondaires,
est difficile à déterminer.

II. Porphyres et Syénites de transition recouvrant immédiatement les roches primitives, Galcaire noir et Grünstein.

§. 21. C'est la grande formation, dépourvue de grauwacke, de l'Amérique méridionale. Elle offre des problèmes assez difficiles à résoudre, et embrasse les porphyres de transition des Andes de Popayan et de cette partie du Pérou que j'ai traversée en revenant de la rivière des Amazones aux côtes de la Mer du Sud. Avant de donner la description détaillée de cette formation, je jetterai un coup d'œil général sur les roches porphyroïdes de l'Amérique équinoxiale, roches qui ont été l'objet principal de mes recherches géognostiques. Si en Allemagne et dans une grande partie de l'Europe, comme l'observe très-bien M. Mohs, le grauwacke cractérise de préférence les terrains intermédiaires, on peut, dans la région équinoxiale du nouveau continent, regarder les porphyres comme le type principal de ces terrains. Aucune autre chaîne de montagnes ne renferme une plus grande masse de porphyres que les Cordillères, qui s'étendent presque dans le sens d'un méridien, sur une longueur de 2500 lieues de l'un à l'autre hémisphère. Ces porphyres, en partie riches en minérais d'or et d'argent (§. 23), sont le plus souvent associés aux trachytes qui les surmontent et à travers lesquels agissent encore les forces volcaniques. Cette association de roches métallifères aux roches produites ou altérées par le feu étonneroit moins les géognostes d'Europe, si elle ne s'étendoit pas à l'or et à l'argent; mais seulement au fer oligiste, au fer oxidulé, au fer titané et au cuivre muriaté. C'est un des phénomènes les plus frappans et les plus contraires aux opinions qui ont été partagées long-temps par les hommes les plus célèbres. Cependant, et il est nécessaire de bien préciser ce fait, il y a proximité dans le gisement, quelquefois analogie dans la composition, et non-identité de formation. La méthode, que nous avons adoptée, de circonscrire les différens terrains d'après leur superposition et la nature des roches qui les recouvrent, servira, je m'en flatte, à jeter quelque lumière sur les rapports qu'on observe entre les porphyres de transition, les trachytes et les porphyres (secondaires) du grès rouge. J'indiquerai en même temps les lieux où l'on n'a point encore découvert dans la nature des limites aussi tranchées que semble l'exiger l'état actuel de nos divisions systématiques.

Les porphyres de l'Amérique méridionale peuvent être considérés de deux manières, selon leur position géographique, et selon la différence que présente l'âge de leur formation. En Europe, nous trouvons les porphyres et syénites de transition (Saxe, Vosges, Norwége) généralement éloignés des trachytes (Siebengebirge près de Bonn; Auvergne) : il arrive cependant aussi que les porphyres et les trachytes se trouvent réunis (Hongrie), et alors les premiers sont quelquefois métallifères. Dans l'Amérique méridionale les porphyres et les trachytes sont tous accumulés sur une bande étroite dans la partie la plus occidentale et la plus élevée du continent, au bord de cet immense bassin de l'océan Pacifique, qui est limité, du côté de l'Asie, par les volcans et les roches trachytiques des îles Kuriles, Japonoises, Philippines et Moluques. A l'est des Andes, dans toute la partie orientale de l'Amérique du Sud, sur une étendue de terrain de plus de 5oo,ooo lieues carrées, soit dans les plaines, soit dans des groupes de montagnes isolées, on ne connoît encore ni du porphyre de transition, ni du véritable basalte avec olivine, ni du trachyte, ni un volcan actif. Les phénomènes du terrain trachytique paroissent restreints à la crête et à la lisière des Andes du Chili, du Pérou, de la Nouvelle-Grenade, de Sainte-Marthe et de Merida. J'énonce ce fait d'une manière absolue, pour exciter les voyageurs à l'éclaircir davantage ou à le réfuter. Dans cette même région, qui s'étend de la pente orientale des Andes vers les côtes de la Guiane et du Brésil, on a trouvé de l'or, du platine, du palladium, de l'étain et d'immenses amas de fer spéculaire et magnétique; mais, au milieu de beaucoup d'indices d'argent sulfuré ou muriaté, on n'y a pas découvert un gite de minérais que l'on puisse comparer pour la richesse aux gîtes du Pérou et du Mexique. Je n'ai même pas vu de porphyres de transition ni de porphyres de grès rouge dans la chaîne côtière de Venezuela, dans la Sierra de la Parime, ni dans les plaines entre l'Orénoque, le Rio Negro et la rivière des Amazones. Je ne connois à l'est des Andes qu'un petit lambeau de terrain trachytique, près de Parapara (bord septentrional des Llanos de Caracas), où, dans un lieu infiniment intéressant pour la géognosie, de la phonolithe et du mandelstein avec pyroxène sont superposés à des serpentines et des thonschiefer de transition : mais ces phonolithes se trouvent sur la lisière de la Cordillère de Caracas, qui se lie par Nirgua, Tocuyo et le Paramo de Niquitao aux Andes de Merida. M. d'Eschwege a trouvé au Brésil quelques porphyres intercalés par couches dans des formations primitives de granite-gneis ; mais il pense que ce vaste pays est également dépourvu de formations indépendantes de porphyre de transition, de trachyte, de basalte ou de dolérite. En Amérique, la prodigieuse longueur du cours des fleuves et le nombre de leurs affluens facilitent, par l'examen des pierres roulées, la connoissance des contrées qu'on n'a pu parcourir. Entre Carare et Honda j'ai ramassé, au milieu d'un terrain de grès, des fragmens de trachytes que la rivière de la Magdeleine reçoit des Andes d'Antioquia et de Herveo (Nouvelle-Grenade).

Quant à la nature des formations de porphyre accumulées dans la bande occidentale et montagneuse de l'Amérique du Sud et du Mexique, qui n'est qu'une prolongation de cette même bande, nous y ferons connoître deux groupes bien distincts. Le premier (§. 21), non métallifère, repose immédiatement sur des roches primitives ; le second (§. 23), souvent métallifère, repose sur un thonschiefer ou sur des schistes talqueux avec calcaire de transition : l'un et l'autre, par leur gisement et leur composition, se rapprochent quelquefois des porphyres trachytiques, comme les porphyres du groupe §. 22 se rapprochent de ceux du grès rouge. En effet, les porphyres de transition des

Andes du Pérou et du Mexique se trouvent souvent recouverts
de trachytes, tandis que les porphyres de quelques parties de
l'Allemagne sont recouverts de la formation secondaire du grès
rouge, qui renferme à son tour des porphyres et du mandelstein.
Dans l'Amérique équinoxiale les limites entre les porphyres de
transition et les véritables trachytes, reconnus pour être des
roches volcaniques, ne sont pas faciles à fixer. En s'élevant des
porphyres qui renferment les riches mines d'argent de Pachuca,
de Real del Monte et de Moran (porphyres dépourvus de quarz,
souvent abondans en amphibole et en feldspath commun), vers
les trachytes blancs avec perlite et obsidienne de l'Oyamel et
du Cerro de las Navajas (montagne des Couteaux, à l'est de
Mexico); en passant, dans les Andes de Popayan, des porphyres
de transition recouverts sur quelques points de calcaire noir à
petits grains, aux trachytes ponceux qui entourent le volcan de
Puracè, on trouve des roches porphyriques intermédiaires que
l'on est tenté de regarder tantôt comme des porphyres de transition, tantôt comme des trachytes. Il y a plus encore : au milieu
de ces porphyres du Mexique, si riches en minérais d'or et d'argent, on observe des couches (Villalpando près de Guanaxuato)
dépourvues d'amphibole, mais riches en cristaux effilés de feldspath vitreux. On ne sauroit les distinguer des phonolithes (porphyrschiefer) du Biliner-Stein en Bohème. Généralement, comme
le savant professeur de minéralogie à Mexico, M. Andrès del Rio,
un des élèves les plus distingués de l'école de Werner, l'avoit
observé avant moi; généralement, les porphyres de transition
de la Nouvelle-Espagne contiennent à la fois deux especes de
feldspath, le commun et le vitreux. Il m'a paru que le dernier
devient plus abondant dans les couches supérieures, à mesure
que l'on approche des porphyres trachytiques.

Dans la partie équinoxiale du nouveau continent on est tout
aussi embarrassé de la liaison des porphyres souvent argentifères
avec les trachytes qui renferment des obsidiennes, qu'on l'est en
Europe de la liaison intime des dernières roches de transition

avec les plus anciennes roches secondaires, ou de l'alternance
des micaschistes de transition, qui ont toute l'apparence de
roches primitives, avec les grauwackes et les conglomérats très-
anciens. La source de cet embarras n'est cependant pas la même.
Il n'y a rien de bien étonnant de voir qu'à des roches fragmentaires ou remplies d'orthocératites, de madrépores et d'encrinites,
puissent succéder de nouveau des roches dépourvues de débris
organiques, et ressemblant à des gneis et à des micaschistes primitifs. Cette alternance, cette absence locale et périodique de
la vie, se manifeste jusque dans les terrains secondaires et tertiaires : elle y paroît indiquer différens états de la surface du
globe ou du fond des bassins dans lesquels les dépôts pierreux
se sont formés. Au contraire, l'association des porphyres de transition et des trachytes, l'apparence fréquente du passage de ces
roches les unes aux autres, est un phénomène qui semble at-
taquer la base des idées géogoniques les plus généralement
reçues. Faut-il considérer les trachytes, les perlstein et les obsidiennes, comme étant de même origine que les thonschiefer à
trilobites et que les calcaires noirs à orthocératites ? ou ne doit-on
pas plutôt admettre que l'on a trop restreint le domaine des
forces volcaniques, et que ces porphyres, en partie métallifères,
dépourvus de quarz, mêlés d'amphibole, de feldspath vitreux
et même de pyroxène, sont, sous le rapport de l'âge relatif et
de l'origine, liés aux trachytes, comme ces trachytes, confondus
jadis avec les porphyres de transition sous le nom de porphyres
trappéens, sont liés aux basaltes et aux véritables coulées de
laves que vomissent les volcans actuels ? La première de ces hypothèses me paroît répugner à tout ce que l'on a observé en Europe,
à tout ce que j'ai pu recueillir sur les obsidiennes et les perlstein au Pic de Ténériffe, aux volcans de Popayan et de Quito.
La seconde hypothèse paroîtra moins hardie, moins dénuée de
vraisemblance peut-être, lorsqu'on ne restreindra plus l'idée
d'une action volcanique aux effets produits par les cratères de
nos volcans enflammés, et que l'on envisagera cette action

comme due à la haute température qui règne partout, à de grandes profondeurs, dans l'intérieur de notre planète. On a vu dans les temps historiques, même dans ceux qui sont le plus rapprochés de nous, sans flammes, sans éjection de scories, des roches de trachytes s'élever du sein de la mer (archipel de la Grèce, îles Açores et Aleutiennes); on a vu des boules de basalte, à couches concentriques, sortir de la terre toutes formées, et s'amonceler en petits cônes (Playas de Jorullo au Mexique). Ces phénomènes ne font-ils pas deviner, jusqu'à un certain point, ce qui, sur une échelle beaucoup plus grande, a pu avoir lieu jadis dans la croûte crevassée du globe, partout où cette chaleur intérieure, qui est indépendante de l'inclinaison de l'axe de la terre et des petites influences climatériques, a soulevé, par l'intermède de fluides élastiques, des masses rocheuses plus ou moins ramollies et liquéfiées?

Lorsqu'on parle de ces terrains de transition qui, dans les Andes du Mexique, de la Nouvelle-Grenade et du Pérou, semblent liés aux trachytes dont ils sont recouverts, on ne peut éviter de se livrer à des considérations sur l'origine des roches. C'est l'imperfection de notre classification des terrains qui conduit à cette digression. Le mot *roche volcanique* annonce, comme je l'ai rappelé plus haut, un principe de division tout différent de celui que l'on suit en séparant les roches primitives des roches secondaires. Dans le dernier cas on indique un fait susceptible d'une observation directe. Sans remonter plus haut, en n'examinant que l'état actuel des choses, on peut décider si une association de roches est entièrement dépourvue de débris organiques, si aucun banc arénacé ou fragmentaire ne s'y trouve intercalé, ou si ces débris et ces bancs y paroissent. Au contraire, en opposant les terrains volcaniques aux terrains primitifs et secondaires, on agite une *question entièrement historique;* on engage le géognoste, malgré lui, à prononcer, comme par exclusion, sur l'origine des granites, des syénites, et des porphyres. Ce n'est plus l'observation directe de ce qui est, la présence ou le manque d'empreintes de corps organisés; c'est un raisonnement fondé sur des inductions et des analogies plus ou moins contestées, qui doit décider sur la *volcanicité* ou la *non-volcanicité* d'une formation. Entre les produits que le plus grand nombre des géognostes, je pourrois dire tous ceux qui ont vu l'Italie, l'Auvergne, les Canaries et les Andes, considèrent comme décidément ignés (porphyres à base d'obsidienne, porphyres semi-vitreux, porphyres trachytiques), et les porphyres qui, par leur composition, par la présence du quarz, par l'absence du feld-spath vitreux, de l'amphibole et du pyroxène, se rapprochent des porphyres du grauwacke, se trouvent placées, dans la Cordillère des Andes, des couches dont la base passe à la phonolithe (à la base du porphyrschiefer), et dans lesquelles le feld-spath vitreux, l'amphibole et quelquefois même le pyroxène remplacent progressivement le feldspath commun. On ne sait alors où finissent les porphyres qu'on est convenu d'appeler de transition, et où commencent les trachytes.

Je ne doute pas que de nouveaux voyages, et l'examen approfondi des roches feldspathiques intermédiaires et de celles que renferme le grès rouge, ne répandent plus de jour sur ce problème intéressant; dans l'état actuel de nos connoissances, je me laisserai guider dans la séparation des porphyres et des trachytes des Andes, moins par des idées de composition, que par des idées de gisement. Il est extrêmement rare de rencontrer dans les véritables trachytes de l'Amérique équinoxiale du feldspath commun; mais le feldspath vitreux, l'amphibole et le pyroxène s'observent à la fois dans ces roches et dans les porphyres §§. 21 et 23, qui sont en partie recouverts d'un calcaire noir de transition et de grès rouge secondaire. On rencontre également peu de quarz dans les porphyres de l'Amérique équinoxiale et dans les trachytes; cette substance caractérise, au contraire, la plupart des porphyres de l'Europe, §§. 22 et 24. Son absence totale est cependant si peu un indice certain d'une formation trachytique, qu'il se trouve, quoiqu'en petites mas-

ses, dans quelques trachytes des Dardanelles, de la Hongrie et
du Chimborazo. M. de Buch a observé près des basaltes d'An-
trim un porphyre très-analogue à ceux du grès rouge et renfermant à la fois, et du quarz et du feldspath commun disséminés,
et des couches intercalées de perlstein et d'obsidienne. Ce phénomène se répète aussi dans les trachytes des Monts Euganéens.
Le mica et surtout les grenats paroissent, très-rarement, dans
les porphyres de transition des deux continens; mais ils se montrent également dans les trachytes de l'ancien volcan de Yanaurcu,
au pied du Chimborazo et dans les conglomérats trachytiques
de l'Europe. Les porphyres, aussi bien que les trachytes des
Andes, offrent de superbes colonnes : la masse des trachytes colonnaires est quelquefois tellement compacte qu'on a de la peine
à y découvrir des pores et des gercures.

Il résulte de ces données, que les caractères de composition
(caractères absolus et isolés, par lesquels on voudroit distinguer
les porphyres de transition et les trachytes des Cordillères) sont
très-incertains : c'est l'ensemble de tous les caractères oryctognostiques, c'est le passage d'une roche à l'état vitreux, ce sont
l'obsidienne, le perlstein et les masses scorifiées qu'elle enchâsse,
ce cont des rapports de gisement, qui la font reconnoître comme
trachyte. On se décide d'ailleurs plus facilement à nommer certaines formations des trachytes, qu'à prononcer sur l'origine
prétendue neptunienne de quelques autres. Les trachytes et les
porphyres de transition peuvent être également superposés aux
roches primitives; ce ne sont pas les roches qui les supportent,
mais celles dont elles sont recouvertes, qui doivent guider le
géognoste. Le plus souvent les trachytes et les porphyres des Cordillères ne sont pas recouverts par d'autres formations; mais,
partout où ce recouvrement a lieu et où la roche superposée est
indubitablement de transition, cette superposition seule décide,
selon moi, le problème de classification que l'on veut résoudre.
Les trachytes ne servent de base qu'à d'autres produits ignés :
très-rarement (Hongrie) à des formations tertiaires identiques avec

le *terrain de Paris;* plus rarement encore (archipel des Canaries, Andes de Quito) à de minces formations de gypse et d'oolithes intercalées ou superposées aux tufs ponceux. Quelquefois les porphyres de transition de l'Amérique (et non les trachytes) sont recouverts de calcaire noir à petits grains, de grès rouge ou de calcaire alpin ; et c'est lorsque ce recouvrement ne s'observe pas, qu'on est obligé d'avoir recours à la méthode peu sûre de l'induction et des analogies. On risqueroit peut-être moins de séparer ce que la nature a réuni par des liens assez étroits, si l'on décrivoit provisoirement sous la dénomination vague de *porphyres amphiboliques* (hornblendiges porphyrgebilde) l'ensemble de ces roches des Cordillères à structure porphyroïde (porphyres de transition et porphyres trappéens ou trachytes), qui sont presque dépourvus de quarz, et qui abondent à la fois en amphibole et en feldspath lamelleux ou vitreux.

Après avoir donné cet aperçu général des porphyres de transition des Andes, et de leur affinité géognostique avec les trachytes, je vais caractériser le groupe de porphyres qui sont antérieurs au calcaire à entroques et à orthocératites, au thonchiefer et au micaschiste de transition. On peut distinguer dans ce groupe équatorial, là où je l'ai observé avec soin dans l'hémisphère boréal (Cordillères de Popayan et d'Almaguer) et dans l'hémisphère austral (montagnes d'Ayavaca sur les limites des Andes de Quito et du Pérou), plusieurs formations partielles; savoir :

    Porphyres ;

    Grünstein et argiles ferrugineuses ;

    Syénites ;

    (Granites de transition ?);

    Calcaires chargés de carbone;

    (Gypses de transition ?).

Des *porphyres* dont l'aspect est souvent trachytique dominent dans ce groupe. Je n'y ai vu alterner ni les porphyres avec la syénite ou avec le calcaire de transition, ni la syénite avec le grünstein, comme c'est le cas (§§. 23 et 24) au Mexique et dans plusieurs parties de l'Europe. La *syénite* des Andes de Baraguan, de Chinche et de Huile (à l'est du Rio Cauca entre Quindiù et Guanacas, lat. bor. 2.° 45′ à 4° 10′), est superposée à des roches primitives, à du granite-gneis, peut-être même à du micaschiste. C'est une formation partielle qui est parallèle aux porphyres de Popayan, recouverts de calcaire fortement chargé de carbone. Cette syénite est composée de beaucoup d'amphibole et de feldspath commun blanc-rougeâtre, contenant très-peu de mica noir et de quarz. Le feldspath domine dans la masse; le quarz (ce qui est assez remarquable dans une syénite) est translucide, gris-blanchâtre et constamment cristallisé, comme l'est le quarz des porphyres d'Europe du groupe §. 24. L'agrégation des parties est presque en plaques, de sorte que la syénite de transition des Cordillères n'a pas la texture entièrement grenue, comme la syénite de Plauen près de Dresde; la texture (flasrige Structur) de cette roche se rapproche au contraire de celle du gneis. Ce qui éloigne la syénite du Nevado de Baraguan, des granites avec amphibole (§. 7), ou d'une syénite que l'on pourroit croire primitive (§. 8), et son passage au trachyte et sa liaison avec les *grünstein* de transition qui lui sont superposés, entre le Paramo d'Iraca et le Rio Paez (Province de Popayan). Le quarz disparoît peu à peu dans cette syénite de transition, l'amphibole devient plus abondant, et la roche prend la structure porphyroïde. On trouve alors dans une pâte pétrosiliceuse (euritique), de couleur rougeâtre ou gris-jaunâtre, très-peu de mica noir, beaucoup d'amphibole, et des cristaux épars, très-alongés, de feldspath, dont l'éclat est plutôt vitreux que nacré, et dont les lames peu prononcées ont des gerçures longitudinales. Ce n'est plus une syénite, mais un trachyte dont des masses énormes et diversement groupées s'élèvent, comme des châteaux forts, sur la crête des Andes. Ces passages me paroissent très-remarquables, et semblent fortifier les doutes qu'on peut avoir sur l'origine de toutes les roches primitives grenues. Il est très-difficile, dans les contrées équatoriales, d'appliquer des noms à un grand nombre de formations mêlées de feldspath et d'amphibole, parce que ces formations se trouvent sur la limite entre les syénites de transition et les trachytes. Tantôt grénues, tantôt porphyroïdes, elles ressemblent ou aux syénites du groupe §. 23 de Hongrie, ou aux trachytes du Drachenfels, près de Bonn, et du grand plateau de Quito. Comme on observe que les porphyres de transition de Popayan passent aussi aux trachytes, le parallélisme de formation entre les syénites et les porphyres du même groupe §. 21 se trouve confirmé par les rapports géognostiques de deux roches avec une troisième. Quelquefois (pied du volcan de Puracè, près de Santa-Barbara) un *granite de transition*, très-abondant en mica, semble séparer les syénites qui enchâssent du quarz et du feldspath commun à éclat nacré, des vrais trachytes, dont la pâte vers le sommet des montagnes (à 2200 toises de hauteur), devient vitreuse et passe à l'obsidienne.

Dans tout le groupe des syénites et des porphyres que j'ai examinés dans la Cordillère des Andes (entre le Nevado de Tolima et les villes de Popayan, d'Almaguer et de Pasto), le porphyre qui porte le plus décidément le caractère d'une roche de transition, est celui qui entoure les basaltes de la Tetilla de Julumito (rive gauche du Rio Cauca à l'ouest de Popayan), et qui est recouvert (à Los Serillos) d'un *calcaire noirâtre*, passant du compacte au calcaire à petits grains, traversé de filons de spath calcaire blanc, et tellement surchargé de carbone, que dans quelques parties il tache fortement les doigts et que le carbone s'y trouve accumulé en poudre sur les fissures de stratification. Cette accumulation de carbone, que l'on observe également dans les schistes anthraciteux et alumineux, et dans les lydiennes et le kieselschiefer, ne laisse aucun doute sur la question de savoir si le calcaire noirâtre de Los Serillos (près de Julumito), dans lequel je n'ai pu trouver aucune trace de débris organiques, est un vrai calcaire de transition. La lydienne

que l'on observe dans les thonschiefer de transition de Naila et
de Steben (montagnes de Bareuth) offre aussi ce dépôt de poudre
charbonneuse entre ses fissures ; et des échantillons qui ne tachent
pas les doigts m'ont servi à exciter les nerfs d'une grenouille,
en les employant dans le cercle galvanique conjointement avec
le zinc. Le calcaire noir de transition (*nero antico*), si célèbre
parmi les anciens sous le nom de *marmor Luculleum*, contient
aussi, d'après l'analyse de M. John, ¾ p. c. d'oxide de carbone, distribué comme principe colorant dans toute la masse
de la roche. Un porphyre recouvert d'un calcaire fortement carburé, noir-grisâtre, à grains fins, et peut-être dépourvu de pétrifications, est pour le géognoste, qui met plus d'importance
au gisement qu'à la composition des terrains, un porphyre de
transition, quelle que soit la nature oryctognostique de ses parties
constituantes. Les trachytes, comme nous l'avons exposé plus
haut, n'ont été trouvés recouverts jusqu'ici que par d'autres
roches volcaniques, par des tuffs ou par quelques formations
tertiaires très-récentes. Le porphyre de transition de Popayan,
auquel le calcaire noir est superposé, est assez régulièrement
stratifié ; il renferme peu d'amphibole, très-peu de quarz en
petits cristaux implantés dans la masse, et un feldspath qui
passe du commun au feldspath vitreux. Je n'y ai point vu de pyroxène, pas plus que dans les porphyres de Pisojè, qui forment,
à la pente occidentale du volcan de Puracè, sur la rive droite
du Rio Cauca, une magnifique colonnade. Ce porphyre de Pisojè est divisé en prismes à 5 — 7 pans et de 18 pieds de long,
prismes que j'ai pris de loin pour du basalte, et que l'on retrouve en Europe dans beaucoup de porphyres de transition,
même dans ceux du grès rouge. Une rangée perpendiculaire de
ces colonnes est placée sur une rangée entièrement horizontale.
Dans une pâte gris-verdâtre, vraisemblablement de feldspath
compacte coloré par l'amphibole, l'on observe très-peu de cristaux d'amphibole visibles à l'œil nu, du mica noir, et beaucoup
de feldspath laiteux, non vitreux. Le quarz manque dans ces

porphyres colonnaires, comme dans presque tous les porphyres
de transition et métallifères du Mexique. La roche de Pisojè
étant géographiquement assez éloignée des porphyres de Julumito
liés au calcaire de transition, il reste douteux si elle n'appartient pas déjà à la formation de trachyte. Quant aux porphyres
de transition de Julumito, on ne sait pas sur quel terrain ils
reposent; car, depuis Quilichao jusqu'à l'arête de los Robles,
qui est située à l'ouest du Paramo de Palitarà et du volcan de
Puracè, et qui partage les eaux entre la mer du Sud et la mer
des Antilles, on ne voit plus de roches primitives au jour. L'Alto
de los Robles même est composé de schiste micacé (direction
des couches N. 60° E., comme le gneis-micaschiste des Andes
de Quindiù, incl. 50° au SO.). Cette roche primitive des Robles s'observe également près de Timbio et près des Sources du
Rio de las Piedras (hauteur 1004 toises), sortant au-dessous
des trachytes de Purace et de Sotarà. Sur le schiste micacé reposent, comme je l'ai vu très-clairement dans les ravins entre
le Rio Quilquasé et le Rio Smita, les roches porphyriques du
Cerro Broncaso, et celles qui suivent vers le sud entre Los
Robles et le Paramillo d'Almaguer. Aussi de grands blocs de
quarz que l'on trouve épars au milieu de ces terrains de porphyre et de trachyte, annoncent partout la proximité du micaschiste.

C'est ici que se présente la question importante de savoir
si les roches à structure porphyroïde, au sud de l'Alto de los
Robles, formant la pente occidentale du volcan de Sotarà et
des Paramos de las Papas et de Cujurcu (voyez ma carte du
Rio grande de la Magdalena), sont de véritables porphyres de
transition? Je vais exposer les faits tels que je les ai observés.
Les porphyres de Broncaso (lat. bor. 2° 17′, long. 79° 3′, en
déduisant cette position des observations astronomiques que j'ai
faites à Popayan et à Almaguer) renferment beaucoup et de
très-grands cristaux de feldspath blanc-laiteux, des cristaux
effilés d'amphibole qui se croisent, comme le feldspath dans

le porphyre appelé vulgairement par les antiquaires *serpentino verde antico* ou *porfido verde* (grün-porphyr de Werner), et un peu de quarz translucide cristallisé. Souvent les cristaux d'amphibole et de feldspath partent d'un même point. Dans l'intérieur du feldspath on trouve d'autres cristaux tres-petits et noirs, que j'ai cru être plutôt du pyroxène que de l'amphibole. Le point central autour duquel se groupent les lames cristallisées du leucite (amphigène) est également, d'après M. de Buch, un cristal microscopique de pyroxène, et dans les grünstein porphyrique de Hongrie M. Beudant a trouvé des grenats au milieu des cristaux d'amphibole. Des croisemens et des agroupemens bizarres de cristaux de feldspath commun et d'amphibole caractérisent tous les porphyres entre le Cerro Broncaso et les vallées de Quilquasè et de Rio Smita, porphyres qui sont irrégulièrement stratifiés en stratification non concordante (bancs de 2 — 3 pieds, direction N. 53° O., inclin. 40° au nord-est) avec les couches du micaschiste. Leur pâte diffère de celle des porphyres de Julumito : elle est d'un beau vert d'asperge, à cassure compacte ou écailleuse, quelquefois assez tendre, offrant une raclure grise et prenant au souffle une couleur très-foncée ; d'autres fois elle est dure et ressemble au jade ou à la phonolithe (klingstein, base du porphyrschiefer), c'est-à-dire qu'elle appartient au feldspath compacte. Sur les bords du Rio Smita j'ai vu dans ces porphyres, qui passent au *porfido verde* des antiquaires, des couches presque dépourvues de cristaux disséminés : ce sont des masses de jade (saussurite) vert d'asperge et vert poireau, presque semblables à celles qu'on trouve dans les roches d'euphotide de transition ; elles sont traversées par une infinité de petits filons de quarz. Plus au sud, les porphyres verts à base de feldspath compacte conservent leurs cristaux épars de quarz, et ce caractère les éloigne du porphyrschiefer appartenant au terrain trachytique, dans lequel le quarz est un phénomène isolé, d'une rareté extrème. En même temps on commence à y trouver du mica noir et une variété de pyroxène, à surface

très-éclatante, à cassure transversale conchoïde, et d'une couleur vert-olive si peu foncée qu'on la prendroit presque pour
l'olivine des basaltes. Ce porphyre à mica noir remplit les vallées des petites rivières de San-Pedro, Guachicon et Putes; il
se cache quelquefois (vallée de la Sequia) sous des amas de
grünstein en boules de 4 — 6 pouces de diamètre, et finit par
ne plus être stratifié, mais séparé, exactement comme le grünstein superposé, en boules qui se divisent par décomposition
en pièces séparées concentriques. Souvent les boules de porphyre, d'une extrême dureté, sont d'une composition identique
avec le porphyre en masse. Leur noyau est solide et ne renferme ni quarz ni calcédoine : elles forment des couches particulières de six pieds d'épaisseur, et se trouvent comme im-
plantées et fondues dans la roche non altérée par des influences
atmosphériques ou galvaniques. Cette structure n'est pas un effet
de la décomposition, comme on l'a cru de quelques basaltes
colonnaires qui se séparent en boules. Elle me paroît plutôt
tenir à un arrangement primitif des molécules. Je crois que nulle
part dans le monde on en trouve une plus grande accumulation
de roches à *structure globuleuse* que dans la Cordillère des Andes,
surtout depuis Quilichao (entre Caloto et Popayan) jusqu'à la
petite ville d'Almaguer.

En descendant du Cerro Broncaso, et en traversant suces-
sivement (toujours dans la direction du nord au sud, et dans
le chemin de Popayan à Almaguer) les vallées de Smita, de
San Pedro et de Guachicon, on observe au milieu d'un porphyre qui n'est pas divisé en boules, et qui renferme plus d'amphibole et plus de pyroxène vert d'olive que de feldspath vitreux, un phénomène géognostique très-remarquable. Des
fragmens anguleux de gneis de 3 à 4 pouces carrés sont empâtés
dans la masse. C'est un gneis abondant en mica : c'est le phénomène que présentent les trachytes du Drachenfels (Siebengebirge
sur les bords du Rhin) et, dans ses couches inférieures, la
phonolithe (porphyrschiefer) du Biliner Stein en Bohème. Non

loin de là, dans la partie nord-est de cette même vallée de Rio Guachicon (vallée de 400 toises de profondeur, dans laquelle je me suis arrêté une journée entière), la roche porphyroïde a la structure la plus composée que j'aie jamais trouvée dans les porphyres de transition et dans les trachytes porphyriques. On y observe à la fois des cristaux de feldspath vitreux, d'amphibole, de mica noir, de quarz et de pyroxène, dont la couleur se rapproche de celle de l'olivine. Le quarz ne se présente qu'en de très-petites masses ; mais il n'est certainement pas dû à des infiltrations postérieures. Après avoir passé, plus au sud encore, l'arête qui sépare le Rio Guachicon du Rio Putès, les cinq substances disséminées dans la masse disparoissent presque entièrement; la roche porphyroïde devient homogène, extrêmement dure, et de ce beau noir que l'on admire dans quelques lydiennes très-pures, ou dans la base du prétendu jaspe porphyrique de l'Altaï, ou dans de certaines statues égyptiennes faussement appelées *basaltes* ou *basanites*. Je doute que ce soit du pechstein : c'est plutôt un feldspath compacte, coloré en noir par l'amphibole ou par quelque autre substance. La cassure de cette pâte homogène est unie ou conchoïde, à grandes cavités aplaties; elle est sans éclats, presque entièrement matte. Je n'y ai reconnu que peu de cristaux très-effilés de feldspath vitreux et des prismes hexaèdres de pyroxène conchoïde (muschliger augit de Werner), qui ont la couleur noire du mélanite, et qui ressemblent, quant à l'éclat et à la cassure, au pyroxène du Heulenberg près de Schandau en Saxe.

Je viens de décrire successivement les porphyres de Julumito recouverts de calcaire noir et carburé; ceux de Pisojé, à feldspath non vitreux, et divisés en prismes; les porphyres verts renfermant du quarz, et fréquemment des cristaux croisés d'amphibole de Cerro Broncaso et de la vallée de Smita; les roches porphyroïdes du Rio Guachicon, enchâssant des fragmens de gneis ; enfin, celle du Rio Putès, dont la masse noire, homogène et compacte, n'offre que très-peu de cristaux dissé-

minés. Toutes ces roches appartiennent-elles à une même formation, qui offre des caractères particuliers dans les diverses
vallées de la Cordillère de Sotorà et de Cujurcù ? On ne sauroit
révoquer en doute que les fragmens de gneis empâtés dans
les roches qui avoisinent le Rio Guachicon, ne caractérisent
de véritables trachytes. Ce sont, pour ainsi dire, les précurseurs
de ces trachytes et de cet énorme amas de ponces que j'ai trouvés, vingt lieues plus au sud, sur les rives du Mayo. Mais faut-il
étendre cette dénomination de trachyte sur tous les porphyres
qui se prolongent par le Cerro Broncaso vers les micaschistes de
l'Alto de los Robles, et qui sont en partie couverts, non de
dolérites, mais de grünstein de structure globuleuse, ressemblant entièrement au grünstein du terrain de transition en Allemagne ? D'après ce que j'ai exposé plus haut sur le passage
insensible des porphyres métallifères du Mexique à des roches
qui renferment de l'obsidienne et du perlstein, et dont la volcanicité n'est presque plus contestée aujourd'hui, je ne sais pas
comment décider une question si importante. Elle présente
moins un problème de gisement qu'un problème que j'appel-
lerois *historique*, parce qu'il est l'objet de la géogonie, et qui
tient aux idées que l'on se forme sur l'origine des divers dépôts
rocheux qui couvrent la surface du globe. Le géognoste a rempli
sa tâche, lorsqu'il a examiné les rapports de gisement et de
composition. Il n'est pas temps encore de prononcer sur des
masses qui semblent osciller entre les porphyres de transition
et ces trachytes exclusivement appelés porphyres volcaniques.
Ce qui paroît difficile à débrouiller aujourd'hui, deviendra clair
peut-être lorsque l'Amérique équinoxiale, libre, civilisée, plus
accessible aux voyageurs, sera explorée par un grand nombre
d'hommes instruits ; lorsque de nouvelles découvertes auront
fait concevoir que des effets volcaniques, lents et progressifs,
ou brusques et tumultueux, ont pu avoir lieu partout où des
crevasses ont ouvert des communications avec l'intérieur du
globe dans lequel règne encore aujourd'hui, d'après toutes les

apparences, une température extrêmement élevée. Nous avons
déjà des preuves certaines que des roches presque identiques
avec celles qui appartiennent au terrain trachytique ou qui surmontent ce terrain, sont intercalées dans des véritables porphyres de transition et dans des porphyres du grès rouge. Tous
les géognostes connoissent les observations importantes, faites
par M. de Buch, près de Holmstrandt, dans le golfe de Christiania
en Norwége. Un porphyre renfermant, outre le feldspath commun (non vitreux), très-peu d'amphibole et de quarz, se trouve
placé entre un calcaire à orthocératites et une syénite à zircons. Personne ne s'est encore refusé à considérer ce porphyre
comme une formation de transition; personne ne l'a appelé
trachyte. Or, au milieu de ce porphyre on voit, non un filon
(dyke), mais une couche de basalte avec pyroxène. « Le por-
« phyre de Holmstrandt, dit M. de Buch, devient basalte par
« ces mêmes passages et ces nuances insensibles que l'on trouve
« si communément en Auvergne. Ce basalte est très noir; pres-
« que à petits grains, dépourvu de feldspath, mais rempli de
« pyroxène. Quelquefois il devient bulleux, et prend un aspect
« rouge et scorifié, au contact avec le porphyre. » Il ne seroit
peut-être pas plus étrange de découvrir des fragmens de gneis
enveloppé dans ce basalte bulleux et scorifié, rempli de pyroxènes, que de les avoir observés dans les basaltes du Bären-
stein (près d'Annaberg en Saxe), ou dans les trachytes de la
vallée du Rio Guachicon (dans l'Amérique méridionale). Quelle
est l'origine de cette couche basaltique, bulleuse, pyroxénique,
de Holmstrandt? Est-elle, comme tout le porphyre, une coulée
venue d'en-bas par des filons? La présence d'une masse que l'on
croit d'origine ignée, offre-t-elle un motif suffisant pour admettre que tout le terrain auquel cette masse appartient doive
être séparé des formations de transition et classé parmi les trachytes? J'en doute : les roches incontestablement volcaniques du
Rio Guachicon, enchâssant des fragmens de gneis, sont géognostiquement liées aux porphyres de transition, comme, sur

d'autres points du globe , ceux-ci sont géognostiquement liés aux porphyres du grès rouge.

Je sépare provisoirement toutes les roches porphyroïdes placées au sud d'une arête composée de micaschiste (Alto de los Robles), de celles qui se trouvent au nord-ouest de cette arête, et qui, près de Julumito, sont recouvertes d'un calcaire abondant en carbone. C'est à cette dernière classe, et par conséquent au terrain de transition (§. 21) qui fait l'objet spécial de cet article, que je rapporte, avec plus de confiance peut-être, les porphyres de Voisaco (Andes de Pasto, lat. 1° 24' bor.) et ceux d'Ayavaca (Andes du Pérou, lat. 4° 38' austr.). Voici les circonstances de gisement de ces deux roches. Les porphyres et trachytes de Popayan, du Cerro Broncaso, du Rio Guachicon et du Rio Putès, sont séparés de ceux de la province de Pasto par un plateau des roches primitives, qui s'étend depuis Almaguer jusqu'au Tablon, au pied du Paramo de Puruguay. C'est au sud du Tablon que recommencent les porphyres : près du village indien de Voisaco ils se distinguent par une polarité que nous avons trouvée sensible jusque dans les plus petits fragmens. On voit très-clairement que ces porphyres sont placés sur le micaschiste. Une masse gris-verdâtre enchâsse à la fois deux variétés de feldspath, le commun et le vitreux : phénomène que l'on rencontre souvent dans les porphyres de transition du Mexique (§. 23). Quelques cristaux aciculaires de pyroxène pénètrent entre les feuillets du feldspath vitreux. Un rocher placé à l'entrée du village nous a offert en petit, à M. Bonpland et à moi, tous les phénomènes de la serpentine polarisante de Bareuth (§. 19) que j'avois découverte en 1796.

Dans l'hémisphère austral, en suivant les Andes de Quito par Loxa à Ayavaca, on voit paroître alternativement au jour les roches primitives et les porphyres, phénomène que nous avons déjà signalé plus haut (§§. 5 et 6). Presque chaque fois que la masse des montagnes s'élève, les porphyres se montrent, et cachent aux yeux du voyageur le gneis et le micaschiste. A ces porphyres, qui offrent d'abord plus de feldspath commun que de feldspath vitreux, succèdent des trachytes, et ces trachytes annoncent assez généralement deux phénomènes combinés, le voisinage de quelque volcan encore actif, et l'élévation rapidement croissante de la Cordillère, dont les sommets vont atteindre ou dépasser la limite des neiges perpétuelles (2460 toises sous l'équateur). J'ajouterai que les trachytes recouvrent immédiatement ou les roches primitives ou les porphyres de transition, et que dans ceux-ci le feldspath vitreux, l'amphibole et quelquefois le pyroxène deviennent plus fréquens à mesure qu'ils se trouvent plus près des roches volcániques. Tel est le type que suivent les phénomènes de gisement dans la région équinoxiale du Mexique et de l'Amérique méridionale; type que j'ai reconnu surtout dans les coupes que j'ai dessinées sur les lieux en 1801 et 1803.

Les porphyres d'Ayavaca forment une partie de cet enchaînement général des roches feldspathiques. Sur les schistes micacés de Loxa, où végètent les plus beaux arbres de quinquina que l'on connoisse jusqu'ici (*Cinchona condaminea*), sont placés des porphyres qui remplissent tout le terrain compris entre les vallées du Catamayo et du Cutaco. Près de Lucarque et d'Ayavaca (hauteur de 1407 toises), ces porphyres se trouvent divisés en boules à couches concentriques, et des amas de ces boules reposent (vallée du Rio Cutaco; hauteur du fond de ce ravin, 756 toises) sur un porphyre qui renferme du feldspath commun et de l'amphibole, qui est régulièrement stratifié, et dont la masse, très-dense, est traversée par une infinité de petits filons de spath calcaire, tout comme le thonschiefer de transition en Europe est traversé par des veines de quarz. Les mesures barométriques que j'ai faites, assignent à ces porphyres d'Ayavaca, que je ne crois pas être des trachytes, 4800 pieds d'épaisseur. Je ne cite pas, comme appartenant au groupe §. 21, les roches porphyroïdes vertes, dépourvues de quarz, renfermant très-peu d'amphibole et beaucoup de feldspath commun laiteux, qui constituent les Andes de l'Assuay. Ils sont placés sur les micaschistes primitifs de Pomallacta, et j'ai eu occasion de les examiner, dans leur énorme épaisseur, depuis 1500 jusqu'à 2074 toises de hauteur au-dessus du niveau de l'océan. Ils sont généralement stratifiés ; mais cette stratification, souvent très-régulière (N. 45° O.), s'observe aussi dans beaucoup de vrais trachytes du Chimborazo et du volcan enflamme de Tunguragua. En examinant avec soin, dans les Cordillères des Andes, les différens états du feldspath dans les porphyres de transition et dans les trachytes, j'ai vu que des roches décidément trachytiques en renferment aussi qui n'est pas vitreux, mais feuilleté laiteux. J'incline à croire que le porphyre de l'Assuay, groupe de montagnes célèbres par le passage qu'il offre entre Quito est Cuença, est du trachyte.

J'ai discuté les roches qui constituent dans l'Amérique méridionale le groupe §. 21, la syénite du Baraguan, le granite de transition de Santa-Barbara, les porhyres de Julumito, les grünstein, et le calcaire noir et carburé : il me reste quelques observations à faire sur des membres moins importans de ce groupe. Des sources de muriate de soude que l'on trouve entourées de syénites à une prodigieuse hauteur près de San-Miguel, à l'est de Tulua, dans la Cordillère du Baraguan, indiquent peut-être la liaison géognostique de quelque gypse de transition avec la syénite ou avec un calcaire noir analogue à celui des Serillos de Popayan. Mais dans ces contrées la hauteur seule n'est pas un motif pour exclure une formation gypseuse du domaine des terrains secondaires. J'ai vu sur le plateau de Santa-Fé de Bogota, à 1400 toises de hauteur, la masse de sel gemme de Zipaquira reposer sur un calcaire qui est décidément de formation secondaire. Il est plutòt probable que le gypse fibreux, mêlé d'argile, de Ticsan (Pueblo viejo dans le royaume de Quito, lat. 2° 13' austr.), placé vis-à-vis la fameuse montagne de soufre (§§. 11 et 16), loin de toute roche secondaire,

sur du micaschiste primitif, est un gypse de transition, analogue à ceux de Bedillac dans les Pyrénées et de Saint-Michel
près Modane en Savoie.

Les grünstein du groupe §. 21, qui paroissent couvrir les syénites du Baraguan et des porphyres analogues à ceux de Julumito, abondent, au nord de Popayan, au pied des Paramos
d'Iraca et de Chinche, surtout dans la vallée orientale du bassin
du Rio Cauca (Curato de Quina major et Quilichao). Dans ce
dernier endroit de riches lavages d'or s'opèrent entre des fragmens de grünstein (diabase de Brongniart, diorite de Haüy).
Cette roche n'est décidément pas une dolérite : c'est un grünstein de transition semblable à celui que l'on trouve intercalé
au thonschiefer chargé de carbone du Fichtelgebirge (§. 22) et
au micaschiste de Caracas (§. 11). Le grünstein de Quina major
devient quelquefois très-noir, très-homogène, sonore, fissile et
stratifié comme le schiste amphibolique des terrains primitifs
(hornblendschiefer). Il est rempli de pyrites, n'agit point sur
l'aimant, et prend à l'air une croûte jaunâtre, comme le basalte. Près de Quilichao (entre les villes de Cali et de Popayan)
il présente de grands cristaux d'amphibole disséminés dans la
masse, et des filons qui sont remplis de pyroxènes d'une couleur vert d'olive très-peu foncée. J'ai pris sur les lieux ces pyroxènes pour l'olivine lamelleuse de M. Freiesleben. Les cristaux ne se trouvent pas disséminés dans la masse, mais seulement tapissant des fentes : c'est comme des filons de dolérite
qui traversent le grünstein. Cette même roche, quoique dépourvue de filons, se montre, comme nous l'avons dit plus haut,
en boules aplaties au sud de Popayan et de l'Alto de los Robles,
dans la vallée de la Sequia (entre le Cerro Broncaso et le Rio
Guachicon); elle y recouvre les porphyres verts du Rio Smita.
La superposition du grünstein est ici plus manifeste que dans
le Curato de Quina major et dans les lavages d'or de Quilichao.
Comme les porphyres au nord de l'Alto de los Robles sont
en partie (Julumito) couverts de calcaire noir de transition,

et que ceux, au contraire, que l'on observe au sud de Los
Robles paroissent liés aux trachytes du Rio Gúachicon, cette
superposition uniforme de grünstein sur l'un et l'autre de ces
porphyres est un phénomène de gisement qui mérite beaucoup
d'attention. D'après les observations faites jusqu'ici dans les deux
continens, les trachytes et les basaltes se trouvent couverts de
dolérite (mélange intime de feldspath et de pyroxène), mais
non de grünstein (mélange intime de feldspath et d'amphibole).
Ne faut-il pas conclure de là, que tout ce qui est au-dessous
des grünstein en boules de la Sequia et de Quilichao, est un
porphyre de transition, et non un trachyte? Ne doit-on pas,
à cause de cette superposition uniforme du grünstein, séparer
les roches porphyroïdes du Rio Smita et du Cerro Broncaso,
des porhyres trachytiques et plus décidément pyrogènes de la
vallée de Guachicon, c'est-à-dire de ceux qui enchâssent des
fragmens de gneis? Il y a une certaine probabilité qu'une roche
recouverte de grünstein est plutôt une formation de transition
qu'une formation de trachyte : mais des terrains d'origine ignée
peuvent être d'un âge très-ancien. Pourquoi n'y auroit-il pas des
masses de trachytes et de dolérites intercalées aux roches de transition modernes?

De plus, et j'adresse cette question aux savans minéralogistes
qui se sont livrés plus spécialement à l'étude des caractères
oryctognostiques des roches, les grünstein sont-ils toujours minéralogiquement (par leur composition) aussi différens des
dolérites qu'ils en sont le plus souvent éloignés géognostiquement (par leur gisement)? Les cristaux qui se séparent du tissu
d'une pâte et qui deviennent visibles à l'œil nu, existent, à
n'en pas douter, mêlés à d'autres substances dans ce tissu même.
Comme les basaltes renferment souvent à la fois (Saxe, Bo-
heme, Rhonegebirge) de grands cristaux disséminés de pyroxène
et d'amphibole (basaltische hornblende), on ne sauroit douter
qu'outre le pyroxène, l'amphibole n'entre aussi dans la masse
de quelques basaltes. Pourquoi des mélanges analogues ne pour-

roient-ils avoir lieu dans les pâtes des dolérites et des grünstein,
dont on croit (pour me servir de la nomenclature mythologi-
que généralement reçue) les uns d'origine volcanique, les autres d'origine neptunienne? Le pyroxène en roche, qui, d'après
M. de Charpentier, se trouve en stratification parallèle dans le
calcaire primitif des Pyrénées, renferme de l'amphibole disséminé. On assure avoir reconnu des pyroxènes dans les grünstein qui forment de vraies couches au milieu des granites du
Fichtelgebirge en Franconie (S. 7). M. Beudant a vu des grünstein indubitablement pyroxéniques (par conséquent des dolérites) dans les porphyres et syénites de transition de Hongrie
(Tepla près de Schemnitz), comme dans le grès houiller
(secondaire) de Fünfkirchen. Les grünstein stratifiés et globulaires des environs de Popayan ne passent ni au mandelstein,
ni au porphyre syénitique. C'est une formation très-nettement
tranchée, et qui est accompagnée ici, comme presque partout
dans la Cordillère des Andes (où elle se tient assez éloignée de
la crête des volcans actifs), de masses énormes d'argile. Ces
masses rappellent plus encore les accumulations d'argile dans
les terrains basaltiques du Mittelgebirge en Bohème, que l'argile liée au gypse des grünstein (ophites de Palassou) dans les
Pyrénées et dans le département des Landes. Elles rendent le
passage des Cordillères, de Popayan à Quito, extrêmement pé-
nible pendant la saison des pluies.

Les analogies que nous avons indiquées entre quelques porphyres du groupe S. 21 et les trachytes ou autres roches volcaniques, se retrouvent dans le groupe mexicain S. 23 et même
dans les porphyres norwégiens du groupe S. 24 ; mais généralement (à l'exception des porphyres du Caucase) on ne les observe presque pas dans les porphyres subordonnés au thonschiefer
de transition et aux grauwackes S. 22. Il y a plus encore : au
milieu des porphyres secondaires du grès rouge, les mandelstein et d'autres couches intercalées (Allemagne, Écosse, Hongrie) prennent aussi quelquefois l'aspect des roches pyroxènes.

D'après ces divers rapports de gisement et de composition, je
pense qu'on n'est point en droit, dans l'état actuel de nos connoissances, de nier entièrement l'existence des porphyres de
transition dans les Cordillères de l'Amérique méridionale, et
de regarder toutes les roches de syénites, de porphyres et de
grünstein, que je viens de décrire, comme des trachytes. Les
porphyres des groupes §§. 21 et 23 sont caractérisés dans l'Amérique méridionale et au Mexique par leur tendance constante
à une stratification régulière; tendance très-rarement observée
en Europe, sur une grande étendue de terrain, dans les groupes
§§. 22 et 24. La régularité de stratification est cependant beaucoup plus grande dans les porphyres mexicains postérieurs au
thonschiefer de transition, que dans les porphyres des Andes de
Popayan, de Pasto et du Pérou, qui réposent immédiatement
sur les roches primitives. Cette dernière formation (§. 21) ne
m'a pas offert une seule couche subordonnée de syénite, de
grünstein, de calcaire et de mandelstein, comme on en trouve
dans les groupes §§. 22 et 23.

Dans la Nouvelle-Espagne, entre Acapulco et Tehuilotepec,
j'ai vu des porphyres de transition, qui ne sont pas métallifères,
reposer immédiatement sur du granite primitif (Alto de los
Caxones, Acaguisotla, et plusieurs points entre Sopilote et
Sumpango); mais, comme plus au nord (près de Guanaxuato)
des porphyres métallifères d'une composition semblable couvrent un thonschiefer de transition, il reste incertain, malgré
la différence de gisement, si les uns et les autres n'appartiennent pas à un même terrain et à un terrain plus récent que
le groupe §. 21. Un terme δ de la série géognostique peut suivre,
immédiatement à β, là où γ ne s'est pas développé. C'est ainsi
que le calcaire du Jura repose près de Laufenbourg immédiate-
tement sur du gneis, parce que les termes intermédiaires de la
série des formations, les roches situées ailleurs (par exemple
dans la vallée du Necker) entre le calcaire du Jura et le terrain
primitif, s'y trouvent supprimes. Dans les Isles Britanniques,

d'après les observations du savant professeur Buckland et d'après celles de MM. de Buch et Boué, la formation de syénite, grünstein et porphyre de transition (Ben Nevis, Crampians) repose aussi immédiatement sur des roches primitives (micaschiste et urthonschiefer). Elle paroît par conséquent appartenir au premier groupe de porphyres dont je viens de tracer l'histoire (S. 21). Les porphyres du nord de l'Angleterre et ceux de l'Écosse sont recouverts tantôt de grauwacke, tantôt de la formation houillère; ils offrent une base feldspathique, et se trouvent souvent dépourvus de quarz, comme les porphyres de l'Amérique équinoxiale. On y a observé des grenats : ce phénomène se retrouve dans les porphyres de transition de Zimapan (Mexique), et dans ceux qui couronnent la fameuse montagne du Potosi et qui appartiennent probablement aussi au groupe S. 23. Si le mandelstein d'Ilefeld fait partie, comme le croit M. de Raumer, du terrain de grès rouge, les porphyres grenatifères du Netzberg (au Harz) sont probablement de formation secondaire. En Hongrie, les grenats se rencontrent à la fois et dans les porphyres ou grünstein porphyriques du groupe S. 23, et dans les conglomérats du terrain trachytique. Il en résulte que les grenats pénètrent depuis les roches primitives (gneis, weisstein, serpentine), par les porphyres de transition, jusque dans les trachytes et basaltes volcaniques, et que, dans les zones les plus éloignées les unes des autres, certains porphyres offrent des rapports très-multipliés avec les trachytes. J'ignore si la syénite titanifère de Keilendorf en Silésie, qui repose immédiatement sur le gneis et qui passe à un granite de transition à petits grains dépourvu d'amphibole, appartient à l'ancienne formation du groupe S. 21, ou si c'est un lambeau de la formation S. 23, placé accidentellement sur des roches primitives. Rien n'est plus difficile que de reconnoître avec certitude s'il y a eu suppression de quelques membres intermédiaires de la série des roches, ou si le contact immédiat que l'on observe, est celui que l'on trouveroit partout ailleurs sur le globe en comparant l'âge relatif ou le gisement des mêmes terrains.

III. Thonschiefer de transition renfermant des grauwackes, des grünstein, des calcaires noirs, des syénites et des porphyres.

§. 22. C'est la grande formation de thonschiefer qui traverse les Pyrénées occidentales, les Alpes de la Suisse entre Ilantz et Glaris, et le Nord de l'Allemagne depuis le Harz jusqu'en Belgique et aux Ardennes, et dans laquelle dominent le grauwacke et les calcaires; ce sont les thonschiefer et gneis de transition du Cotentin, de la Bretagne et du Caucase; ce sont les roches schisteuses placées en Norwége au-dessous des porphyres et syénites zirconiennes, c'est-à-dire, entre ces porphyres et les roches primitives; ce sont les thonschiefer verts, avec calcaires noirs, serpentine et grünstein, de Malpasso dans la Cordillère de Venezuela, et les thonschiefer avec syénites de Guanaxuato au Mexique. Nous avons exposé plus haut le gisement de ces roches dans les différens pays que nous venons de nommer : il s'agit à présent de les considérer dans leur ensemble, et de séparer les résultats de la géognosie des notions purement locales qu'offre la géographie minéralogique. Le groupe §. 22 repose, comme les deux groupes précédens, immédiatement sur le terrain primitif: il se distingue du premier (§. 20) par l'absence presque totale des calcaires grenus stéatiteux; du second (§. 21), par la fréquence des thonschiefer et des grauwackes. Les formations suivantes, intimement liées entre elles, appartiennent à ce groupe (§. 22), qui est un des mieux connus et des plus anciennement étudiés :

Thonschiefer, avec des couches de quarz compacte, de grauwacke, de calcaire noir, de lydienne, d'ampélite carburée, de porphyre, de grünstein, de granite à petits grains, de syénite et de serpentine;

Grauwacke (et grès quarzeux);

Calcaire noir.

Ces roches, ou sont isolées, ou alternent les unes avec les autres, ou forment des couches subordonnées.

J'ai discuté plus haut (§. 15) les caractères qui distinguent assez généralement le thonschiefer primitif du thonschiefer de transition : j'ai fait observer que les caractères tirés de la composition minéralogique des roches n'ont pas la valeur absolue qu'on a voulu quelquefois leur assigner ; et que, pour les employer avec succès, il faut avoir recours en même temps au gisement, à l'intercalation ou à l'absence de couches fragmentaires (grauwackes, conglomérats), et aux débris de corps organisés, qui manquent totalement aux terrains primitifs et que l'on commence à trouver dans les terrains de transition. Les thonschiefer de ce dernier terrain se distinguent par leur *variabilité*, par une tendance continuelle à changer de composition et d'aspect ; par le nombre des bancs intercalés ; par des passages fréquens, tantôt brusques, tantôt insensibles et lents, à l'ampélite, au kieselschiefer, au grünstein, ou à des roches porphyroïdes et syénitiques. Sans doute que ces changemens, ces effets d'un développement intérieur, se font aussi remarquer dans quelques roches primitives. M. de Charpentier observe que les granites-gneis des Pyrénées, qui renferment presque toujours un peu d'amphibole disséminé dans la masse, sans être pour cela des syénites, et que l'on croit primitifs sans être des plus anciens, présentent un grand nombre de couches étrangères, par exemple, des couches de micaschiste, de grünstein et de calcaire grenu. Dans cette même chaîne de montagnes, le micaschiste primitif contient de la chiastolithe disséminée, substance généralement plus commune dans le thonschiefer de transition. Les Alpes de la Suisse, surtout le passage du Splügen, si bien décrit par M. de Buch, offrent un micaschiste du terrain primitif qui passe insensiblement à un porphyre dont la pâte de feldspath compacte enchâsse des cristaux de feldspath lamelleux et de quarz. Cependant, en général, ces changemens sont moins fréquens parmi les formations primitives que parmi les formations de transition.

Quelque intime que soit la liaison que l'on observe entre les roches qui constituent un même groupe, ou entre les différens groupes de tout le terrain intermédiaire, on reconnoît pourtant, sur différens points du globe, un certain degré d'indépendance, non-seulement entre les six groupes ou termes de la série des roches de transition (par exemple, entre les thonschiefer avec grauwacke et les porphyres et syénites), mais aussi entre les membres partiels de chaque groupe ou association de roches intermédiaires. Il en résulte que, pour bien saisir les traits qui caractérisent la constitution géologique d'un pays, il faut étudier ces rapports isolément (par exemple, ceux des grauwackes, des thonschiefer et des calcaires que renferme le groupe S. 22), et fixer pour les divers terrains ou membres partiels d'une même association les degrés de dépendance ou d'indépendance qu'ils conservent entre eux. Nous les voyons ou alterner périodiquement, ou s'envelopper et se réduire les uns les autres (par un accroissement inégal de volume) à l'état de simples couches subordonnées, ou enfin se couvrir mutuellement comme feroient des roches primitives de différente formation.

Il arrive en effet que les termes partiels d'un même groupe, α, β, γ, se succèdent quelquefois avec une certaine régularité en série périodique, α. β. γ. α. β. γ. α.... D'autres fois α prend un si grand développement que β et γ s'y trouvent renfermés comme de simples couches; d'autres fois encore α, β, γ sont simplement superposés les uns aux autres sans retour périodique. Ce dernier cas n'exclut point la possibilité que β, avant de succéder à α, n'y paroisse d'abord comme une couche subordonnée. Il arrive dans un même groupe tout ce que l'on observe dans des termes non complexes de la série des terrains primitifs. On peut dire, comme nous l'avons fait observer plus haut, qu'une formation de calcaire noir, qui constitue de grandes masses de montagnes et qui est superposée à des masses également considérables de thonschiefer de transition, prélude par des couches de calcaire noir intercalées au thonschiefer. Lorsque β et γ forment des couches intercalées dans α, ces couches peuvent être si fréquemment répétées, qu'elles prennent, sur de grandes étendues de terrain, l'aspect de roches alternantes. C'est ainsi que le thonschiefer intermédiaire, qui d'abord enveloppoit le grauwacke et le calcaire noir, et puis alternoit avec eux (gorge d'Aston dans les Pyrénées, Maxen en Saxe), finit par recouvrir, et avec un grand accroissement de masse, ces roches alternantes ou ces couches fréquemment intercalées. Il en est d'ailleurs de la régularité du type dans les formations partielles de chaque groupe comme de la direction des strates ou de l'angle que font ces strates avec le méridien. Au premier abord tout paroît confus et contradictoire ; mais, dès que l'on examine avec soin une grande étendue de pays, on finit toujours par reconnoître certaines lois de gisement ou de stratification. Si le type que l'on découvre dans la suite des formations partielles, paroît varier selon les lieux, c'est que le développement de ces petites formations n'a pas été partout le même. Quelquefois (Caucase) le porphyre, le calcaire, la syénite et le granite de transition, se sont développés à la fois au sein des thonschiefer de transition ; d'autres fois on n'y trouve ni le porphyre (Cotentin, Alpes de la Suisse), ni le grauwacke (chaîne du littoral de Venezuela), ni le granite et la syénite de transition (Pyrénées). L'association du thonschiefer de transition et du calcaire noir compacte est presque aussi constante que celle du calcaire blanc et grenu avec le micaschiste dans le terrain primitif. On trouve cependant aussi des calcaires de transition qui, n'étant associés ni au thonschiefer ni au grauwacke, paroissent remplacer géognostiquement le thonschiefer ; mais je ne connois pas un seul point des deux continens où l'on ait vu, sur une étendue un peu considérable, des thonschiefer de transition qui ne fussent pas liés au calcaire.

Nous venons de voir que dans quelques parties du globe (Caucase et presqu'île du Cotentin) le thonschiefer intermédiaire *enveloppe* ou les porphyres ou les syénites et les granites ; dans d'autres parties (Norwége et Saxe, entre Friedrichswalde . Maxen et Dohna), ces trois roches se trouvent, après avoir *préludé* comme couches subordonnées au thonschiefer, superposées à celui-ci, soit isolément et formant des masses considérables, soit alternant entre elles. C'est seulement dans ces cas d'isolement ou d'alternance qu'un *terrain indépendant de porphyre* (Mexique), ou un *terrain indépendant de porphyre et syénite* (Norwége), semble surmonter le terrain des thonschiefer intermédiaires. Ce même isolement (sinon cette même indépendance) s'observe quelquefois dans les calcaires de transition et, quoiqu'à un degré moins prononcé, dans les grauwackes.

La syénite et le granite sont liés dans le terrain de transition plutôt aux porphyres qu'au micaschiste et au gneis : dans ce même terrain on trouve des syénites sans granite; mais il est beaucoup plus rare de trouver des syénites et des granites sans porphyre. Lorsque les membres partiels d'un groupe, α, β, γ, alternent en série périodique, et que par conséquent ils ne sont ni intercalés les uns aux autres comme couches subordonnées, ni superposés comme des couches ou formations distinctes, il est difficile de déterminer si β et γ sont d'une formation plus récente que α : cependant, même dans le cas d'une origine que l'on appelle contemporaine, l'examen attentif des terrains fait reconnoître de certaines *prépondérances* de formation. Généralement le grauwacke et le thonschiefer de transition sont plus anciens que les calcaires noirs, ou, pour m'appuyer d'une observation très-juste de M. de Charpentier, « généralement on « observe que, malgré l'alternance dans la partie du terrain « intermédiaire qui est la plus rapprochée du terrain primitif, « c'est le grauwacke et le thonschiefer qui dominent en grandes « masses, et le calcaire leur est subordonné; tandis que, dans « la partie plus moderne du terrain de transition, c'est au contraire le calcaire qui est la roche prépondérante, et le thonschiefer est seulement intercalé au calcaire en couches plus ou « moins épaisses. »

Après avoir exposé les rapports d'âge et de gisement des roches qui constituent un même groupe, nous allons caractériser plus spécialement chacune des formations partielles.

Thonschiefer, bleu noirâtre et carburé, ou verdâtre, onctueux et soyeux; tantôt terreux ou à feuillets très-épais, tantôt fissile et parfaitement feuilleté. Dans ses couches très-anciennes, qui passent au micaschiste de transition, il est ondulé et n'offre que de grandes lames de mica fortement adhérentes. Dans les couches plus neuves, près du contact avec le grauwacke, il renferme de petites paillettes isolées de mica, souvent aussi de la chiastolite, de l'épidote et des filets de quarz. Le thonschiefer de transition, caractérisé par son extrême *variabilité*, c'est-à-dire par sa tendance continuelle à changer de composition et d'aspect, contient un grand nombre de couches, dont quelques-unes, par leur répétition fréquente, semblent former des roches alternantes avec lui. Les effets les plus habituels de ce développement intérieur sont les bancs intercalés de *grauwacke* et de grauwacke schisteux; de *calcaire* généralement compacte et noir, ou gris-noirâtre, quelquefois rougeâtre (Braunsdorf), et même grenu et blanc (Miltitz en Saxe), comme dans le groupe §. 20; de *grünstein;* de *porphyre* (Caucase; Saxe, près Friedrichwalde et Seidwitzgrund); de *schiste alumineux*, ou ampélite fortement carburée; de *quarz compacte* (quarzite; quarzfels de Hausmann), quelquefois avec de petits cristaux de feldspath (Kemielf en Finlande); de *lydienne* et kieselschiefer. Ces deux dernières substances siliceuses se trouvent à la fois dans le thonschiefer, le grauwacke, le calcaire, et sous la forme de jaspe dans le porphyre : elles attestent par leur présence l'affinité géognostique qui unit ces diverses roches de transition. Le thonschiefer (§. 22) renferme, moins habituellement : des bancs intercalés de *gneis* (Lockwitzgrund et Neutanneberg); de *micaschiste* et *granite* (Krotte en Saxe; Fürstenstein en Silésie; Honfleur en Normandie; Monthermé dans les Ardennes); de *granite* et *syénite* (Caucase, Cotentin, Calixelf en Norwége); d'*argile schisteuse graphique* (schwarze kreide : vallée de Castillon dans les Pyrénées; Ludwigstadt en Franconie); de *schiste noçacu-*

laire (wetzschiefer); de *serpentine* (Bochetta près de Gênes ; Lo-
vezara et deux autres points, plus au nord, vers Voltaggio:
voyez §. 19); de *feldspath compacte* (vallée d'Arran dans les Pyrénées, Poullaouen en Bretagne), tantôt pur, noirâtre, gris-verdâtre
ou vert d'olive, tantôt (Pyrénées, Harz, et partie orientale de
la Haute-Egypte), mêlé de cristaux disséminés de feldspath lamelleux, d'amphibole, de schörl et de quarz. Lorsque le feldspath compacte est simplement mêlé d'amphibole, il forme le
grünsteinschiefer de Werner, qui alterne avec le thonschiefer de
transition (Ulleaborg en Suède) et se retrouve dans les terrains
primitifs. Quoique, comme j'ai tâché de le prouver dans mon
Mémoire sur le βασανίτης et λίθος Ἡρακλεία, publié en 1790,
la majeure parties des basaltes des anciens soit due à des roches
syénitiques de transition, ou à des bancs de grünstein intercalés
à des roches primitives, l'examen des statues égyptiennes conservées à Rome, à Naples, à Londres et à Paris, m'a cependant
fait naître l'idée que beaucoup de *basaltes noirs et verts* de nos
antiquaires ne sont que des masses de feldspath compacte tirées
de terrains intermédiaires, et colorées soit en noir soit en vert
par de l'amphibole, par de la chlorite, par du carbone ou des
oxides métalliques. Il n'y a que l'analyse chimique de ces masses
anciennes non mélangées qui pourra résoudre cette question d'ar-
chéologie minéralogique. M. Beudant a vu, dans le terrain de
transition de la Hongrie, des grünstein porphyroïdes se trans-
former en une pâte verte ou noire d'apparence homogène. Cette
pâte n'étoit plus qu'un feldspath compacte coloré par l'amphibole.

Nous avons déjà fait observer plus haut que le thonschiefer
de transition forme de beaucoup plus grandes masses dans le
monde que le thonschiefer primitif. Ce dernier est généralement
subordonné au micaschiste; comme formation indépendante il
est aussi rare dans les Pyrénées et les Alpes que dans les Cordillères. Je n'ai même vu dans l'Amérique méridionale, entre
les parallèles de 10° nord et 7° sud, de thonschiefer de transition

que sur la bande australe de la chaîne du littoral de Venezuela,
à l'entrée des *Llanos* de Calabozo. Ce bassin des *Llanos*, fond
d'un ancien lac couvert de formations secondaires (grès rouge,
zechstein et gypse argileux), est bordé par une bande de terrain intermédiaire de thonschiefer, de calcaire noir et d'euphotide, liée à des grünstein de transition. Sur les gneis et micaschistes, qui ne constituent qu'une seule formation entre les
vallées d'Aragua et la Villa de Cura, reposent en gisement concordant, dans les ravins de Malpasso et de Piedras azules, des
thonschiefer (direction N. 52° E.; inclin. 70° vers le NO.), dont
les couches inférieures sont vertes, stéatiteuses et mêlées d'amphibole; les supérieures d'une couleur gris-perlée et bleu-noirâtre. Ces thonschiefer renferment (comme ceux de Steben en
Franconie, du duché de Nassau et de la Peschels-Mühle en Saxe)
des couches de grünstein, tantôt en masse, tantôt divisé en boule.

Dans la Nouvelle-Espagne, le fameux filon de Guanaxuato,
qui, de 1786 à 1803, a produit, année commune, 556,000
marcs d'argent, traverse aussi un thonschiefer de transition.
Cette roche, dans ses strates inférieurs, passe, dans la mine de
Valenciana (à neuf cent trente-deux toises de hauteur au-dessus
du niveau de la mer), au schiste talqueux, et je l'ai décrite, dans
mon *Essai politique*, comme placée sur la limite des terrains
primitifs et intermédiaires. Un examen plus approfondi des
rapports de gisement que j'avais notés sur les lieux, la comparaison des bancs de syénite et de serpentine que l'on a percés
en creusant le *tiro general*, avec les bancs qui sont intercalés
dans les terrains de transition de Saxe, de la Bochetta de Gênes
et du Cotentin, me donnent aujourd'hui la certitude que le
thonschiefer de Guanaxuato appartient aux plus anciennes formations intermédiaires. Nous ignorons si sa stratification est
parallèle et *concordante* avec celle des granites-gneis de Zacatecas
et du Peñon blanco, qui probablement le supportent; car le
contact de ces formations n'a point été observé; mais sur le
grand plateau du Mexique presque toutes les roches porphyri-

ques suivent la direction générale de la chaine des montagnes
(N. 40° — 50° O). Cette *concordance parfaite* (Gleichförmigkeit
der Lagerung) s'observe entre le gneis primitif et les thonschiefer de transition de la Saxe (Friedrichswalde ; vallée de la
Müglitz, Seidewitz et Lockwitz) : elle prouve que la formation
du terrain intermédiaire a succédé immédiatement à la formation
des dernières couches du terrain primitif. Dans les Pyrénées,
comme l'observe M. de Charpentier, le premier de ces deux
terrains se trouve en gisement différent (non parallèle), quelquefois en gisement *transgressif* (übergreifende Lagerung) avec
le second. Je rappellerai à cette occasion que le parallélisme
entre la stratification de deux formations consécutives, ou l'absence de ce parallélisme, ne décide pas seul la question de savoir
si les deux formations doivent être réunies ou non réunies dans
un même terrain primitif ou secondaire : c'est plutôt l'ensemble
de tous les rapports géognostiques qui décide le problème. Le
thonschiefer de Guanaxuato est très-régulièrement stratifié
(direct. N. 46° O. ; incl. 45° au SO.), et la forme des vallées
n'a aucune influence sur la direction et l'inclinaison des strates.
On y distingue trois variétés, qu'on pourroit désigner comme
trois époques de formation : un thonschiefer argenté et stéatiteux passant au schiste talqueux (talkschiefer); un thonschiefer
verdâtre, à éclat soyeux, ressemblant au schiste chlorité ; enfin,
un thonschiefer noir, à feuillets très-minces, surchargé de carbone, tachant les doigts comme l'ampélite et le schiste marneux du zechstein, mais ne faisant point effervescence avec les
acides. L'ordre dans lequel j'ai nommé ces variétés, est celui
dans lequel je les ai observées de bas en haut dans la mine
de Valenciana, qui a 263 toises de profondeur perpendiculaire ;
mais, dans les mines de Mellado, d'Animas et de Rayas, le
thonschiefer surcarburé (*hoja de libro*) se trouve sous la variété
verte et stéatiteuse, et il est probable que des strates qui passent au schiste talqueux, à la chlorite et à l'ampélite, alternent
plusieurs fois les uns avec les autres.

L'épaisseur de cette formation de thonschiefer de transition, que j'ai retrouvée à la montagne de Santa-Rosa près de Los Joares, où les Indiens ramassent de la glace dans de petits bassins creusés à mains d'hommes, est de plus de 3000 pieds. Elle renferme, en couches subordonnées, non-seulement de la syénite (comme les thonschiefer de transition du Cotentin), mais aussi, ce qui est très-remarquable, de la serpentine et un schiste amphibolique qui n'est pas du grünstein. On a trouvé, en creusant en plein roc, dans le toit du filon, le grand *puits de tirage de Valenciana* (puits qui a coûté près de sept millions de francs), de haut en bas, sur quatre-vingt-quatorze toises de profondeur, les strates suivans : conglomérat ancien, représentant le grès rouge; thonschiefer de transition noir, fortement carburé, à feuillets très-minces; thonschiefer gris-bleuâtre, magnésifère, talqueux; schiste amphibolique, noir-verdâtre, un peu mêlé de quarz et et de pyrites, dépourvu de feldspath, ne passant pas au grünstein, et entièrement semblable au schiste amphibolique (hornblendschiefer) qui forme des couches dans le gneis et le micaschiste primitifs (§§. 5 et 11), serpentine vert de prase passant au vert d'olive, à cassure inégale et à grain fin, intérieurement matte, mais éclatante sur les fissures, remplie de pyrites, dépourvue de grenats et de diallage métalloïde (schillerspath), mélangée de talc et de stéatite; schiste amphibolique; syénite, ou mélange grenu de beaucoup d'amphibole vert-noirâtre, beaucoup de quarz jaunâtre et peu de feldspath lamelleux et blanc. Cette syénite se fend en strates très-minces; le quarz et le feldspath y sont si irrégulièrement répartis, qu'ils forment quelquefois de petits filons au milieu d'une pâte amphibolique. De ces huits couches intercalées, dont la direction et l'inclinaison sont exactement parallèles à celles de la roche entière, la syénite forme la couche la plus puissante. Elle a plus de 30 toises d'épaisseur; et comme dans les travaux les plus profonds de la mine (planes de San-Bernardo) j'ai vu, à 170 toises au-dessous de la couche de syénite, reparoître un thonschiefer carburé, identique avec celui à travers lequel on a commencé à creuser le nouveau puits, il ne peut rester douteux que l'amphibole schisteuse alternant deux fois avec la serpentine, et que la serpentine alternant probablement avec la syénite, ne forment des bancs subordonnés à la grande masse de thonschiefer de Guanaxuato. La liaison que nous venons de signaler entre deux roches amphiboliques et la serpentine, se retrouve sur d'autres points du globe, dans des formations d'euphotide de différens âges : par exemple, au Heideberg près Zelle en Franconie (§. 19); à Kielwig, à l'extrémité boréale de la Norwége; à Portsoy en Écosse, et à l'île de Cuba, entre Regla et Guanavacoa.

Je n'ai rencontré ni des débris de corps organiques, ni des couches de porphyres, de grauwacke et de lydienne, dans le thonschiefer de transition de Guanaxuato, qui est la roche la plus riche en minérai d'argent qu'on ait trouvée jusqu'ici : mais ce thonschiefer est recouvert en gisement concordant, dans quelques endroits, de porphyres de transition très-régulièrement stratifiés (los Alamos de la Sierra); en d'autres endroits, de grünstein et de syénites alternant des milliers de fois les uns avec les autres (entre l'Esperanza et Comangillas); en d'autres encore, ou d'un conglomérat calcaire et d'une roche calcaire de transition gris-bleuâtre, un peu argileuse et à petits grains (ravin d'Acabuca) ou de grès rouge (Marfil). Ces rapports du thonschiefer de Guanaxuato avec les roches qu'il supporte, et dont quelques-unes (les syénites) *préludent* comme bancs subordonnés, suffisent pour le placer parmi les formations de transition; ils justifieront surtout ce résultat aux yeux des géognostes qui connoissent les observations publiées récemment sur les terrains intermédiaires de l'Europe. Quant à la pierre lydienne, il ne peut y avoir aucun doute que le thonschiefer de Guanaxuato ne la renferme sur quelques points non encore explorés; car j'ai trouvé cette substance fréquemment enchâssée en gros fragmers dans le conglomérat ancien (grès rouge) qui recouvre le

thonschiefer entre Valenciana, Marfil et Cuevas. A dix lieues
au sud de Cuevas, entre Queretaro et la Cuesta de la Noria,
au milieu du plateau mexicain, on voit sortir, sous le porphyre, un thonschiefer (de transition) gris-noirâtre, peu fissile,
et passant à la fois au schiste siliceux (jaspe schistoïde, kieselschiefer) et à la lydienne. Tout près de la Noria beaucoup de
fragmens de lydienne se trouvent épars dans les champs. Les
roches à filons argentifères de Zacatecas et une petite partie des
filons de Catorce traversent aussi, d'après le rapport de deux
minéralogistes instruits, MM. Sonneschmidt et Valencia, un
thonschiefer de transition qui renferme de véritables couches
de pierre lydienne et qui paroît reposer sur des syénites. Cette
superposition prouveroit, d'après ce qui a été rapporté sur les
couches percées dans le grand puits de Valenciana, que les
thonschiefer mexicains constituent (comme au Caucase et dans
le Cotentin) une seule formation avec les syénites et les euphotides de transition, et que peut-être ils alternent avec elles.

Grauwacke. Ce nom bizarre, usité parmi les géognostes allemands et anglois, a été conservé, comme celui de thonschiefer,
pour éviter une confusion de nomenclature si nuisible à la
science des formations. Il désigne, lorsqu'on le prend dans un
sens plus général, tout conglomérat, tout grès, tout poudingue, toute roche fragmentaire ou arénacée du terrain de transition, c'est-à-dire, antérieure au grès rouge et au terrain houiller.
Le *vieux grès rouge* (old red sandstone du Herefordshire) de
M. Buckland, placé sous le calcaire de transition (mountain
limestone) de Derbyshire, est un grès du terrain intermédiaire,
comme cet excellent géognoste l'a très-bien indiqué lui-même
dans son Mémoire sur la structure des Alpes. Le *nouveau conglomérat rouge* (new red conglomerate d'Exeter) est le grès
rouge des minéralogistes françois, ou *todte liegende* des minéralogistes allemands; c'est le premier grès du terrain secondaire;
c'est-à-dire le grès du terrain houiller, qui est intimement lié
au porphyre secondaire, appelé pour cela porphyre de grès rouge.

Lorsqu'on prend le mot *grauwacke* (traumates de M. d'Aubuisson, psammites anciens et mimophyres quarzeux de M. Brongniart) dans un sens plus étroit, on l'applique à des roches arénacées du terrain de transition, qui ne renferment que de petits fragmens plus ou moins arrondis de substances simples, par exemple, de quarz, de lydienne, de feldspath et de thonschiefer, non de fragmens de roches composées. On exclut alors des grauwackes, et l'on décrit sous le nom de *brèche* ou *conglomérats a gros fragmens primitifs* (S. 20), les diverses agglutinations de morceaux de granite, de gneis et de syénite : on sépare également les *poudingues calcaires* dans lesquels des fragmens arrondis de chaux carbonatée sont cimentés par une pâte de même nature. Toutes ces distinctions (si l'on en excepte certaines brèches calcaires dans lesquelles le contenu et le contenant pourroient bien être quelquefois d'une origine contemporaine) ne sont pas d'une grande importance pour l'étude des formations. Le grauwacke grossier (grosskörnige grauwacke) passe peu à peu au conglomérat à gros fragmens; il alterne dans une même contrée, non-seulement avec des couches de grauwacke à petits grains, mais aussi avec d'autres dont la pâte est presque homogène. Les poudingues et brèches à gros fragmens de roches primitives et composées (urfels-conglomérate de la Valorsine en Savoie, et de Salvan dans le Bas-Valais) sont de véritables grauwackes ; ce sont les couches les plus anciennes de cette formation, couches dans lesquelles les fragmens à contours distincts ne sont pas fondus dans la masse, et dont le ciment schisteux à feuillets courbes et ondulés ressemble au micaschiste, tandis que le ciment des grauwackes plus récens du Harz, du duché de Nassau et du Mexique, ressemble au thonschiefer. En général, les conglomérats ou grauwackes du groupe S. 20 offrent des fragmens de roches préexistantes d'un volume plus considérable et plus inégal que les grauwackes du groupe S. 22.

Lorsqu'on compare ceux-ci au calcaire de transition, on les

trouve le plus souvent d'une origine antérieure; quelquefois ils remplacent même le thonschiefer de transition. L'antériorité du grauwacke, au calcaire, se manifeste dans les Pyrénées et en Hongrie. Il paroît que dans ce dernier pays le thonschiefer intermédiaire n'a pu prendre un grand développement; car, loin d'y être une formation indépendante qui renferme le grauwacke, c'est au contraire le grauwacke schisteux (grauwacken-schiefer), à paillettes de mica agglutinées, qui y prend tous les caractères d'un vrai schiste de transition. En Angleterre aussi, la grande masse isolée des montagnes calcaires (comtés de Derby, de Glocester et de Sommerset) est d'un âge plus récent que la grande masse de grauwackes qui alternent avec quelques strates calcaires; mais, lorsqu'on examine en détail les points où les différens membres du groupe S. 22 ont pris un développement extraordinaire, on reconnoît deux grandes formations calcaires (transition-limestone de Longhope, et mountain-limestone du Derbyshire et de South-Wales.), alternant avec deux formations de grauwacke (greywacke de May-Hill et old red sandstone de Mitchel-Dean en Herefordshire). Cet ordre de gisement, cette bisection des masses calcaires et arénacées se trouve répétée sur plusieurs points du globe. M. Beudant a reconnu, en Hongrie, le *vieux grès rouge* de l'Angleterre dans le grès quarzeux de transition de Neusohl, qui surmonte des grauwackes à gros grains après y avoir été intercalé : il croit reconnoître le mountain-limestone, placé entre le *vieux grès rouge* et le terrain houillier d'Angleterre, dans le calcaire intermédiaire du groupe de Tatra. Si l'Oldenhorn et les Diablerets, comme il est très-probable, appartiennent au terrain de transition, il y a aussi en Suisse, au-dessus et au-dessous du grauwacke de la Dent de Chamossaire, deux grandes formations de calcaires noirs, que M. de Buch, depuis long-temps, a distingué sous les noms de premier et second calcaire de transition. En Norwége (Christianiafiord) le grauwacke est décidément plus nouveau que le thonschiefer intermédiaire et le calcaire à orthocératites.

Dans le centre de l'Europe, le grauwacke à très-petits grains offre quelquefois des fragmens de cristaux de feldspath lamelleux qui lui donnent un aspect porphyroïde (Pont Pellissier près Servoz; Elm, dans le passage du Splügen; Neusohl, en Hongrie); mais il ne faut pas confondre ces variétés d'une roche arénacée avec des bancs de porphyre intercalés. Nous verrons bientôt que, dans les deux continens, ces cristaux brisés de feldspath se retrouvent dans le grès rouge, et dans un conglomérat feldspathique beaucoup plus récent. Dans l'hémisphère austral, le grauwacke forme, d'après M. d'Eschwege, la pente orientale des montagnes du Brésil. Aux États-Unis j'ai trouvé cette même roche (chaîne des Alleghanys) renfermant des bancs de lydienne et de calcaires noirs, entièrement semblables à ceux du terrain de transition du Harz. M. Maclure a, le premier, déterminé les véritables limites des grauwackes depuis la Caro-line jusqu'au lac Champlain. Dans le Nord de l'Angleterre (Cumberland, Westmoreland) cette roche offre des couches de porphyres grenatifères.

Calcaire de transition. Cette roche commence, ou par former des couches dans le grauwacke et le thonschiefer intermédiaires; ou par alterner avec eux : plus tard, le thonschiefer et le grauwacke schisteux disparoissent, et le calcaire superposé devient une *formation simple*, que l'on seroit tenté de croire indépendante, quoiquelle appartienne toujours au groupe §. 22. Lorsqu'il y a alternance de schiste et de calcaire, cette alternance a lieu, ou par couches épaisses (cime de la Bochetta près de Gênes, et chemin entre Novi et Gavi), comme dans les *formations composées* de granite et gneis, de grauwacke et grauwacke schisteux, de syénite et grünstein, de thonschiefer et porphyre; ou·bien l'alternance s'étend aux feuillets les plus minces des roches (calschistes), de sorte que chaque lame de schiste est soudée sur une lame calcaire (vallée de Campan et d'Oueil, dans les Pyrénées; montagnes de Poinik en Hongrie).

De même que dans les Pyrénées on trouve intercalés au granite-gneis et au micaschiste primitifs des calcaires que par leur seul aspect on croiroit intermédiaires, savoir, des calcaires noir-grisâtre (Col de la Trappe) colorés par du graphite, qui est la plus ancienne des substances carburées, des calcaires fétides répandant l'odeur de l'hydrogène sulfuré, et des calcaires compactes remplis de chiastolithes : de même aussi les terrains de transition du groupe S. 22 présentent quelques exemples de calcaires blancs et grenus (Miltitz, en Saxe; vallées d'Ossan et de Soubie, dans les Pyrénées). En général, cependant, si l'on en excepte le groupe S. 20 (celui dont la Tarantaise offre le type), les calcaires de formation intermédiaire sont ou compactes, ou passent au grenu à très-petits grains. Leurs teintes sont plus obscures (gris cendré, gris noir) que celles des calcaires primitifs. Le plus grand nombre des belles variétés de marbres rouges (vallée de Luchon des Pyrénées), verts et jaunes, célèbres parmi les antiquaires sous les noms de *marbre africain fleuri, noir de Lucullus, jaune et rouge antique, pavonazzo* et *brèche dorée*, me semblent appartenir à des calcaires et conglomérats calcaires de transition. Nous avons vu plus haut que la chiastolithe du thonschiefer de transition se montre par exception dans le thonschiefer primitif : c'est d'une manière analogue que la trémolithe, si commune dans la dolomie et le calcaire blanc primitif, se trouve par exception (entre Gielle-beck et Drammen en Norwége) dans le calcaire noir de transition. Certaines espèces minérales appartiennent sans doute plus à tel âge qu'à tout autre ; mais leurs rapports avec les formations ne sont pas assez exclusifs pour en faire des caractères diagnostiques dans une science dans laquelle le gisement seul peut décider d'une manière absolue. Souvent des circonstances locales ont singulièrement influé sur les liaisons que l'on observe entre les espèces minérales et les terrains. Dans les Pyrénées et surtout dans l'Amérique méridionale, les grenats disséminés sont propres au gneis, tandis que partout ailleurs ils semblent plutôt appartenir au micaschiste.

Les calcaires de transition, là où ils forment de grandes masses isolées, abondent en silice; et tantôt (chaîne des Pyrénées) cette silice se trouve réunie en cristaux de quarz; tantôt (chaîne des Alpes) elle est mêlée à la masse entière, comme un sable très-fin. Dans la première de ces chaînes le calcaire intermédiaire renferme, comme le calcaire primitif, des couches de grünstein (vallée de Saleix) et même de feldspath compacte, deux roches qui généralement sont plus communes dans le thonschiefer intermédiaire. Les bancs de grünstein se trouvent aussi, d'après M. Mohs, dans le calcaire de transition de la Styrie, et les mandelstein du mountain-limestone du Derbyshire (entre Sheffield et Castelton) appartiennent à un système de couches intercalées géognostiquement analogues. Ces couches prennent souvent l'aspect de véritables filons.

Le prodigieux développement que le calcaire intermédiaire atteint dans la haute chaîne des Alpes, pourroit faire croire que le groupe §. 22 renferme deux formations distinctes, dont l'une, plus ancienne, embrasse les schistes et les grauwackes avec des porphyres et des calcaires intercalés, et l'autre, d'un âge plus récent, les calcaires considérés comme roches indépendantes; mais cette séparation ne me paroîtroit pas suffisamment justifiée par la constitution géognostique des terrains. En Suisse, comme en Angleterre, de grandes masses calcaires alternent avec des roches fragmentaires de transition, et ces mêmes calcaires, qu'on voudroit élever au rang de formations indépendantes, manifestent par des bancs intercalés une liaison intime avec tous les autres membres du groupe §. 22. Dans le calcaire intermédiaire des Diablerets et de l'Oldenhorn, M. de Charpentier a observé des couches de grauwacke schisteux. D'après ce même géognoste expérimenté, le gypse muriatifère de Bex est subordonné à un calcaire de transition qui repose sur du grauwacke, et qui alterne à la fois avec cette dernière roche et avec du thonschiefer de transition. Les assises inférieures du calcaire de transition sont très-noires et remplies de bélemnites;

les assises supérieures sont argileuses et renferment des ammonites. Le gypse anhydre, dans lequel le sel gemme est disséminé,
appartient à ces assises supérieures; il offre à son tour des bancs
subordonnés de gypse commun ou hydraté, de calcaire compacte, de thonschiefer, de grauwacke et de brèches. C'est ainsi
que chaque dépôt de sel, de houille et de minérai de fer, dans
les terrains intermédiaire et secondaire, renferme de *petites formations locales*, qu'il ne faut pas confondre avec les véritables
termes de la série géognostique. D'après les observations de M. de
Charpentier et M. Lardy, le gypse du terrain secondaire, en ne
considérant que de grandes masses, est toujours hydraté (Thuringe), tandis que le gypse de transition (Bex) est anhydre ou
hydraté épigène. Les opinions des géognostes sont d'ailleurs
encore partagées sur l'âge du dépôt salifère de la Suisse. M. de
Buch, dans ses lettres à M. Escher, publiées en 1809, semble
placer le gypse muriatifère de Bex entre le grauwacke de la Dent
de Chamossaire et le conglomérat de Sepey : MM. de Bonnard
et Beudant le regardent comme secondaire et appartenant soit
au grès houiller, soit au zechstein. Il nous avoit paru tel aussi,
à M. Freiesleben et à moi, lorsque nous avons examiné ces contrées en 1795.

Dans la chaîne des Pyrénées, la limite entre les terrains de
transition (Pic long, 1668 toises ; Pic d'Estals, 1550 toises) et
les terrains de grès rouge, (montagnes de Larry, 1100 toises)
et de calcaire alpin (Montperdu, 1747 toises) est très-nettement tracée. Partout ou il y a du grès rouge, on peut distinguer deux calcaires, un qui recouvre le grès rouge et un qui le
supporte. Le premier de ces calcaires, quelles que soient sa
composition et sa couleur, est, pour le géognoste qui nomme
les formations d'après le gisement, un calcaire alpin (zechstein);
le second est un calcaire de transition. Dans la haute chaîne
des Alpes, et nous reviendrons plus tard sur cet objet intéressant, le grès rouge n'est pas plus caractérisé qu'il ne l'est dans
une grande partie de la Cordillère des Andes; on peut même

révoquer en doute s'il y existe. Il est donc assez naturel que la limite entre le calcaire alpin ou zechstein et le calcaire de transition le plus récent ne puisse pas y être reconnue avec certitude. Les calcaires de la bande méridionale des Alpes, savoir, de la Dent du Midi de Saint-Maurice, de la Dent de Morcle, des Diablerets (si l'on en excepte la sommité très-coquillère au nord-est de Bex), de l'Oldenhorn, du Gemmi, de la Jungfrau, du Titlis et du Tödi, sont aussi évidemment de transition, que les calcaires de Longhope, de Dudley ou de Derbyshire, en Angleterre; que ceux des vallées de Campan et de Luchon dans les Pyrénées; que ceux de Namur en Belgique, de Blankenbourg, d'Elbingerode, de Scharzfeld et du Schnéeberg près de Vienne, en Allemagne. Cette évidence est beaucoup moins grande pour la bande·calcaire septentrionale des Alpes, pour la roche du Mole, de la Dent d'Oche, du Molesson, de la Tour d'Ay, de la Dent de Jament, du Stockhorn, du Glarnisch et du Sentis, que quelques géognostes célèbres prennent pour du zechstein, d'autres pour la formation la plus recente des calcaires de transition. Les roches de la bande méridionale et septentrionale des Alpes ont été souvent confondues sous une dénomination commune, celle de *calcaire des hautes montagnes* (*Hochgebirgskalkstein*); dénomination qui seroit plus vague encore que celle de calcaire alpin, si l'on y attachoit une idée de *gisement géographique* et si elle n'exprimoit que la position de certaines roches à de très-grandes hauteurs. Le mot *calcaire alpin,* regardé dans son origine comme synonyme de zechstein, indique un *gisement géognostique,* une formation placée, que ce soit dans les plaines ou dans des chaînes de montagnes très-élevées, immédiatement au-dessus du grès rouge. C'est un fait assez remarquable que le calcaire à encrinites (mountain-limestone), et même le conglomérat de transition (old red sandstone) qui supporte ce calcaire, contiennent, en Angleterre et en Ecosse, quelques traces de houille différant de l'anthracite.

Les véritables *variolithes* (Durance, Mont-Rose), qui offrent

des nodules de feldspath compacte, disséminés dans un mélange intime presque homogène d'amphibole, de chlorithe (?)
et de feldspath, appartiennent soit au groupe que nous venons
de décrire, soit au groupe suivant. Peut-être ne sont-elles que
des bancs intercalés à un grünstein porphyroïde, bancs dans
lesquels une portion du feldspath s'est dégagée du tissu de la
masse. On n'a long-temps connu ces variolithes que comme
galets ou en gros fragmens détachés : il ne faut pas les confondre avec les variolithes à nœud de spath calcaire (blatter-
steine), subordonnées au thonschiefer vert de transition, ni avec
les variolithes qui naissent par infiltration dans le mandelstein
du grès rouge.

Quoique nous soyons bien loin encore de pouvoir compléter
l'histoire de chaque terrain intermédiaire et secondaire par
l'énumération des *espèces* de corps fossiles qui s'y trouvent, nous
allons pourtant indiquer quelques-uns de ces débris organiques
qui semblent caractériser le groupe §. 22. Dans le *thonschiefer*
et le *grauwacke*, surtout dans le grauwacke schisteux : plantes
monocotylédones (arundinacées ou bambousacées), antérieures
peut-être aux animaux les plus anciens; entroques, corallites,
ammonites (vallées de Castillon dans les Pyrénées; base de la
montagne de Fis, en Savoie; duché de Nassau et Harz en Allemagne); hystérolithes, orthocératites, beaucoup plus rares
que dans le calcaire intermédiaire; pectinites (Gerolstein, en
Allemagne); trilobites aveugles de M. Wahlenberg, dans lesquels on ne voit aucune trace d'yeux (Olstorp, en Suède);
ogygies de M. Brongniart, dans lesquels les yeux ne sont pour
ainsi dire qu'indiqués par deux tubérosités sur le chaperon
(Angers et Amérique septentrionale); Calymène de Tristan et
Calymène macrophtalme de Brongniart (Bretagne, Cotentin).
Dans le calcaire, savoir, dans les couches les plus anciennes :
entroques, madrépores, bélemnites (Bex en Suisse; Pic de
Bedillac dans les Pyrénées); quelques ammonites, jamais par
bancs, mais isolés des orthocératites, Asaphus Buchii, A. Haus-

manni (pays de Galles, Suède); très-peu de coquilles bivalves.
Dans les couches plus récentes du calcaire : Calymène Blu-
menbachii (Dudley en Angleterre, et Miami dans l'Amérique
du nord), Asaphus caudatus de Brongniart; des ammonites,
des térébratules, des orthocératites, quelques gryphites (Namur, Avesnes); des encrinites. En Allemagne, le calcaire de
transition est quelquefois (Eiffel et duché de Bergen) tout
pétri de coquilles. Le calcaire grenu de l'île de Paros (Link,
Urwelt, pag. 2) doit, d'après un passage de Xénophane de
Colophon, conservé dans Origène (*Philosophumena, cap.* 14,
T. I., pag. 893, *B. édit. Delarue*), renfermer des débris organiques ; mais il reste bien douteux, selon qu'on lit δάφνη
ou ἀφύη, si ces débris sont du règne végétal (du bois de lau-
rier), ou du règne animal (l'empreinte d'un anchois). Nous
n'insistons pas ur cette détermination ; car il seroit possible
que le marbre de Paros fût aussi peu primitif que le marbre
de Carare, sur lequel je partage les doutes de plusieurs géognostes célèbres. Le phénomène des grottes ne s'oppose cependant pas à la haute antiquité des calcaires de l'Archipel : il y
en a dans quelques pays (Silésie, près Kaufungen ; Pyrénées,
vallées de Naupounts et montagne de Meigut) qui paroissent
appartenir au calcaire primitif.

IV et V. PORPHYRES, SYÉNITES ET GRÜNSTEIN POSTÉRIEURS AU THON-
SCHIEFER DE TRANSITION, QUELQUEFOIS MÊME AU CALCAIRE A ORTHOCÉ-
RATITES.

§. 23. Je réunis en deux groupes, qui peut-être n'en forment
qu'un seul, les porphyres, les grünstein porphyriques et les
syénites que, dans les deux hémisphères, j'ai vu recouvrir le
thonschiefer de transition. Ces roches, par leur composition et
leurs rapports avec les trachytes qui leur sont immédiatement
superposés, offrent beaucoup d'analogie avec le groupe plus
ancien §. 21. C'est dans ces porphyres et grünstein porphyriques que l'on a découvert, au nord de l'équateur, au Mexique

et en Hongrie, d'immenses richesses de minérais d'or et d'argent;
car, quoique la roche métallifère de Schemnitz (*saxum mé-
talliferum* de Born) soit peut-être postérieure à des calcaires de
transition renfermant quelques foibles débris organiques, ce
gisement, d'après l'opinion d'un géognoste célèbre, M. Beudant,
est trop incertain, pour séparer des formations aussi étroitement
unies que celles de la Nouvelle-Espagne et de la Hongrie. Les
syénites à zircons, les granites de transition et les porphyres
de Norwége, que MM. de Buch et Hausmann nous ont fait connoître, sont non-seulement postérieurs (Stromsoë, Krogskoven)
au grauwacke et à un thonschiefer qui alterne avec le calcaire
à orthocératites, mais ces roches recouvrent aussi (Skeen)
immédiatement un quarzite (quarzfels) qui représente le grauwacke et qui repose sur un calcaire noir dépourvu de couches
alternantes de thonschiefer.

Il résulte de ces considérations qu'on aurait des motifs très-
valables pour réunir les groupes §§. 23 et 24, en ne distinguant,
parmi les porphyres de transition, que deux formations indépendantes, antérieures et postérieures au thonschiefer, et une
troisième formation (§. 22) subordonnée à cette roche. La pro-
propriété qu'ont certains porphyres et syénites porphyriques
d'être éminemment métallifères, ne doit pas s'opposer, je pense,
à la réunion des roches du Mexique, de la Hongrie, de la Saxe
et de la Norwége. Les minérais d'or et d'argent n'y forment
pas de couches contemporaines, mais des filons qui atteignent
une puissance extraordinaire. Des porphyres de transition, dont
on seroit tenté de placer plusieurs parmi les trachytes, parce
qu'ils renferment de véritables couches de phonolithe avec felspath vitreux, participent à cette richesse minérale que parmi
les terrains postérieurs aux terrains primitifs l'on a crue trop
long-temps exclusivement propre aux thonschiefer carburé et
micacé, au grauwacke et au calcaire de transition. Dans ces
mêmes régions il existe des groupes de porphyres et de syénites
très - analogues, par leur composition minéralogique et leur

gisement, aux roches des plus riches mines de Schemnitz ou de la Nouvelle-Espagne, et qui néanmoins se trouvent entièrement dépourvus de métaux. C'est presque le cas de tous les porphyres de transition (et des roches trachytiques) de l'Amérique méridionale. Les grandes exploitations du Pérou, celles de Hualgayoc ou Chota, et de Llauricocha ou Pasco, ne sont pas dans le porphyre, mais dans le calcaire alpin. Dans la république de Buénos-Ayres, le fameux Cerro del Potosi est composé de thonschiefer (de transition?) recouvert de porphyre qui contient des grenats disséminés.

Si les grands dépôts argentifères et aurifères qui font depuis des siècles la richesse de la Hongrie et de la Transylvanie, se trouvent uniquement au milieu des syénites et des grünstein porphyriques, il ne faut point en conclure qu'il en est de même dans la Nouvelle-Espagne. Sans doute les porphyres mexicains ont offert des exemples isolés d'une prodigieuse richesse. A Pachuca, le seul *puits de tirage* de l'Encino a fourni pendant long-temps annuellement plus de 30,000 marcs d'argent : en 1726 et 1727, les deux exploitations de la Biscaina et du Xacal ont donné ensemble 542,000 marcs, c'est-à-dire presque deux fois autant qu'en ont donné, dans le même intervalle, toute l'Europe et toute la Russie asiatique. Ces mêmes porphyres de Real del Monte, qui par leurs couches supérieures se lient aux trachytes porphyriques et aux perlites avec obsidiennes du Cerro de las Navajas, ont fourni par l'exploitation de la mine de la Biscaina au comte de Regla (de 1762 à 1781) plus de onze millions de piastres. Cependant ces richesses sont encore inférieures à celles que l'on retire, dans le même pays, de formations de transition non porphyriques. La Veta negra de Sombrerete, qui traverse un calcaire compacte rempli de rognons de pierre lydienne a offert l'exemple de la plus grande abondance de minérais d'argent qu'on ait observée dans les deux mondes : la famille de Fagoaga ou du marquis del Apartado en a retiré en peu de mois un profit net de quatre millions de piastres. La mine de Valenciana, exploitée dans du schiste de transition, a été d'un produit si constant que, jusqu'à la fin du dernier siècle, elle n'a pas cessé de fournir annuellement, pendant quarante années consécutives, au-delà de 360,000 marcs d'argent. En général dans la partie centrale de la Nouvelle-Espagne, où les porphyres sont fréquens, ce n'est point cette roche qui fournit les métaux précieux aux trois grandes exploitations de Guanaxuato, de Zacatecas et de Catorce. Ces trois districts de mines, qui donnent la moitié de tout l'or et l'argent mexicain, sont situés entre les 18° et 23° de latitude boréale. Les mineurs y travaillent sur des gîtes de minérais contenus presque entièrement dans des terrains de thonschiefer intermédiaire, de grauwacke et de calcaire alpin : je dis, presque entièrement; car la fameuse *Veta madre* de Guanaxuato, plus riche que le Potosi, et fournissant (jusqu'en 1804), année commune, un sixième de l'argent que l'Amérique verse dans la circulation du monde entier, traverse à la fois le thonschiefer et le porphyre. Les mines de Belgrado, de San-Bruno et de Marisanchez, ouvertes dans la partie porphyritique au sud-est de Valenciana, ne sont que de très-peu d'importance. D'autres exploitations, dirigées sur les porphyres du groupe S. 23 (Real del Monte, Moran, Pachuca et Bolaños), ne fournissent aujourd'hui pas au-delà de 100,000 marcs ou un vingt-cinquième de l'argent exporté (1803) du port de la Vera-Cruz. J'ai cru devoir consigner ici ces faits, parce que la dénomination de *porphyres métallifères*, dont je me suis souvent servi dans mes ouvrages, peut donner lieu à l'erreur de regarder les richesses métalliques du nouveau monde comme dues en très-grande partie aux porphyres de transition. Plus on avance dans l'étude de la constitution du globe sous les différens climats, plus on reconnoît qu'il existe à peine une roche antérieure au calcaire alpin, qui, dans de certaines contrées, n'ait été trouvée très-argentifère. Le phénomène de ces filons anciens dans lesquels se trouvent déposées nos richesses métalliques (peut-être comme le fer oligiste spéculaire et le muriate de cuivre sont déposés et remontent encore de nos jours dans les crevasses des laves), est un phénomène qui paroît pour ainsi dire indépendant de la nature spécifique des roches.

Pour donner une idée précise de la composition du terrain de porphyre, syénite et grünstein, postérieur au thonschiefer de transition, il est nécessaire, dans l'état actuel de la science, de distinguer quatre *formations partielles*, savoir, celles

de la région équinoxiale du nouveau continent,
de la Hongrie,
de la Saxe et
de la Norwége.

Malgré les rapports qui unissent ces formations partielles, chacune d'elles offre des différences assez remarquables. Nous les désignerons par des noms puremens géographiques, selon les lieux qui en présentent les *types* les plus distincts, sans vouloir indiquer par là qu'on ne puisse trouver la formation de Hongrie dans le nouveau continent, ou celle de Guanaxuato, avec toutes les circonstances qui l'accompagnent, dans quelques parties de l'Europe.

A. *Groupes de la région équinoxiale du nouveau continent.*

a. *Dans l'hémisphère boréal.* Ce qui caractérise en général les porphyres, en partie très-métallifères, de l'Amérique équinoxiale (ceux du groupe §. 23, comme ceux du groupe §. 21), c'est l'absence presque totale du quarz, la présence de l'amphibole, du feldspath vitreux, et quelquefois du pyroxène. J'ai insisté sur ces caractères distinctifs dans tous les ouvrages que j'ai publiés depuis 1805; on les retrouve en grande partie dans les porphyres ou grünstein porphyriques, également métallifères, de la Hongrie et de la Transylvanie. Les porphyres mexicains, comme nous l'avons fait observer plus haut, présentent souvent à la fois deux variétés de feldspath, le commun et le

vitreux : le premier résiste beaucoup moins à la décomposition
que le second. La forme de leurs cristaux, larges ou effilés, les
fait reconnoître presque autant que l'éclat et la structure lamelleuse plus ou moins nettement prononcée. Le quaiz, si
parfois il se montre, n'est point cristallisé, mais en petits grains
informes : le pyroxène et le grenat, qui se trouvent également
dans les grünstein porphyriques de la Hongrie, sont très-rares.
Le groupe argentifère mexicain abonde moins en amphibole :
le mica, que l'on retrouve dans quelques trachytes, manque
toujours dans les porphyres de la Nouvelle-Espagne. La plupart
de ces roches sont très-régulièrement stratifiées ; et, qui plus
est, la direction de leurs strates est souvent (entre la Moxonera
et Sopilote au nord d'Acapulco ; au Puerto de Santa Rosa près
de Guanaxuato) concordante avec la direction des roches primitives et intermédiaires auxquelles elles sont superposées. Dans
la Nouvelle-Espagne, comme en Hongrie, le terrain trachytique
est placé immédiatement sur les porphyres métallifères : mais,
dans le premier de ces pays, les porphyres sont recouverts sur
quelques points (Zimapan, Xaschi et Xacala) de calcaire gris-
noirâtre de transition ; sur d'autres points (Villalpando), de
grès rouge ; sur d'autres encore (entre Masatlan et Chilpanzingo,
entre Amajaque et la Magdalena ; entre San Francisco Ocotlan
et la Puebla de los Angeles ; entre Cholula et Totomehuacan),
de calcaire alpin.

Les porphyres de transition de la Hongrie, de la Saxe et de
la Norwége ont une structure très-compliquée : ils alternent avec
des syénites, des granites, des grünstein ; et lorsqu'il n'y a pas
d'*alternance*, ces trois dernières roches, et même des micaschistes
ou des calcaires stéatiteux, se trouvent renfermés, comme couches
subordonnées, dans les porphyres. La fréquence de ces bancs intercalés éloigne d'une manière très-prononcée les porphyres de la
Hongrie ou de la Norwége des roches trachytiques ; elle les
éloigne aussi des porphyres de la Nouvelle-Espagne, qui leur
ressemblent par leur composition minéralogique (par la nature

de leur pâte et des cristaux enchâssés). La structure des porphyres mexicains est d'une grande simplicité : ils forment un immense terrain non interrompu par des bancs intercalés. J'ai vu des syénites dans le thonschiefer de transition de Guanaxuato (S. 22); je les ai vues, au-dessus de ce thonschiefer, alterner avec des grünstein : mais je n'ai vu ni syénite, ni micaschiste, ni grünstein, ni calcaire dans les porphyres de la Moxonera, de Pachuca, de Moran et de Guanaxuato. Ce n'est qu'à Bolaños que l'on trouve du mandelstein dans le porphyre. Ce développement uniforme et non interrompu des porphyres métallifères et non metallifères de la Nouvelle-Espagne est un phénomène très-frappant : il rend plus difficile la séparation systématique des terrains de porphyre et de trachyte, là où ces terrains se supportent immédiatement. Lorsqu'on évalue l'épaisseur des deux terrains réunis, c'est-à-dire, lorsqu'on s'élève des couches les plus basses d'un porphyre que l'on peut croire de transition, parce qu'il est recouvert de grandes formations calcaires, analogues au zechstein (Guasintlan, à la pente occidentale, et Venta del Encero, à la pente orientale de la Cordillère), jusqu'au sommet trachytique du grand volcan de la Puebla (Popocatepetl), on trouve, d'après mes mesures barométriques et trigonométriques, une épaisseur, non interrompue par des roches intercalées, de plus de 13,000 pieds (2233 toises). L'épaisseur des seules couches de porphyre métallifère, en comptant depuis Guasintlan et Puente de Istla (où les porphyres se cachent sous les mandelstein poreux de Guchilaque et de la vallée de Mexico) jusqu'à l'affleurement des filons argentifères de Cabrera (Real de Moran), est de 5000 pieds (817 toises). Ces dimensions ont été déterminées en comparant les hauteurs absolues des stations ; car, d'après l'inclinaison variable des couches, et d'après le rapport entre la direction des coupes et la direction de la roche, il est probable que les *épaisseurs apparentes* (les différences entre le maximum et le minimum de hauteur) s'éloignent très-peu des *épaisseurs véritables*, qui sont la somme des épaisseurs évaluées pérpendiculairement aux fissures de stratification. Voici les circonstances locales, les plus intéressantes, du gisement des porphyres du Mexique entre les 17° et 21° de latitude boréale.

α. *Chemin d'Acapulco à Mexico.* Le porphyre, à la pente occidentale de la Cordillère d'Anahuac, ne descend que jusqu'à la vallée du Rio Papagallo, un peu au nord de la Venta de Tierra colorada, à 230 toises de hauteur au-dessus du niveau de l'océan Pacifique. Sur la pente orientale de la Cordillère d'Anahuac, entre la vallée de Mexico et le port de la Vera-Cruz, je n'ai vu aucune trace de cette roche au-dessous de l'Encero, à 476 toises de hauteur. Le porphyre s'y cache sous un grès argileux qui enchâsse des fragmens d'amygdaloïde trachytique. Les deux groupes principaux de porphyres, dans le chemin d'Acapulco à Mexico, sont ceux de la Moxonera et de Zumpango.

La vallée granitique du Papagallo est bordée au sud (Alto del Peregrino) par une formation de calcaire compacte (de 85 toises d'épaisseur), bleu-noirâtre, traversé par de petits filons blancs de spath calcaire. Elle est remplie de grandes cavernes, mais analogues plutôt au calcaire alpin qu'au calcaire de transition. Au nord la vallée est bordée par une masse de porphyre (Alto de la Moxonera et de Los Caxones) qui a 355 toises d'épaisseur. Ce porphyre est assez régulièrement stratifié (dir. N. 35° E., inclin. 40° au N. O.); quelquefois il est divisé en boules à couches concentriques. Sa base est verdâtre et argileuse, enchâssant du feldspath vitreux et des pyroxènes décomposés, qui ont presque la couleur de l'olivine : point de quarz, point de mica, point de feldspath lamelleux. De grandes masses d'argile blanc rougeâtre sont intercalées dans ce porphyre terreux; il repose immédiatement, comme le calcaire du Peregrino (dont les strates ont dir. N. 45° E.; inclin. 60 au N. O.), sur le granite primitif. Ce dernier, qui a été décrit plus haut (§. 7), renferme, au pied de la colline porphyritique de Los

Caxones, dans la vallée même du Papagallo, des filons d'amphibolite noir et des boules de granite à couches concentriques, semblables à celles que j'ai observées au Fichtelgebirge près de Seissen. La plus grande masse de ce granite à gros grains est très-régulièrement stratifiée (dir. N. 40° E.) et inclinée par groupes d'une vaste étendue, le plus souvent au N. O., quelquefois au S. E. Les cimes (porphyriques?) voisines (Cerros de las Caxas et del Toro) ont des formes bizarres; et si, à cause de la composition minéralogique du porphyre de la Moxonera et de l'Alto de los Caxones, et à cause de son isolement, on étoit tenté de le prendre pour du trachyte, le parallélisme de direction de ses strates avec ceux du calcaire et du granite, et le recouvrement d'un porphyre très-semblable et très-voisin (Masatlan) par de puissantes formations de calcaire secondaire, s'opposeroient à cette hypothèse. En descendant de la montagne porphyrique de Los Caxones, vers le sud, c'est-à dire vers les côtes de l'océan Pacifique, j'ai vu venir au jour alternativement : le granite primitif de la vallée du Papagallo, le calcaire alpin de l'Alto del Peregrino, le granite primitif de la vallée du Camaron, la syénite de l'Alto del Camaron, enfin le granite primitif de l'Exido et des côtes d'Acapulco. La syénite du Camaron, renfermant des cristaux d'amphibole de huit lignes de long, ne me paroît pas liée aux porphyres mexicains. Ce n'est qu'un changement de composition dans la masse du granite, qui, dans cette région, se mêle à l'amphibole, et devient porphyroïde sur tous les sommets des collines.

Le second groupe de porphyre intermédiaire dont j'ai pu examiner la superposition avec soin, est celui de Zumpango. Ce groupe commence quelques lieues au nord de l'Alto de los Caxones, et supporte, en s'étendant vers Mescala, un vaste plateau composé de calcaire, de grès et de gypse (entre Masatlan et Chilpanzingo). C'est dans ce plateau, dont la hauteur absolue (c'est-à-dire, au-dessus du niveau de la mer) est de 700 toises, qu'un porphyre semblable par sa composition à

celui de la Moxonera supporte des terrains secondaires d'une
structure très-compliquée. En descendant de l'Alto de los Caxones
(hauteur 585 toises), vers le nord, on voit d'abord de nouveau reparoître au jour le granite primitif de la vallée du Papagallo ; puis l'on découvre un lambeau de calcaire alpin,
semblable à celui du Peregrino (lambeau de 200 toises de
large, qui se trouve superposé immédiatement au granite) ;
puis paroît encore le granite, et enfin l'on atteint le groupe
porphyrique de Zumpango, dans lequel se conserve très-régulièrement la direction des strates, N. 30° à 45° E., avec une
inclinaison très-fréquente au N. O.

Ce porphyre, rempli de feldspath vitreux, dépourvu d'amphibole, et recouvrant le granite primitif, sert d'abord de base
(Acaguisotla) à une formation d'amygdaloïde brun-rougeâtre,
semi-vitreuse, presque sans cavités, renfermant des amandes
de calcédoine décomposée, des lames de mica noir et du mélanite. Bientôt le mandelstein disparoît, et le porphyre se
montre de nouveau sur un espace de terrain considérable, jusqu'à ce qu'il se cache sous le calcaire de Masatlan et de Chilpansingo, c'est-à-dire, sous deux formations poreuses très-distinctes, dont la supérieure et blanchâtre, argileuse et friable,
l'inférieure bleu-grisâtre, intimement mêlée de spath calcaire
grenu et en masse. Ces deux calcaires semblent, au premier
abord, moins anciens que le calcaire alpin du Peregrino ; mais
ils n'appartiennent certainement pas à des terrains tertiaires,
qui en Hongrie reposent sur des trachytes. Je n'y ai trouvé
aucune trace de pétrifications : ils sont dirigés N. 35° E., et
généralement inclinés de 40°, non au N. O, mais au S. E.
Cette uniformité de direction (non d'inclinaison), observée
parmi des roches qui paroissent d'un âge si différent, est un
phénomène très-rare. Il ajoute peut-être aux motifs que l'on a
de ne pas considérer comme des trachytes les porphyres dont
nous venons de faire connoître le gisement. Les calcaires de
Chilpansingo ont des cavités qui varient de quatre lignes jus-

qu'à huit pouces de diamètre. La formation inférieure, qui est bleu-grisâtre, recouvre immédiatement le porphyre; elle perce quelquefois la formation blanchâtre, et forme à la surface du sol de petits rochers cylindriques ou coralliformes de trois ou quatre pieds de haut, qui présentent l'aspect le plus bizarre. Ces circonstances de composition et de structure indiquent beaucoup d'analogie entre le calcaire caverneux trouvé depuis Masatlan et Petaquillas jusqu'à Chilpansingo, et les couches inférieures du calcaire du Jura (höhlenkalk; schlackiger, blasiger kalkstein) qui, également caverneuses dans le Haut-Palatinat (entre Laber et Ettershausen) et en Franconie (entre Pegnitz et Muggendorf), donnent, par leurs aspérités, à la surface du sol une physionomie particulière. Non loin de Zumpango le porphyre sort de nouveau au-dessous des calcaires caverneux de Chilpansingo, ou plutôt sous un conglomérat calcaire qui, renfermant à la fois de gros fragmens de la formation bleue et de la formation blanche, recouvre cette dernière sur plusieurs points. Comme dans les groupes de Los Caxones et de Zumpango les porphyres s'élèvent à peu près au même niveau (560 et 585 toises), on peut supposer, avec quelque probabilité, que les calcaires caverneux qu'ils supportent dans le plateau de Chilpansingo, ont 800 pieds d'épaisseur.

En avançant au nord vers Sopilote, Mescala et Tasco, on perd de nouveau de vue le porphyre. Le granite primitif reparoît; mais bientôt il se trouve caché par un porphyre dont la composition minéralogique offre des caractères très-remarquables : il est gris-bleuâtre, un peu argileux par décomposition, et enchâsse de grands cristaux de feldspath jaune-blanchâtre (plutôt lamelleux que vitreux), du pyroxène presque vert-poireau et un peu de quarz non cristallisé. Ce porphyre stratifié est recouvert, vers le sud, du même conglomérat calcaire qui abonde sur le plateau de Chilpansingo; vers le nord (Sopilote, Estola, Mescala), d'un calcaire compacte, grisâtre et traversé de filons de carbonate de chaux. Le calcaire d'Estola n'est pas spongieux ou bulleux dans sa masse entière, comme la formation de Masatlan; mais il renferme de grandes cavernes isolées, comme le calcaire du Peregrino, que nous avons décrit plus haut. Il ne m'est resté aucun doute, en voyageant dans ces montagnes, que les roches de la Cañada, de Sopilote et de l'Alto del Peregrino sont identiques avec notre calcaire alpin (zechstein) de l'Europe, avec celui qui succède, selon l'âge de sa formation, au grès rouge, ou, lorsque celui-ci manque, aux roches de transition. Près de Mescala, un peu au nord de Sopilote, de riches filons argentifères, analogues aux filons de Tasco et de Tehuilotepec, traversent le calcaire alpin. Dans la vallée de Sopilote, la roche qui recouvre le porphyre du groupe de Zumpango, présente ces mêmes couches sinueuses et contournées que l'on voit à l'Achsenberg, au bord du lac de Lucerne, et dans d'autres montagnes de calcaire alpin en Suisse. J'ai observé que les couches superieures de la formation de Sopilote et de Mescala passent progressivement au gris-blanchâtre, et que, dépourvues de filons de spath calcaire, elles offrent une cassure matte, compacte ou conchoïde. Elles se divisent, presque comme le calcaire de Pappenheim, en plaques très-minces. On diroit d'un passage du calcaire alpin au calcaire du Jura, deux formations qui se recouvrent immédiatement en Suisse, dans les Apennins et dans plusieurs parties de l'Amérique équinoxiale, mais qui, dans le Sud de l'Allemagne, sont séparées l'une de l'autre par plusieurs formations intercalées (par le grès de Nebra ou bunte sandstein, par le muschelkalk et le grès blanc ou quadersandstein).

Près du village de Sochipala, le calcaire alpin est couvert de gypse, et entre Estola et Tepecuacuilco on voit sortir sous le calcaire alpin (dirigé tantôt N. 10° E. avec incl. 40° à l'est, tantôt N. 48° E. avec incl. 50° au sud-est) un porphyre vert d'asperge à base de feldspath compacte, divisé en strates très-minces, comme celui d'Achichintla, et presque dépourvu de cristaux disséminés. Cette roche ressemble au porphyre phonolitique (porphyrschiefer) du terrain de trachyte. Si l'on avance

vers les mines de Tehuilotepec et de Tasco, on trouve cette
même roche recouverte d'un grès quarzeux à ciment argilo - calcaire, et analogue au *weiss liegende* (couche inférieure arénacée
du zechstein) de la Thuringue. Ce grès quarzeux annonce de
nouveau la proximité du calcaire alpin : aussi, sur ce grès et
peut - être immédiatement sur le porphyre (comme c'est le cas
à Zumpango et à l'Alto de los Caxones), on voit reposer, près
du lac salé de Tuspa, une masse immense de calcaire alpin souvent
caverneux, renfermant quelques pétrifications de trochus et
d'autres coquilles univalves. Ce calcaire de Tuspa, indubitablement postérieur à tous les porphyres que je viens de décrire,
renferme des couches de gypse spéculaire et des strates d'argile
schisteuse et carburée qu'il ne faut pas confondre avec du grau-
wackeschiefer. Il est généralement gris - bleuâtre, compacte, et
traversé par des filons de carbonate de chaux. Sur beaucoup de
points, loin d'être caverneux, il fait passage à une formation
blanche, très - compacte, analogue au calcaire de Pappenheim.
J'ai été très - frappé de ces variations de texture, que nous avons
observées également, M. de Buch et moi, dans les Apennins
(entre Fosombrono, Furli et Fuligno), et qui semblent prouver
que, là où les membres intermédiaires de la série n'ont pu se
développer, les formations de calcaire alpin et de calcaire du
Jura sont plus intimement liées qu'on ne l'admet généralement.
Les riches filons d'argent de Tasco, qui ont donné jadis 160,000
marcs d'argent par an, traversent à la fois le calcaire et un
thonschiefer qui passe au micaschiste; car, malgré l'identité des
formations calcaires, également argentifères, de Tasco et de
Mescala, la première de ces formations, partout où elle a été
percée dans les travaux des mines (Cerro de S. Ignacio), n'a
pas été trouvée superposée au porphyre comme le calcaire de
Mescala, mais recouvrant une roche plus ancienne que le porphyre, un micaschiste (dir. N. 5o° E.; incl. 4o° — 6o°, le plus
souvent au N. O., quelquefois au S. E.) dépourvu de grenats
et passant au thonschiefer primitif. J'ai dû entrer dans ces dé-

tails sur les terrains qui succèdent aux porphyres, parce que ce n'est qu'en faisant connoître la nature des *roches superposées* qu'on peut mettre les géognostes en état de prononcer sur la place que doivent occuper les porphyres mexicains dans l'ordre des formations. L'esquisse d'un tableau géognostique n'a de valeur qu'autant qu'on rattache la roche qu'on veut faire connoître, à celles qui lui succèdent immédiatement au-dessus et au-dessous. Les seuls faits oryctognostiques peuvent être présentés isolément : la géognosie positive est une science d'enchaînemens et de rapports, et l'on ne peut, en décrivant une portion quelconque du globe, borner son horizon et s'arrêter à telle ou telle couche qu'on veut étudier de préférence.

β. *Plateau central. Vallée de Mexico ; terrain entre Pachuca, Moran et La Puebla.* Une énorme masse de porphyre de transition s'élève à la hauteur moyenne de 1200 à 1400 toises au-dessus du niveau de la mer. Elle est recouverte, dans la vallée de Mexico et au sud vers Cuernavaca et Guchilaque, de mandelstein basaltique et celluleux (en mexicain *tetzontli*) ; vers l'est et le nord-est (entre Tlascala et Totonilco), de formations secondaires. Il est probable que le porphyre, qui se cache d'abord sous le calcaire alpin de Mescala, puis dans les Llanos de San-Gabriel (près du pont d'Istla), sous des conglomérats trachytiques et sous un mandelstein poreux, et identique avec celui qui reparoît, 15 lieues plus au nord et 800 toises plus haut, sur les bords du lac de Tezcuco. C'est dans la belle vallée de Mexico que la roche porphyrique perce l'amygdaloïde celluleuse dans les collines de Chapoltepec, de Notre-Dame de la Guadeloupe et du Peñol de los Baños. Elle présente plusieurs variétés très-remarquables : 1.° gris-rougeâtre, un peu argileuses, sans stratification distincte, renfermant en parties égales des cristaux d'amphibole et de feldspath commun (galerie creusée dans le rocher de Chapoltepec); 2.° noires ou gris-noirâtre (quelquefois fendillées et bulleuses), stratifiées par couches de 3—4 pouces d'épaisseur, à base de feldspath compacte, à cassure matte, unie ou imparfaitement conchoïde (ressemblant plus à la cassure de la lydienne qu'à celle du pechstein), renfermant de petits cristaux de feldspath vitreux et de pyroxène vert d'olive, presque dépourvues d'amphibole, souvent recouvertes à leur surface de superbes masses de hyalithe mamelonné ou verre de Müller (Peñol de los Baños, dir. N. 60° O., incl. 60° N. E.); 3.° rouges, terreuses, avec beaucoup de grands cristaux de feldspath commun décomposé (salines du lac de Tezcuco, là où d'anciennes sculptures aztèques couvrent le Peñol). Le porphyre de la vallée de Mexico offre non-seulement des sources d'eau potable qui sont amenées à la ville par de longs et somptueux aqueducs, mais aussi des eaux thermales acidulées, les unes chaudes et les autres froides. On y trouve, et ce fait est bien remarquable, comme dans le micaschiste primitif des environs d'Araya et de Cumana, du naphte et du pétrole (promontoire du Sanctuaire de Guadeloupe). Quoique ce porphyre sorte au-dessous de l'amygdaloïde poreuse, et qu'il se montre au jour (Cerro de las Cruces et Tiangillo, Cuesta de Varientos et Capulalpan, Cerro Ventoso et Rio Frio) dans tout le pourtour circulaire du bassin de Tenochtitlan, fond d'un ancien lac en partie desséché, ce n'est que vers le nord-nord-est seulement (Pachuca, Real del Monte et Moran) qu'il a été trouvé argentifère.

De riches filons traversent, depuis la mine de San-Pedro à la cime du Cerro Ventoso (1461 toises) jusqu'au fond de l'ancien puits de l'Encino (1170 toises) dans le Real de Pachuca, une masse de porphyre qui a plus de 1700 pieds d'épaisseur. Cette roche, que jadis on auroit appelée pétrosiliceuse ou hornsteinporphyr, est généralement gris-verdâtre, quelquefois vert de prase, a cassure écailleuse, offrant des fragmens à bords aigus. Sa pâte est probablement un feldspath compacte, chargé de silice : elle renferme, non du quarz et du mica, mais des cristaux de feldspath commun et d'amphibole. La dernière substance n'est généralement pas très-abondante, et lorsque le porphyre est argileux ou plutôt terreux, on ne reconnoît l'amphibole que par des taches à

surface striée et d'un vert très-foncé. Les couches presque argileuses et plus tendres (thonporphyr de Moran) paroissent inférieures aux couches plus dures et plus tenaces. On trouve intercalés aux unes et aux autres des strates de phonolithe (klingstein)
gris de fumée ou vert-poireau, divisés en tables ou feuillets très-
sonores. Ce n'est cependant pas entièrement un porphyrschiefer
du terrain trachytique ; car la masse phonolithique n'offre pas
des cristaux effilés de feldspath vitreux, mais des cristaux de
feldspath commun blanc-grisâtre, constamment accompagnés
d'un peu d'amphibole. Tous ces porphyres argentifères de Moran
et de Real del Monte sont très-régulièrement stratifiés (direction
générale, comme dans la vallée de Mexico, N. 60° O., incl.
50°—60° au N. E.) : ils n'offrent des divisions en colonnes informes que dans les Organos de Actopau (Cerro de Mamancho-
ta, sommet 1527 toises) et les Monjas de Totonilco el Chico,
si toutefois la roche des Organos, dont la masse a 3000 pieds
d'épaisseur, en ne comptant que les porphyres visibles au-dessus
des plaines voisines, est identique avec la roche de Moran.
La dernière renferme un peu moins de cristaux d'amphibole.
L'une et l'autre de ces roches ne sont ni fendillées ni poreuses,
et c'est au pied des pics grotesques des Monjas que se trouvent
les riches filons de Totonilco el Chico.

Jusque-là tous les porphyres argentifères de Pachuca et de
Moran, que je viens de décrire, ne nous ont rien offert qui les
éloigne du terrain de transition : ils sont même recouverts, entre
les bains de Totonilco el Grande et la caverne de la Madre de
Dios ou Roche percée, d'énormes masses de formations calcaires,
de grès et de gypse. La formation calcaire, de 1000 pieds d'épaisseur, est gris-bleuâtre, compacte, non poreuse, renfermant
des filons de galène et des couches de calcaire blanc presque
saccharin à gros grains. C'est pour le moins la formation
alpine (alpenkalkstein), si ce n'est pas un calcaire de transition, et les rapports de gisement qu'on observe entre cette roche
calcaire et les porphyres de Moran et de la Magdalena semblent

caractériser ceux-ci comme décidément non trachytiques. En avançant à quatre ou cinq lieues de distance des mines de Moran, par Omitlan, par les savanes de Tinaxas et par une vaste forêt de chênes, vers le Jacal, dont l'Oyamel ou la *Montagne des Couteaux* (Cerro de los Navajas) forme la pente occidentale, on entre dans un pays qui offre, dans sa composition géognostique, la trace très-récente des feux souterrains. On trouve d'abord au pied de l'Oyamel un porphyre terreux blanc-grisâtre, renfermant des cristaux de feldspath vitreux, et présentant presque la même direction (le même angle avec le méridien, N. 30° O.) que les porphyres argentifères, mais une inclinaison (75° au S. O.) diamétralement opposée. L'état de la végétation ne permet pas de fixer les rapports de gisement entre les roches de l'Oyamel et les porphyres de transition des mines d'argent de Moran. Les premières, qui sont encore dépourvues d'obsidienne, servent de base à une roche blanc-rougeâtre, à éclat émaillé, à cassure unie, quelquefois grenue, renfermant un peu de feldspath vitreux, et divisée en une infinité de petites couches parallèles, souvent ondulées. Cette roche est une perlite porphyrique lithoïde, ou plutôt un porphyre trachytique non spongieux, non fendillé, dont la base passe au perlstein. Un tel passage de la pâte pierreuse à une masse composée de globules agglutinés, se manifeste même dans des couches qu'à leur seul aspect on croiroit d'abord composées de feldspath compacte ou d'un kieselskiefer terne et grisâtre. Aux cristaux effilés de feldspath vitreux, disséminés dans la pâte, ne se trouvent mêlés ni le mica noir, ni le quarz, mélange que l'on observe dans la perlite de Tokai et de Chemnitz en Hongrie.

L'abondance d'obsidienne que renferment les porphyres de la montagne des Couteaux, et qui les rapproche des perlstein de Cinapecuaro, ne laisse pas de doute sur leur nature volcanique. Ils constituent des montagnes isolées, souvent jumelles, à couches perpendiculaires, rappelant, par leur aspect, les collines de basalte et de trachyte des Monts Euganéens. Ces masses volca-

niques sont elles sorties du sein des porphyres de transition
de Moran, ou existe-t-il un passage des unes aux autres? Les
roches de l'Oyamel sont-elles seulement superposées aux porphyres métallifères, comme le sont les basaltes colonnaires de
Regla? On se demande de même si les porphyres noirs, souvent
bulleux, de la vallée de Mexico (Peñol de los Baños), recouverts
d'amygdaloïde, basaltiques et cellulaires, sont d'une origine différente des porphyres qui se cachent (Totonilco el Grande) sous le
calcaire alpin? Dans cette même vallée de Mexico (en avançant
du lac de Tezcuco au nord vers Queretaro), on voit sortir, à
la Cuesta de Varientos, sous le mandelstein volcanique, un porphyre terreux, rouge-brunâtre, sans amphibole, mais abondant en cristaux effilés de feldspath vitreux. C'est sur la prolongation des strates de cette roche d'un aspect trachytique que
reposent les formations secondaires et tertiaires (calcaire du
Jura, gypse et marnes avec ossemens d'éléphans, à 1170 toises
de hauteur), qui remplissent les bassins de l'Hacienda del Salto,
de Batas et du Puerto de los Reyes. Dix lieues plus loin, à
Lira, on trouve des roches porphyriques à base semi-vitreuse
et vert-olive, recouvertes d'hyalithe mamelonnée et dépourvues de
pyroxène. Ces roches enchâssent, outre un peu de feldspath,
des grains de quarz : elles offrent en même temps de petites
couches d'obsidienne intercalées. C'est, à n'en pas douter, un
trachyte (roche à laquelle en Hongrie le quarz n'est pas non
plus entièrement étranger). Or, comment distinguer les couches
de porphyre trachytique des porphyres de transition qui les supportent immédiatement, lorsque les uns et les autres, au mélange
près d'obsidienne et de perlite, ont une composition minéralogique si analogue?

Cette difficulté embarrasse encore plus le voyageur géognoste,
lorsqu'il sort de la vallée de Mexico, vers l'est, pour traverser
l'arête de montagnes sur laquelle s'élèvent les deux volcans de
la Puebla, l'Iztaccihuatl (*Femme-blanche*, 2456 toises) et le
Popocatepetl (*Montagne fumante*, 2770 toises). Les roches por-

phyriques qu'on voit au jour près de la Venta de Cordova et
de Rio frio, sont intimement liées aux trachytes du Grand-Vol-
can encore enflammé. Elles sont recouvertes de brèches ponceuses
et de perlites avec obsidienne (entre Ojo del Agua et le fort de
Perote), et servent de base (entre San Francisco Ocotlan, la
Puebla de los Angeles, Totomehuacan, Tecali et Cholula; entre
Venta de Soto, El Pizarro et Portachuelo) à une puissante formation calcaire, tantôt compacte et bleu-grisâtre, tantôt à
petits grains et blanche ou à couleur mélangée. Ce calcaire (de
transition ou alpin?) n'est certainement pas tertiaire, comme
le sont les formations très-récentes de calcaire coquillier, de
marnes et de gypse, que dans différentes parties du globe on
voit placées, par lambeaux, sur le terrain trachytique. M. Sonneschmidt a vu près de Zimapan, Xaschi et Xacala, un véritable calcaire de transition, gris-noirâtre et fortement carburé,
reposer sur des porphyres entièrement semblables à ceux que
nous venons de décrire dans le plateau central de la Nouvelle-
Espagne. Quelques strates de ces porphyres de Zimapan, de
Xaschi et d'Ismiquilpan renferment, comme les grünstein porphyriques et les perlites de la Hongrie, et comme le porphyre superposé au thonschiefer (de transition) de la fameuse montagne de
Potosi, des grenats disséminés dans la masse. Ils sont traversés de
filons qui présentent cette magnifique variété d'opale jaune-orangé
que nous avons fait connoître, M. Sonneschmidt et moi, sous le
nom d'opale de feu (feueropal), et qui a été retrouvée par M. Beudant parmi les trachytes de Telkebanja. J'ai vu enchâssés dans la
pâte porphyrique de Zimapan, des globules rayonnés de perlite
gris-bleuâtre, ressemblant par leur couleur à de la thermantide jas-
poïde (porzellan-jaspis). On n'a point encore éclairci les rapports de gisement entre ces porphyres, qu'on croiroit trachytiques, et ceux qui supportent les grandes formations calcaires.
Il est plus aisé de séparer les porphyres métallifères des trachytes dans nos classifications artificielles qu'à la vue même des
montagnes.

γ. *Groupe de porphyres de Guanaxuato.* C'est ce groupe qui détermine le plus clairement l'âge relatif, ou, pour m'exprimer avec plus de précision, le *maximum* de l'ancienneté des porphyres mexicains, si toutefois ceux dont nous venons d'indiquer les gisemens sont d'une même formation que les porphyres de Guanaxuato. La superposition de ces porphyres sur des roches appartenant au terrain intermediaire est manifeste. Près de la ferme de la Noria et dans la Cañada de Queretaro, un porphyre vert d'olive schisteux, rempli de feldspath vitreux en cristaux microscopiques, est superposé à un thonschiefer de transition qui renferme de la lydienne. Près de Guanaxuato, et surtout près de Santa Rosa de la Sierra, cette superposition est également certaine. Les porphyres de ce district ont en général un gisement concordant (une direction et une inclinaison parallèles) avec les strates du thonschiefer. Ils sont éminemment métallifères, et le fameux filon de Guanaxuato (Veta madre), faisant le même angle avec le méridien que les filons de Zacatecas, de Tasco et de Moran (N. 5o° O.) a été exploité successivement sur une longueur de 12,000 toises et une largeur (*puissance*) de 20 à 25 toises. Il a fourni en 230 ans plus de 180 millions de piastres, et il traverse à la fois le porphyre et le schiste de transition. La première de ces roches forme, à l'est de Guanaxuato, des masses gigantesques qui se présentent de loin sous l'aspect le plus étrange, comme des murs et des bastions. Ces crêtes, taillées à pic et élevées de plus de 200 toises au-dessus des plaines environnantes, portent le nom de *buffas;* elles sont dépourvues de métaux, paroissent soulevées par des fluides élastiques, et sont regardées par les mineurs mexicains, qui à Zacatecas les voient aussi placées sur un thonschiefer de transition éminemment métallifère, comme un indice naturel de la richesse de ces contrées. Lorsqu'on embrasse sous un même point de vue les porphyres de la Buffa de Guanaxuato, et ceux des mines jadis célèbres de Belgrado de San Bruno, de la Sierra de Santa Rosa et de Villalpando, on croit reconnoître dans leurs strates

les plus récens des passages à des roches que l'on est générale‑
ment convenu en Europe de placer parmi les trachytes.

Dans les environs de Guanaxuato dominent les porphyres à
pâte de feldspath compacte, vert de gris et vert d'olive, enchâs‑
sant du feldspath lamelleux (non vitreux), soit en cristaux
presque microscopiques (Buffa), soit en cristaux très‑grands
(Mines de San Bruno et du Tesoro). L'amphibole décomposé,
qui teint probablement en vert la masse entière de ces roches,
ne se distingue que par des taches informes. En s'élevant vers la
Sierra (Puerto de Santa Rosa, Puerto de Varientos), le porphyre
est souvent divisé en boules à couches concentriques : sa pâte
devient vert‑noirâtre, semi‑vitreuse (pechsteinporphyr), et ren‑
ferme à la fois un peu de mica cristallisé et des grains de quarz.
Près de Villalpando les filons aurifères traversent un porphyre
vert de prase, à base de phonolithe, dans lequel on ne recon‑
noît que quelques petits cristaux effilés de feldspath vitreux. C'est
une roche qu'on a de la peine à distinguer du porphyrschiefer
trachytique : je l'ai vu couverte et d'un porphyre terreux blanc‑
jaunâtre (mine de Santa‑Cruz), et d'un conglomérat ancien (boca
de la mina de Villalpando), qui représente évidemment le grès
rouge et dont les couches inférieures passent au grauwacke.

Les porphyres de la région équinoxiale du Mexique renferment,
quoique bien rarement, outre quelques grenats disséminés (Izmi‑
quilpan et Xaschi), du mercure sulfuré (San Juan de la Chica ;
Cerro del Fraile près de la Villa de San‑Felipe ; Gasave, à l'ex‑
trémité septentrionale de la vallée de Mexico); de l'étain (El
Robedal, et la Mesa de los Hernandez); de l'alunite (Real del
Monte, d'après M. Sonneschmidt). Cette dernière substance semble
rapprocher encore davantage ces roches porphyriques des véritables
trachytes ; quoique, dans l'Amérique méridionale (péninsule
d'Araya, Cerro del Distilàdero et de Chupariparu), j'aie vue un
thonschiefer qui appartient plutôt au terrain primitif qu'au ter‑
rain intermédiaire, traversé par des filons, je ne dirai pas, d'alu‑
nite (alaunstein), mais d'alun natif dont les Indiens vendent,

au marché de Cumana, des morceaux de plus d'un pouce de grosseur. Le cinabre des porphyres de San-Juan de la Chica, les couches argileuses du Durasno, mêlées à la fois de houille et de cinabre, et placées sur un porphyre très-amphibolique, sont des phénomènes bien dignes d'attention. Ceux des géognostes qui mettent (comme moi) plus d'importance au gisement qu'à la composition oryctognostique des roches, rapprocheront sans doute les porphyres et argiles du Durasno des dépôts de mercure que présente dans les deux mondes la formation de grès rouge et de porphyre (duché de Deux-ponts, et Cuença entre Quito et Loxa). Les dernières couches du terrain de transition se trouvent partout dans une liaison intime avec les couches les plus anciennes du terrain secondaire.

Le célèbre filon argentifère de Bolaños a offert sa plus grande richesse dans une amygdaloïde intercalée au porphyre. En Hongrie, en Angleterre, en Écosse et même en Allemagne, des roches d'amygdaloïde et de porphyres appartiennent à la fois aux grauwackes, aux thonschiefer et calcaires de transition et au grès rouge ou grès houiller. Le porphyre métallifère de Guanaxuato recouvre simplement le thonschiefer : il n'y forme pas en même temps des couches intercalées (comme dans le groupe S. 22); mais une syénite analogue à celle que l'on voit dans la mine de Valenciana, au milieu du thonschiefer intermédiaire, alterne des milliers de fois, sur une surface de plus de vingt lieues carrées, avec du grünstein de transition, entre la mine de l'Esperanza et le village de Comangillas. Dans cette région, la roche syénitique est dépourvue de métaux; mais à Comanja elle est argentifère, comme elle l'est aussi en Saxe et en Hongrie.

b. Dans l'hémisphère austral. Entre les 5° et 8° de latitude j'ai vu des roches porphyritiques, intimement liées entre elles, couvrir les pentes orientales et occidentales des Andes du Pérou. Ces roches reposent, soit sur un thonschiefer (de transition?) traversé par des filons argentifères (Mandor, El Pareton), soit, quand le thonschiefer manque, sur du granite. Les unes sont

ou divisées en colonnes gigantesques (Paramo de Chulucanas),
ou très-régulièrement stratifiées (Sondorillo). Leur base noire
est presque basaltique; elles renferment plus de pyroxène que
de feldspath, et alternent (Quebrada de Tacorpo) avec des couches
de jaspe et de feldspath compacte. Ce dernier, dépourvu de
cristaux disséminés, est noir comme de la pierre lydienne, et
rappelle, par sa couleur et son homogénéité, certains basanites
des monumens anciens. D'autres porphyres (N.^{tra} S.^{ra} del Carmen, au nord du village indien de San Felipe) ont une apparence moins trachytique; ils offrent de riches filons argentifères,
et sont recouverts tantôt de couches de quarz de trois ou quatre
toises de large, tantôt d'un calcaire (alpin?) compacte bleu-noirâtre, traversé par de petits filons de spath calcaire et rempli de
coquilles pétrifiées (hystérolithes, anomies, cardium, et fragmens
de grandes coquilles polythalames, qui sont plutôt des nautilites
que des ammonites). En descendant (toujours sur la pente orientale des Andes) vers Tomependa, aux bords de la rivière des
Amazones, j'ai vu, entre Sonanga et Schamaya, le grès ancien
(todtes liegende) superposé à un porphyre terreux grisâtre, renfermant (comme celui de Pucara) beaucoup d'amphybole et
un peu de feldspath commun. Sur la pente occidentale des Andes,
en approchant des côtes de la mer du Sud, on trouve (entre
Namas et Magdalena) des porphyres entièrement dépourvus
d'amphibole, et supportant cette grande formation de quarz
qui remplace dans cette région le grès rouge. J'ai indiqué plus
haut (§. 18) que ce porphyre, loin d'être primitif, m'a paru
le plus ancien des porphyres de transition. Ce résultat n'a pu
être énoncé qu'avec doute; car, entre Ayavaca, Zaulaca, Yamoca (§. 8) et Namas (province de Jaen de Bracamoros et intendance de Truxillo), il est bien difficile de déterminer avec
certitude l'âge des granites, des syénites et des thonschiefer sur
lesquels reposent les porphyres intermédiaires et les trachytes
porphyriques. Lorsque les rapports de superposition ne sont
pas entièrement connus, l'on ne doit prononcer qu'avec réserve
sur un terrain d'une constitution géognostique si compliquée.

B. *Groupe de la Hongrie.*

C'est le terrain de syénite et de grünstein porphyrique qui renferme la principale richesse minérale de la Hongrie et de la Transylvanie (Schemnitz, Kremnitz, Hochwiesen et Kœnigsberg; le Bannat, Kapnack et Nagyag). Nous faisons connoître ce terrain d'après les belles observations, encore inédites, de M. Beudant. La formation de Hongrie est beaucoup moins simple que celle du Mexique, avec laquelle on lui trouve d'ailleurs de grandes analogies. Les roches qui constituent sa masse principale, sont des roches porphyriques à base de feldspath compacte, colorée en vert : elles renferment, comme les porphyres de l'Amérique équinoxiale que j'ai fait connoître plus haut, de l'amphibole, et sont presque dépourvues de quarz. Cette dernière substance ne se montre que dans les couches subordonnées de syénite, de granite, de gneis et de grünstein compacte, auxquelles passe la roche porphyrique. Dans la Nouvelle-Espagne, les porphyres à filons aurifères et argentifères ont une pâte en apparence homogène, le plus souvent foiblement colorée; en Hongrie, ce ne sont pas les vrais porphyres qui dominent, mais les grünstein porphyriques. D'après de simples considérations oryctognostiques, c'est-à-dire de composition, le terrain aurifère de Hongrie ressemble bien plus à la formation mexicaine d'Ovexeras, dans laquelle alternent des syénites et des grünstein plus ou moins porphyriques, qu'à ces grandes masses de porphyres que traversent les célèbres filons de Pachuca, Real del Monte, Moran et Guanaxuato (au sud-est de la mine de Belgrado); mais, considérées géognostiquement, toutes ces roches de porphyre et de syénite, celles du Mexique et de la Hongrie, ne constituent qu'une seule formation, tantôt simple, tantôt composée (avec alternance).

Les roches porphyriques et syénitiques de Hongrie, les plus compactes comme les plus mélangées, renferment du carbonate de chaux, et font effervescence avec les acides. Ce caractère

se retrouve dans les roches d'un gisement analogue du Mexique,
mais non dans les trachytes qui leur sont superposés. Le feldspath vitreux est beaucoup plus rare dans les porphyres à base
de grünstein de la Hongrie que dans les porphyres mexicains :
il ne se rencontre (Hochwiesen, Bleihütte) que dans les strates
supérieurs et terreux, surtout là où commence le terrain trachytique. Le fer oxidulé abonde lorsque l'amphibole se montre
en cristaux très-distincts; le grenat (que nous avons déjà indiqué plus haut dans les porphyres mexicains de Zimapan et
dans ceux de Potosi, sur le revers oriental des Andes du Pérou)
pénètre jusqu'au milieu des prismes d'amphibole. Quoique dans
la grande formation de syénites et de grünstein porphyriques
de la Hongrie les diverses variétés de roches passent fréquïem-
ment les unes aux autres, on remarque pourtant en général
le type suivant d'association et de superposition : la partie inférieure de tout le système est formée par des syénites à gros
et à petits grains, passant à un granite talqueux (Hodritz) et
au gneis; la partie moyenne est composée tantôt de grünstein
compacte, à pâte noire presque dépourvue de cristaux disséminés, tantôt de roches porphyriques, à base de feldspath pur,
ou à base mélangée de feldspath et d'amphibole, enchâssant
des cristaux de feldspath commun (lamelleux), de l'amphibole,
un peu de mica est des grenats,' très-rarement de quarz; la
partie supérieure offre des grünstein porphyriques terreux et particulièrement aurifères. C'est seulement cette dernière assise qui
renferme quelquefois du feldspath vitreux, de la laumonite, du
mica et (comme dans l'Amérique équinoxiale) des filons de
jaspe rouge. Dans les grünstein terreux qui sont d'une structure
plus simple, parce qu'ils n'alternent pas avec des syénites, des granites ou gneis de transition, on trouve (vallée de Glashütte) des
masses compactes basaltiformes (divisées en prismes) et un grünstein porphyrique noir à base de feldspath amphiboleux. Ce grünstein enchâsse des aiguilles très-petites d'amphibole, des lamelles
nombreuses de mica noir, et des druses de quarz blanc et rouge.

Les couches subordonnées à la grande formation de syénite et
grünstein porphyrique de Hongrie sont : des micaschistes (vallée
d'Eisenbach); du quarz compacte, tantôt feuilleté et micacé,
tantôt grenu, passant partiellement à un silex terne à cassure unie
(bassin occidental de Schemnitz); du calcaire stéatiteux, jaune
de soufre, verdâtre ou rougeâtre, avec grenats disséminés dans
la masse, et accompagné de serpentine (Hodritz). Tout ce système de roches syénitiques et porphyriques est très-distincte-
ment stratifié en Hongrie comme au Mexique ; mais, dans le
premier de ces deux pays, la direction et l'inclinaison des strates
ne sont uniformes que dans un même groupe de montagnes. La
nature du terrain sur lequel reposent les syénites et grünstein
porphyriques de la Hongrie, n'est pas facile à déterminer avec
certitude. M. Beudant les croit d'une formation plus récente que
les grauwackes, qui ne se sont pas développés en Hongrie là où
dominent les grünstein porphyriques. Des schistes talqueux, alternant avec des calcaires cristallins grisâtres, et appartenant probablement au terrain de transition les plus anciens, ont paru
à ce savant géognoste, de même qu'à M. Becker, servir de base
à la formation syénitique et porphyrique. Ce seroit une analogie
de plus qu'offriroit cette formation avec le terrain homonyme du
Mexique. En Hongrie, comme dans le nouveau continent, les
porphyres, les syénites et les grünstein sont immédiatement
recouverts de trachytes et de conglomérats trachytiques avec obsidiennes et perlites. En Auvergne (Mont-d'or, Cantal); dans
les îles de la Grèce (Argentiera, Milo, Santorino), visitées par
un excellent observateur, M. Hawkins; à Unalaska, exploré
récemment par M. de Chamisso et par l'expédition du capitaine
Kotzebue, ces mêmes rapports de gisement s'observent entre les
trachytes et les porphyres de transition. A la montagne du Kas-
beck, dans la chaîne Caucasique, un porphyre intermédiaire,
qui alterne avec de la syénite, du granite, du gneis et du thonschiefer de transition, renferme aussi du feldspath vitreux : il
offre même dans quelques strates toutes les apparences d'un

trachyte poreux. C'est ainsi que sur les points les plus éloignés du globe, en Amérique, en Europe et en Asie, nous voyons osciller les porphyres entre des roches de transition et des roches volcaniques très - anciennes.

C. *Groupe de la Saxe.*

Nous ne parlons point ici du porphyre qui forme avec le grünstein et le calcaire gris-noirâtre des couches subordonnées (Friedrichswalde, Seidwitzgrund) dans le schiste de transition (S. 22), mais de la grande formation de syénite et porphyre que Werner désignoit par le nom de *formation principale* (*Haupt-niederlage*). Ce savant illustre distinguoit quatre terrains de porphyres : le premier formant des couches (ou plutôt des filons?) dans le gneis et le micaschiste primitifs; le second alternant avec la syénite; le troisième appartenant au grès houiller, et renfermant des grünstein, des rétinites et des amygdaloïdes agathifères; le quatrième intercalé à des roches trappéennes (volcaniques). Ces quatre terrains, dont le premier ne constitue vraisemblablement pas une formation *indépendante*, sont, comme je l'ai exposé ailleurs (*Voyage aux régions équinoxiales, T. I, pag.* 155), les porphyres intercalés aux roches primitives, les porphyres de transition, les porphyres secondaires et les trachytes (trapporphyre). La *formation principale* de porphyre et de syénite de Saxe repose sur des schistes de transition (avec grauwacke), et par conséquent, là où les thonschiefer ne se sont pas développés , sur des roches plus anciennes. La syénite qui alterne avec le porphyre (Meissen, Leuben et Prasitz; Suhl) passe au granite et au gneis. Ce granite de transition est généralement à gros grains, composé de feldspath rougeâtre, de quarz gris de fumée, et de mica noir bien cristallisé (Dohna, Posewitz et Wesenstein). Le gneis de transition (Meissen) est plus rare que le granite, et forme des couches dans la syénite, comme en forment aussi le calcaire grenu et

blanc (Naundorf) et un grünstein qui passe au basalte (Wehnitz).
La présence de la formation de syénite qui renferme, dans la
vallée de Plauen (comme en Norwége), quelques cristaux disséminés de zircon , ne se manifeste souvent que par des bancs
de granite ; car la substitution, fréquente et locale, du mica
à l'amphibole et de l'amphibole au mica, caractérise la formation syénitique, abondante en sphène brun (braunmenakanerz),
qui est un silicate de titane et de chaux. Le porphyre non stratifié de Saxe a généralement une base rouge, grisâtre et argileuse (thonporphyr, résultat d'une décomposition du feldspath
compacte); d'après M. Boué, quelquefois (vallée de Tharandt)
cette base prend l'aspect du klingstein. Ce porphyre ne renferme presque pas d'amphibole, et n'est point dépourvu de
quarz, comme ceux du Mexique et de la Hongrie. On y trouve
du feldspath commun, du quarz cristallisé en doubles pyra-
mides hexaèdres, et quelquefois un peu de mica. Le groupe
de porphyres et syénites de Saxe est un peu métallifère ; la
syénite stratifiée à bancs épais de Scharfenberg offre des filons
d'argent, et le porphyre d'Altenberg contient quelquefois de
l'étain.

C'est dans la vallée de Plauen, près de Dresde, que se trouve
la roche à laquelle Werner a donné, le premier, le nom de
syénite, croyant par erreur que les obélisques épyptiens conservés à Rome contenoient tous de l'amphibole. M. Wad (*Foss.
œgypt. Musei Borgiani*, 1794, *pag.* 6 et 48 ; Zoega, *de Obe-
liscis, pag.* 648) a prouvé que ces obélisques, dont le plus beau,
minéralogiquement parlant, est celui de Piazza Navona, sont
un véritable granite avec mica noir aggloméré, sans amphibole. En effet, il n'existe point à Syène de formation indépendante de syénite et de porphyre intermédiaires ; mais le granite
primitif, peut-être d'une formation pas très-ancienne, y renferme de l'amphibole (comme à l'Orénoque ; au Spitzberg près
Krummhübel en Silésie ; près Wiborg en Finlande) dissiminé
dans des couches subordonnées, non étendues et d'un prolon-

gement peu regulier. Pour le géognoste classificateur la roche de Syène est un granite qui contient de l'amphibole, ce n'est point de la syénite. Quelques fragmens de cette roche, que l'on trouve isolés parmi les monumens égyptiens, ont trompé Werner par l'analogie oryctognostique qu'ils présentent avec la syénite de la vallée de Plauen.

Des formations de porphyre et de syénite entièrement semblables à celles de Saxe, et placées sur le schiste de transition et le grauwacke, sont communes au Thüringerwald : d'après M. Boué, en Moravie (entre Blansko, Brünn et Znaim); d'après M. Rozière, dans la péninsule du Mont Sinaï. Ces dernieres méritent une attention particulière. Des roches intermédiaires schisteuses et arénacées couvrent une partie de l'Arabie pétrée. Au milieu de ces roches, qui renferment des conglomérats avec fragmens de granite et de porphyre (*brèche universelle d'Égypte*, dans le langage des antiquaires), sortent des syénites, et des porphyres à base de feldspath compacte silicifère, enchâssant des cristaux de feldspath lamelleux, un peu d'amphibole et, d'après M. Burckhardt, du quarz. Les porphyres sont généralement inférieurs à la syénite, et cette dernière, dont se composent probablement les *tables de la loi* que l'on croit enterrées à Djebel Moussa, est accompagnée de grünstein compacte noirâtre (golfe d'Akaba) et de grünstein porphyrique. Tout ce terrain de l'Arabie pétrée, dont j'ai pu examiner de nombreux échantillons, ressemble de la manière la plus frappante au terrain porphyrique et syénitique d'Ovexeras et de Guanaxuato au Mexique. En substituant avec M. Rozière le mot *sinaïte* à celui de syénite, on auroit donné à la roche de transition qui est composée d'amphibole et de feldspath, et mêlée quelquefois d'un peu de quarz et de mica, un *nom géographique* plus exact, un nom qui (comme celui de calcaire du Jura) auroit rappelé nonseulement des rapports de composition, mais aussi des rapports de gisement.

D. *Groupe de la Norwége.*

§. 24. C'est le terrain décrit par deux géognostes célèbres, le professeur Haussmann et M. Léopold de Buch; c'est celui dans lequel la formation de granite postérieure à des roches calcaires, remplies de débris de corps organisés, s'est le mieux développée, et qui par conséquent a répandu le plus de jour sur la véritable nature des roches de transition. On n'avoit d'abord regardé cette classe de roches que comme une association de grauwacke, de schistes carburés et de calcaires noirs : peu à peu l'on reconnut que la grande masse de porphyres appelés long-temps porphyres primitifs appartenoit, soit au terrain de transition, soit même au grès rouge. On réunissoit aux porphyres intermédiaires les syenites de Meissen; mais, quoique ces dernières perdent l'amphibole et passent insensiblement au granite de transition (Dohna), la généralité de ce phénomène, l'apparition nouvelle de roches granitoïdes, entièrement analogues aux roches primitives, et recouvrant à la fois des porphyres noirs avec pyroxène et des calcaires à orthocératites, ne commença à bien fixer l'attention des géognostes que lorsque les rives du golfe de Christiania furent décrites dans tous leurs merveilleux rapports de superposition.

Les zircons, qui ont donné tant de célébrité à la syénite de Holmstrand et de Stromsoë, se retrouvent abondamment dans les syénites du Groënland méridional (d'après M. Giesecke, près du cap Comfort, à Kittiksut et à Holsteensberg) : ils sont aussi disséminés en très-petites masses dans les syénites de Meissen et de la vallée de Plauen. Cette substance, dans d'autres localités, appartient plutôt aux roches primitives (par exemple, au gneis); car, quoique le zircon, le fer titané, le sphène, l'épidote, le feldspath vitreux, le chiastolithe, la pierre lydienne, la diallage, l'amphibole et le pyroxène accompagnent de préférence certaines formations, il ne faut point considérer ces associations comme des caractères d'une valeur absolue. L'ac-

cumulation des zircons dans les syénites de Christianiafiord est,
sous le rapport des questions géogoniques, beaucoup moins
remarquable que la multiplicité de vacuoles, la structure caverneuse et gercée de ces mêmes syénites de transition, qui sont
liées à des porphyres basaltiques et pyroxéniques. Depuis que,
par les analogies fréquentes que l'on a observées entre le terrain de porphyre et de syénite de Christiania et les terrains de
transition du Caucase, de la Hongrie, de l'Allemagne, de la
France occidentale, du Groënland et du Mexique, les géognostes
ne sont plus étonnés de la succession de roches feldspathiques
et cristallisées aux grauwackes et aux calcaires pétris d'entroques
et d'orthocératites, l'apparition de ces mêmes roches cristallines
dans le plus ancien membre de la série des roches secondaires
commence à fixer leur attention. On a reconnu que, dans les
deux mondes, des masses cristallines, composées de feldspath
et d'amphibole, ou de feldspath et de pyroxène, *oscillent* entre
le terrain volcanique, le terrain intermédiaire et le grès rouge.
Ces *oscillations*, ces intercalations de roches problématiques,
que l'on est tenté de regarder comme les effets d'une pénétration successive de bas en haut, prouvent la liaison intime qui
existe entre les couches les plus récentes du terrain de transition,
et les plus anciennes couches des terrains secondaires et volcaniques. Dans la partie méridionale du Tyrol des masses de granite et de porphyre syénitique semblent même déborder du grès
rouge dans le calcaire alpin; et ces phénomènes curieux d'*alternance*, liés à tant d'autres plus anciennement connus, semblent condamner à la fois et la séparation du grès houiller des
porphyres du terrain intermédiaire, et la *dénomination historique* et trop exclusive de terrains pyrogènes.

La grande formation des porphyres, des syénites et des granites de la Norwége, repose sur un terrain de schiste de transition qui renferme des couches alternantes de calcaire noir,
de pierre lydienne et peut-être même (car le gisement dans ce
point est moins évident) de granite. Le calcaire noir (Agger-

selv, Saasen) est pétri d'orthocératites de plusieurs pieds de
longueur, d'entroques, de madrépores, de pectinites et (quoique très-rarement) d'ammonites. Des filons de porphyre et de
grünstein porphyriques de 2 à 15 toises d'épaisseur traversent
le thonschiefer et le calcaire (Skiallebjerg) et préludent pour
ainsi dire aux masses analogues de porphyres qui reposent, non
immédiatement sur le thonschiefer, mais sur une roche arénacée (grauwacke) dont le thonschiefer est recouvert. Entre Stromsoë, Maridal et Krogskovn, le grauwacke, au lieu de se trouver
en couches dans le thonschiefer auquel il appartient (§. 22),
en forme comme une assise supérieure, de sorte que l'on y
voit suivre de bas en haut : gneis primitif; thonschiefer de
tansition, alternant avec du calcaire à orthocératites; grauwacke; porphyre avec des couches subordonnées de grünstein;
granite; syénite à zircons, alternant avec quelques couches de
porphyres. Près de Skeen et de Homlstrand le calcaire à orthocératites a pris un tel développement, que le thonschiefer y
manque entièrement; le grauwacke y est remplacé par une
roche de quarz micacé. On y voit de bas en haut : du gneis
primitif; du calcaire de transitïon; la roche de quarz; le porphyre dont l'assise inférieure est du mandelstein; la syénite à
zircons. Les *porphyres* de Christianiafiord, mélangés par infiltration de carbonate de chaux, sont généralement brun-rougeâtre : ils offrent des cristaux quelquefois très-effilés de feldspath lamelleux, et sont presque dépourvus de quarz et d'amphibole. Le quarz cristallisé ne se montre qu'entre Angersklif
et Revo. La pâte du porphyre devient parfois noire et boursou-
flée (Viig, Holmstrand. Dans cet état la roche ressemble à du
basalte, comme la syénite de la péninsule du mont Sinaï, et
renferme des cristaux de pyroxène. M. de Buch, auquel j'em-
prunte tous ces faits importans, observe que les cristaux de
feldspath disparoissent à mesure que la masse prend une teinte
plus noire; phénomène que m'ont offert aussi plusieurs porphyres
de transition du Mexiqne. Le mandelstein, dont les cavités

alongées sont remplies de carbonate de chaux, et qui forme l'assise inférieure des porphyres norwégiens de Skeen et de Klaveness, rappelle le mandelstein du porphyre de Bolaños (province mexicaine de la Nouvelle-Galice), qui est traversé par un des plus riches filons argentifères. Les *syénites* de Christiania-fiord, toujours placés au-dessus des porphyres, quoique alternant d'abord avec eux, sont composés (Waringskullen, Hackedalen) de beaucoup de grands cristaux de feldspath rouge, et de peu d'amphibole en très-petits cristaux : le mica et le quarz n'y sont qu'accidentels. Quelques vacuoles anguleuses de la syénite offrent des cristaux de zircons et d'épidote. Le titane ferrifère, commun dans les deux mondes aux roches d'euphotide primitive et aux trachytes, se trouve parfois disséminés dans la masse des syénites à zircons.

VI. Euphotide de transition.

S. 25. Il faut distinguer, comme parmi les syénites, entre les bancs intercalés et les formations indépendantes. Des couches de serpentine se trouvent intercalées dans le weisstein (S. 4), dans le micaschiste primitif (S. 11) et dans le thonschiefer de transition (S. 22). Quant aux terrains indépendans d'euphotide (gabbro), qui souvent sont d'une structure très-compliquée, on peut en compter pour le moins deux, même en rejetant la formation non recouverte et assez douteuse de Zöblitz en Saxe. La première de ces formations indépendantes se trouve (S. 19) sur la limite des terrains primitifs et intermédiaires : c'est celle que M. de Buch à fait connoître en Norwége (Maggeroe, Alten), et M. Beudant en Hongrie (Dobschau). La seconde formation appartient aux terrains de transition les plus nouveaux; elle se trouve sur la limite des roches intermédiaires et secondaires. On a regardé comme plus récente encore la serpentine liée à la formation d'*ophite*, observée par M. Palassou dans les Pyrénées (vallée de Baigorry, Riemont) et dans le département des Landes. Mais cet ophyte est un grünstein, mélange intime de feldspath, d'épidote et d'amphibole, auquel sont intercalés des bancs de serpentine (Pousac); il passe, par le changement dans la proportion des élémens, tantôt à la syénite, tantôt au granite graphique. M. Boué, qui a récemment examiné cet ophyte sur les lieux, le croit une formation de transition, recouverte de grès bigarré, d'argile et de gypse secondaire.

Dans l'Amérique équinoxiale, la grande formation d'euphotide de transition (celle qui constitue le dernier membre de la série des roches intermédiaires) semble presque constamment liée (comme dans le Piémont, entre le Mont Cervin et le Breuil) à des roches amphiboliques. Sur le bord septentrional des Llanos de Venezuela, recouvertes de grès rouges, entre Villa de Cura et Malpasso, on voit des masses considérables de serpentine reposer sur un thonschiefer vert et sur un calcaire de transition, quelquefois immédiatement sur le gneis primitif Un grünstein à petits grains forme des couches à la fois dans le thonschiefer et dans la serpentine. Celle-ci est même quelquefois mêlée de feldspath let d'amphibole. Les schistes verts et bleus, le grünstein, le calcaire noir, et la serpentine traversée par des filons de cuivre, ne forment qu'un seul terrain, qui est recouvert et intimement lié à des amygdaloïdes pyroxéniques et à de la phonolithe. J'ai décrit ce gisement remarquable des roches serpentineuses de Venezuela dans le 16.ᵉ chapitre de mon *Voyage aux régions équinoxiales de l'Amérique.*

Dans l'île de Cuba, la baie de la Havane sépare le calcaire du Jura d'une formation d'euphotide dont les couches les plus basses alternent, non avec du grünstein, mais avec une véritable syénite de transition composée de beaucoup de feldspath blanc, d'amphibole décomposé et d'un peu de quarz. Les strates alternans de la syénite et de la serpentine ont jusqu'à trois toises d'épaisseur; l'assise supérieure de cette formation mixte est de la serpentine, formant des collines de trente à quarante toises de hauteur, abondant en diallage métalloïde, et traversée de filons remplis de belles calcédoines, d'améthystes et de minérais de cuivre. Cette roche est confusément stratifiée (par groupes, N. 55° E.; incl. de 60° au S. O. ou N. 90 E.; incl. de 50° au N.): il en sort des sources de pétrole et d'eau chargée d'hydrogène sulfuré.

A ce même terrain d'euphotide de transition (§. 25) semblent appartenir et la formation d'Écosse (Girvan et Bellantraë) composée, d'après M. Boué, de serpentine, des roches hypersthéniques et de syénite, et la célèbre formation du Florentin (Prato, Monteferrato), décrite par MM. Viviani, Bardi, Brocchi et Brongniart. L'hypersthène remplace souvent (Écosse, et Gernerode en Allemagne) la diallage. Quant aux euphotides du Florentin, elles ont été récemment l'objet de discussions intéressantes. Elles renferment des lits de jaspe rougeâtre, quelquefois rubané, et paroissent superposées, d'après M. Brocchi, comme celles de Styrie, à des grauwackes et à des calcaires de transition. M. Brongniart pense que le terrain arénacé, ou, comme il le nomme, le terrain calcaréo-psammitique des Apennins, qui sert de base aux euphotides jaspifères, est ou une roche secondaire très-mince, ou une roche de transition très-moderne. Ce savant a fait connoître la liaison intime qui existe entre la serpentine d'Italie et le terrain jaspique. Ce dernier terrain constitue généralement l'assise inférieure des euphotides.

Ici se termine la série des formations intermédiaires. Nous avons donné plus d'étendue à leur description, parce que, tout en essayant de les présenter d'après une nouvelle classification par groupes, nous avons voulu fixer l'attention des géognostes sur divers phénomènes de gisement qu'offrent les montagnes peu connues du Mexique et de l'Amérique du Sud.

TERRAINS SECONDAIRES.

I. *Grand dépôt de houille, grès rouge et porphyre secondaire.* (Amygdaloïde, grünstein, rétinite.)

II. *Zechstein* (calcaire alpin, magnesian limestone), quelquefois intercalé au grès rouge. (Gypse hydraté, sel gemme.)

III. *Dépôts alternans, arénacés et calcaires* (marneux et oolithiques), placés *entre le zechstein et la craie.* Nous ne citerons ici que deux types très-analogues dans leurs rapports géognostiques, et en commençant chaque série par les roches les plus anciennes.

1.er TYPE.

Grès bigarré (à oolithes), et *argile* avec gypse fibreux et traces de sel gemme.
Muschelkalk (calcaire de Gœttingue).
Quadersandstein.
Calcaire du Jura en plusieurs assises : calcaire spongieux et caverneux ; calcaire marneux avec ossemens d'ichthyosaures (lias) ; oolithes ; calcaires à madrépores et à polypiers (coral rag) ; calcaires à poissons et crabes fossiles.
Argile avec lignites.
Grès et *sables verts* (craie chloritée ou plänerkalk).

2.e TYPE.

Red marl, terrain marneux avec gypse et sel gemme.
Terrain d'oolithes, dont l'assise inférieure est le lias.
Sables verts (green sand), qui représentent la craie chloritée.

IV. *Craie* blanche et grise, ou craietuffeau.

TERRAINS EXCLUSIVEMENT VOLCANIQUES.

I. *Formations trachytiques.*

Trachytes granitoïdes et syénitiques.

Trachytes porphyriques (feldspathiques et pyroxéniques).

Phonolithes des trachytes.

Trachytes semi-vitreux.

Perlites avec obsidienne.

Meulières trachytiques celluleuses, avec nids siliceux.

(*Conglomérats trachytiques et ponceux,* avec alunites, soufre, opale et bois opalisé.)

II. *Formations basaltiques.*

Basaltes avec olivine, pyroxène et un peu d'amphibole.

Phonolithes des basaltes.

Dolérites.

Mandelstein celluleux.

Argile avec grenats-pyropes.

Cette dernière formation semble liée à l'argile avec lignites du terrain tertiaire sur lequel se sont souvent répandues des coulées de basalte.

(*Conglomérats et scories basaltiques.*)

TERRAINS TERTIAIRES.

Dépôts supérieurs à la craie. Leur ordre de succession diffère selon l'alternance des formations partielles qui se trouvent plus ou moins développées. Nous présentons le type le plus compliqué et le mieux connu :

Argiles plastiques avec lignites, succin et grès quarzeux. (Une formation à peu près parallèle, peut-être plus neuve encore, est la formation de molasse et nagelfluhe d'Argovie avec lignites et ossemens fossiles).

Calcaire (grossier) *de Paris.* Les couches supérieures et inférieures sont du grès.

Marnes et gypse à ossemens. Les assises inférieures sont du calcaire siliceux.

Grès et sables de Fontainebleau.

Terrain lacustre, ou d'eau douce, supérieur. (Meulières siliceuses. Calcaire d'OEningen, peut-être lié à la molasse. Travertin.)

Dépôts d'alluvion.

Suite des TERRAINS EXCLUSIVEMENT VOLCANIQUES.

III. *Laves* sorties d'un cratère volcanique. (Laves anciennes à larges nappes, généralement abondantes en feldspath. Laves modernes à courans distincts et de peu de largeur. Obsidiennes et ponces des obsidiennes.)

IV. *Tuffs des volcans* avec coquilles.

[Dépôts de calcaire compacte, de marne, de gypse et d'oolithes superposés aux tuffs volcaniques les plus modernes. Ces petites formations locales appartiennent peut-être aux terrains tertiaires. Plateau de Riobamba ; Isles Fortaventura et Lancerote.]

J'ai exposé plus haut les raisons pour lesquelles je fais succéder à la fois, comme par bisection, les terrains secondaires et volcaniques aux terrains de transition. Ces derniers se lient, par leurs grauwackes et leurs porphyres, comme par une grande accumulation de carbone, au grès rouge, aux porphyres secondaires et aux dépôts de houilles ; ils se lient par leurs porphyres et syénites aux trachytes. Ces liaisons sont si intimes qu'on a souvent de la peine à séparer les porphyres, les amygdaloïdes bulleuses et les roches pyroxéniques appartenant au terrain de transition, soit des grès rouges avec bancs intercalés de porphyre et de grünstein, soit des formations exclusivement volcaniques. Je me sers de l'expression *terrain exclusivement volcanique,* pour rappeler que hors de ce terrain il peut y avoir des roches d'origine ignée, mais que nulle part ailleurs on n'en trouve une suite *moins interrompue* et moins contestée.

TERRAINS SECONDAIRES.

Ces terrains se sont très-inégalement développés sur le globe, et la cause de cette inégalité de développement est un des problèmes les plus intéressans de la géogonie ou *géologie historique*. Il est assez'rare de trouver tous les membres de la série des formations secondaires et tertiaires réunis dans un même pays (Thuringe, Hanovre, Westphalie; Bavière; France septentrionale; centre et sud de l'Angleterre): souvent de grandes formations, par exemple, le grès rouge ou le calcaire alpin, manquent entièrement; d'autres fois le second est contenu dans le premier comme une couche subordonnée; d'autres fois encore tous les termes de la série géognostique entre le calcaire alpin et le Jura, ou ceux qui sont postérieurs à la craie, se trouvent supprimés. Dans la péninsule Scandinave, sur les côtes de la Mer de Behring, et (si l'on excepte le grès des lignites que recouvrent les basaltes) même dans le Groënland, cette suppression s'étend sur tous les terrains secondaires et tertiaires. On a cru long-temps que ce phénomène bizarre étoit exclusivement propre à la zone la plus boréale, surtout à celle qui est contenue entre les 60° et 70° de latitude; mais, dans un immense espace de la Sierra Parime, près de l'équateur, entre le bassin de l'Amazone et celui du Bas-Orénoque (lat. 2°— 8°, long. 65°—70°), j'ai aussi vu la formation primitive de granite-gneis non recouverte de terrains intermédiaires, secondaires et tertiaires. Lorsque l'absence des formations postérieures au développement des êtres organisés sur le globe n'est pas totale, ce sont plutôt les terrains calcaires que ceux de grès qui se trouvent supprimes; car chaque formation non schisteuse a des brèches et des conglomérats à fragmens ou grains plus ou moins gros, qui lui sont propres. Ces conglomérats sont de petits dépôts partiels qu'il ne faut pas confondre avec les grandes formations indépendantes de grauwacke, de grès rouge, de grès bigarré et de quadersandstein.

I. HOUILLE, GRÈS ROUGE ET PORPHYRE SECONDAIRE (*avec amyg-daloïde, grünstein et calcaire intercalés*).

S. 26. Le grès houiller et le porphyre constituent une même formation (rothes todtes liegende), variable d'aspect, et d'une structure souvent très-compliquée. Des mandelstein celluleux, du grünstein, des roches grenues feldspathiques et pyroxéniques, des rétinites (pechstein) et quelques calcaires fétides appartiennent à cette formation comme bancs intercalés. Les minéralogistes anglois nomment *nouveau conglomérat rouge* (new red conglomerate d'Exeter et Teignmouth) notre formation de grès rouge et de porphyre, pour la distinguer de leur *grès rouge ancien* (old red sandstone de Mitchel Dean, dans le Herefordshire, qui est une roche arénacée (grauwacke) de transition, placée entre deux calcaires de transition, ceux du Derbyshire et de Longhope. Cette nomenclature, que le savant professeur d'Oxford, M. Buckland, a récemment éclaircie, a été la cause de beaucoup de méprises géologiques. Il seroit, je crois, très-utile pour les progrès de la science des gisemens, que l'on abandonnât peu à peu ces dénominations vagues de grès *anciens*, *intermédiaires* et *nouveaux*, de gypses et de grès *inférieurs* et *supérieurs*, de calcaires de *première*, *seconde* et *troisième* formation. Elles n'ont qu'une vérité relative dans tel ou tel lieu; elles énumèrent ce qui est numériquement variable, selon les alternances et les suppressions des différens termes de la série.

Le terrain de transition n'offre pas seulement de l'anthracite; il offre déjà de la véritable houille. On en trouve de petits dépôts en Angleterre dans l'old red sandstone (Bristol), dont les couches inférieures passent d'un conglomérat fin et marneux à un grauwacke très-compacte, et dans le mountain-limestone (Cumberland), qui est analogue au calcaire de transition de Namur en Belgique et de Prague en Bohème. Mais le grand

dépôt de houille (coal measures) se trouve, comme nous l'avons
dit plus haut, sur la limite des roches intermédiaires et secondaires. A cause de cette position même, la houille est quelquefois (Angleterre, Hongrie, Autriche au sud du Danube, Belgique) mêlée de couches arénacées liées à de véritables grauwackes; d'autres fois (et c'est là le type le plus généralement
reconnu sur le continent depuis les observations de Fuchs et
de Lehman, faites vers l'an 1750) elle appartient à la grande
formation de porphyre et de grès rouge. Dans le premier cas
(Angleterre), les dépôts de houille suivent l'inclinaison des
roches de transition auxquelles (comme l'ont judicieusement
prouvé MM. Conybeare et Phillips) ils sont plus particulièrement liés; on les trouve tout aussi inclinés que les calcaires
noirs et les grauwackes qu'ils surmontent. La série des formations horizontales et secondaires ne paroît alors commencer
qu'avec le calcaire magnésien, qui représente le zechstein ou
calcaire alpin. Dans le second cas (Allemagne; est de France),
le dépôt houiller accompagne le grès rouge et le porphyre,
quels que puissent être les terrains primitifs ou intermédiaires
sur lesquels ces deux roches sont immédiatement placées. Cette
union constante avec des roches superposées, et cette indifférence
pour le terrain inférieur, sont les caractères géognostiques les
plus sûrs de la dépendance ou de l'indépendance d'une formation. Souvent le grand dépôt de houille n'est ni recouvert de
porphyre et de grès rouge, ni mêlé de couches arénacées appartenant au terrain intermédiaire. Souvent il est placé dans des
bassins entourés de collines de grès rouge et de porphyre, et
n'offre dans son toit que des couches alternantes d'argile schisteuse (schieferthon), tantôt gris-bleuâtre, tendres et remplies
d'empreintes de fougères, tantôt compactes, carburées (brandschiefer) et pyriteuses. De minces strates de grès charbonneux
(kohlenschiefer), de grès quarzeux passant au quarz grenu, de
conglomérats à gros fragmens (steinkohlen-conglomérat) et de
calcaire fétide, se rencontrent au milieu du schieferthon ayant

qu'on atteigne la houille. Ce sont de petites formations locales que présentent également, et dans des circonstances entièrement analogues, les dépôts d'argile muriatifère (saltzthon), de sel gemme, de fer hydraté et de calamine, qui ne sont pas recouverts immédiatement par la grande formation de calcaire alpin. Malgré ces apparences d'isolement et d'indépendance, les houilles et le sel gemme n'en appartiennent pas moins, géognostiquement, les unes au grès rouge et l'autre au calcaire alpin ou zechstein. Les empreintes de fougères, comme l'ont observé très-bien MM. Voigt et Brongniart, caractérisent l'époque des véritables houilles, tandis que les argiles des lignites en sont dépourvues.

Dans la zone tempérée de l'ancien continent la houille descend jusque dans les lieux les plus bas du littoral. Près de Newcastle-on-Tyne on trouve, au niveau et au-dessous du fond de la mer, cinquante-sept couches d'argile endurcie et de conglomérat, alternant avec vingt-cinq couches de houille. Au contraire, dans la région équinoxiale du nouveau continent j'ai vu la houille intercalée au grès rouge s'élever, dans le plateau de Santa-Fé de Bogota (Chipo entre Canoas et le Salto de Tequendama; montagne de Suba; Cerro de los Tunjos) à 1360 toises de hauteur au-dessus du niveau de l'océan. L'hémisphère austral offre aussi des houilles dans les hautes Cordillères de Huarocheri et de Canta : on m'a même assuré que près de Huanuco elles se trouvent (intercalées au calcaire alpin?) très-près de la limite des neiges perpétuelles, à 2300 toises de hauteur, par conséquent au-dessus de toute végétation phanérogame. Les dépôts de houille abondent hors des tropiques dans le Nouveau-Mexique, au centre des plaines salifères du Moqui et de Nabajoa, et à l'est des montagnes rocheuses, comme aussi vers les sources du Rio Sabina, dans cet immense bassin, couvert de formations secondaires, que parcourent le Missoury et l'Arkansas. Des masses rhomboïdales fibreuses à éclat soyeux et colorant les doigts se trouvent enchâssées dans la houille compacte des deux continens; elles forment une espèce de brèche que les mineurs regardent comme renfermant des fragmens de bois charbonné. Quelquefois ces masses lustrées sont presque incombustibles, et deviennent une espèce d'anthracite à texture fibreuse (faserkohle d'Estnei ; mineralische holzkohle de Werner). On les trouve, selon les observations de MM. de Buch et Karsten, accumulées (Lagiewnick dans la haute Silésie) en bancs de 4 à 5 pouces d'épaisseur. Ce phénomène mérite une attention particulière ; car les houilles qui enchâssent les fragmens à éclat soyeux, appartiennent au grès rouge le mieux caractérisé, et non aux lignites des argiles placées immédiatement au-dessous ou au-dessus de la craie. Dans la péninsule de la Crimée de vastes terrains présentent des alternances sans nombre de couches d'argile schisteuse dépourvues de houilles, de conglomérats, de grünstein et de calcaire compactes. Est-ce là une formation de grès rouge, renfermant des roches amphiboliques et alternant avec le zechstein ?

Il est difficile d'assigner un type général à l'ordre des différentes assises qui constituent la grande formation §. 26. La houille paroît le plus souvent au-dessous du grès rouge ; quelquefois elle est placée évidemment ou dans cette roche, ou dans le porphyre. Le porphyre pénètre et déborde de différentes manières dans la formation du grès houiller : on le voit parfois recouvrir immédiatement la houille ; plus généralement il surmonte le grès, et s'élève en dômes, en cloches ou en rochers à pentes abruptes. Lorsque les terrains de transition sont immédiatement recouverts de grès rouge (Saxe), il est souvent assez difficile de décider si les porphyres que l'on rencontre dans la proximité des houilles sont des porphyres de transition, ou s'ils appartiennent au grès rouge. Il paroît d'ailleurs que les porphyres forment moins souvent de véritables couches, que des amas transversaux et entrelacés (stehende Stöcke et Stockwerke) dans le terrain houiller. Ils varient beaucoup de couleur : ils sont violâtres, gris et brun-rougeâtre ou tirant sur le blanc (Petersberg près de Halle, Giebichenstein,

Wettin), infiltrés de chaux fluatée, non stratifiés, divisés quelquefois en tables minces, et accompagnés de *brèches porphyriques*. La pâte de ces porphyres, qui enchâssent, outre le feldspath lamelleux, quelquefois stéatiteux, du quarz noirâtre, un peu de mica brun et d'amphibole, est généralement formée par du feldspath compacte. Cette pâte passe au kaolin (Morl près Halle); d'autres fois elle devient noire et presque basaltique (Lobegün en Saxe, Schulzberg en Silésie), bulleuse et comme scorifiée (Plizgrund près Schmiedsdorf en Silésie), ou passant à la phonolithe (Zittau en Saxe). Dans les porphyres, les amygdaloïdes, les grünstein et les roches pyroxéniques du grès rouge, on remarque quelquefois (Saxe, Silésie, Palatinat, Écosse) ces mêmes analogies avec les roches exclusivement appelées volcaniques, qu'on trouve dans les porphyres et syénites du terrain intermédiaire (Hongrie, Norvége, Mexique, Pérou). M. de Buch a vu en Silésie des porphyres du grès rouge abonder en cristaux d'amphibole (Reichmacher près Friedland), ou enchâsser à la fois (Wildenberg près Jauer) du quarz et des cristaux effilés de feldspath vitreux. M. Boué observe que dans le grès rouge d'Écosse, qui, en général, est assez dépourvu de houille (à l'exception du comté de Dumfries), les roches trappéennes intercalées ont des vacuoles à enduit lustré et alongées. Ces mandelstein bulleux du grès rouge prennent toute l'apparence de *coulées* volcaniques intercalées.

L'Allemagne offre, à son extrémité septentrionale (île de Rugen), de la craie et des terrains tertiaires; à son extrémité méridionale, dans le Tyrol (vallée de l'Eisack, Collman, Botzen, Pergine, Neumarkt), les porphyres du grès rouge. La composition de ces porphyres du Tyrol est identique avec celle des porphyres du Mansfeld : ils renferment, outre le feldspath, le mica noir et le quarz brun-de-girofle, un peu d'amphibole. La couleur rouge de leur pâte pénètre quelquefois jusque dans les cristaux de feldspath qu'ils enchâssent. Dans un voyage géognostique fait en 1795, j'ai trouvé ces porphyres assez régulièrement stratifiés, près de

Botzen et de Brandsol (N. 25° O. incl. de 30° au S. E.). Ils offrent de petits dépôts de houille sur les bords de l'Adige, entre Saiss et S. Peter.

Dans toutes les parties de l'Europe, les porphyres secondaires offrent l'apparence d'un passage progressif au grès rouge. Quelques géognostes admettent que des cristaux isolés de feldspath se trouvent empâtés dans le ciment de la roche arénacée, ou qu'ils s'y sont développés; d'autres assurent (et avec plus de raison peut-être) que ces prétendus passages des porphyres aux brèches porphyriques et au grès rouge ne sont que l'effet d'une illusion produite par des *porphyres régénérés*, c'est-à-dire, par des agglomérats qui se sont formés à une époque où les fragmens empâtés étoient encore dans un état de ramollissement peu propre à conserver leurs contours au milieu du ciment interposé. Une brèche porphyrique (trümmerporphyr) près de Duchs en Bohème, que nous avons décrite, M. Freiesleben et moi, en 1792, et dans laquelle des grains informes de quarz sont mêlés à des cristaux brisés de quarz et de feldspath, peut répandre quelque jour sur un phénomène qui n'est point encore suffisamment éclairci. Il est bien remarquable, et cette observation a été faite depuis long-temps, que les porphyres manquent au nord des Alpes de la Suisse et du Tyrol, tandis qu'ils sont très-communs à la pente méridionale des Alpes, entre le lac Maggiore et la Carinthie.

Le *grès rouge* est généralement composé de fragmens de roches qui tirent leur origine des montagnes les plus voisines. Dans l'Allemagne septentrionale, ces fragmens sont plus souvent le quarz, la lydienne, le silex (hornstein), le porphyre, la syénite et le thonschiefer, que le gneis, le granite et le micaschiste. La couleur du grès rouge est très-variable : elle passe du brun-rougeâtre au gris (graue liegende); elle est même quelquefois mélangée par couches très-minces, comme dans le grès bigarré. La teinte rouge de cette formation est due, selon l'opinion de plusieurs géologues célèbres, aux parties ferrugineuses des por-

phyres voisins. Sans vouloir infirmer la justesse de cette observation pour ce qui regarde une partie de l'ancien continent,
je dois pourtant énoncer quelques doutes relativement à l'influence des porphyres sur la formation du grès rouge dans les
régions équinoxiales du nouveau continent. Le grès des vastes
steppes de Venezuela est brun-rougeâtre, comme le *todte liegende*
de Mansfeld; il ne renferme pas de fragmens de porphyre, et
à plusieurs centaines de lieues de distance on n'y connoît aucune
couche de porphyre intermédiaire ou secondaire. Il en est de
même des grès rouges de Fünfkirchen et de Yasas en Hongrie,
décrits par M. Beudant.

Partout où, dans la formation S. 26, des conglomérats grossiers alternent avec des roches arénacées à petits grains, ces
derniers passent au grès houiller schisteux et fortement micacé
(sandsteinschiefer). Ces masses alternantes renferment de l'argile
schisteuse grise, verdâtre ou brune. Lorsque cette argile est
fortement carburée (kohlenschiefer) et bitumineuse, elle contient
quelquefois (Suhl, Goldlauter) des minérais argentifères (du
cuivre gris, de la galène et des pyrites cuivreuses). Elle offre
des empreintes de poissons fossiles, et prend l'aspect du kupferschiefer appartenant au calcaire alpin. D'un autre côté, la désagrégation de roches arénacées à petits grains forme des bancs
de sable quarzeux et brunâtre (triebsand) au milieu des grès
rouges les plus compactes (Walkenried et Bieber). Le ciment
du grès houiller est quelquefois calcaire, et les parties de chaux
carbonatée deviennent si fréquentes, qu'elles donnent à la roche
une apparence de calcaire grenu et arénacé (montagnes houil-
lères sur les limites de la Hongrie et de la Galicie). Ce sont là
les *grès calcarifères* de M. Beudant, mêlés de grains verts chloriteux. Quant aux fragmens enchâssés dans les grès rouges, ils
sont ou anguleux et fondus dans la masse, ou arrondis et aplatis comme les cailloux roulés de la nagelfluhe la plus récente. La
formation de grès rouge qui constitue la majeure partie de l'Irlande, et qui est si commune dans l'Allemagne septentrionale,

dans la Forêt-noire et dans les Vosges, manque (de même que la formation des porphyres) presque entièrement dans les hautes Alpes de la Suisse. Le Niesen appartient probablement déjà au grauwacke, et M. de Gruner croit que les environs de Mels, Bregentz et Sonthofen offrent les seuls conglomérats qui, par leur structure et leur gisement, se rapprochent du grès rouge. Dans les hautes Alpes, comme dans plusieurs parties de la Silésie (Schweidnitz) et de la Hongrie (Dunajitz), le grès rouge enchâsse pour ainsi dire le calcaire alpin et alterne avec lui : dans le cercle de Neustadt, en Saxe, le grès rouge manque entièrement.

Les couches subordonnées au grès rouge ou alternant avec lui sont les suivantes : calcaires fétides et schistes fortement carburés et bitumineux (kohlenschiefer de Freiesleben), qui annoncent la liaison intime du grès rouge avec le zechstein et avec les schistes marno-bitumineux (kupferschiefer) : grünstein, mélange de feldspath et d'amphibole (Noyant et Figeac en France), quelquefois même pyroxénique (Écosse) : mandelstein celluleux, quelquefois comme boursouflé, renfermant (Ihlefeld au Harz; rives de la Nahe, Oberstein et Kirn, Exeter, Heavitree) des agathes, de la calcédoine, de la prehnite et de la chabasie, et pénétrant comme par des crevasses dans la masse du grès rouge (Planitz en Saxe) : houilles alternant avec des argiles schisteuses à fougères : anthracites (Schönfeld entre Altenberg et Zinnwald) appartenant plus particulièrement, d'après M. Beudant, au porphyre intercalé au grès rouge qu'à cette dernière roche : porphyres alternant d'abord avec le grès rouge et puis le surmontant en grandes masses rocheuses : pechstein (quarz résinite ou rétinite). Le vrai gisement du pechstein en Saxe a été reconnu par MM. Jameson, Raumer, Przystanowsky et Schenk. Cette substance forme un porphyre à base semi-vitreuse, renfermant du feldspath souvent fendillé, et très-peu de mica, d'amphibole et de quarz cristallisé (vallée de Triebitch). Le pechstein enchâsse des fragmens de gneis (Mohorn et Braunsdorf); il est traversé par de petits filons d'anthracite fibreuse (Planitz près Zwickau), et il alterne avec le porphyre commun du grès rouge. Ces porphyres et ces rétinites reposent (Nieder-Garsebach) sur la syénite de transition. M. Beudant, qui a récemment donné une description détaillée de ce gisement, a reconnu que le pechstein de Herzogswalde est enclavé dans un dépôt arénacé à pâte d'argilolithe (thonstein), dépôt qui enchâsse des fragmens anguleux de gneis et de micaschiste, et qui appartient au grès rouge. Le pechstein de Grandola au lac Maggiore offre le même gisement : celui d'Écosse contient du naphte. Au Pérou il y a des pechstein (gris de fumée, presque dépourvus de feldspath, renfermant du mica cristallisé) dans le chemin de Couzco à Guamanga. Ils y forment des montagnes entières ; mais ce terrain, d'après les observations de M. de Nordenflycht, est subordonné, comme en Europe, au terrain porphyrique.

Toute la formation S. 26, que nous décrivons, est généralement caractérisée par l'absence des coquilles fossiles. Si l'on en trouve quelques-unes, elles appartiennent aux couches calcaires et aux schistes carburés (kohlenschiefer) qui sont intercalés au grès rouge, et non à la masse de celui-ci, qui n'abonde dans les deux hémisphères (plaines de la Thuringe, Kiffhäuser, Tilleda ; plaines de Venezuela entre Calabozo et Chaguaramas ; plateau de Cuença, au sud de Quito) qu'en troncs de bois fossile et autres débris de monocotylédonées. M. Brongniart fils croit cependant que les impressions de vrais palmiers manquent dans les houilles.

Dans la région équinoxiale du nouveau continent j'ai eu l'occasion d'observer le terrain de grès rouge au nord et au sud de l'équateur sur six points différens ; savoir : dans la Nouvelle-Espagne (de 1100 à 1300 toises de hauteur), dans les steppes ou Llanos de Venezuela (30 — 50 toises), dans la Nouvelle-Grenade (50 — 1800 toises), sur le plateau méridional de la province de Quito (1350 — 1600 toises), dans le bassin de Caxamarca au Pérou (1470 toises), et dans la vallée occidentale de l'Amazone (200 toises).

1. *Nouvelle-Espagne.* Les schistes et les porphyres de transition de Guanaxuato (plateau d'Anahuac), dont nous avons donné plus haut (§§. 22, 23) une description détaillée, sont couverts d'une formation de grès rouge. Cette formation remplit les plaines de Celaya, de Salamanca et de Burras (900 toises); elle y supporte un calcaire assez analogue à celui du Jura et un gypse feuilleté. Elle remonte par la Cañada de Marfil aux montagnes qui entourent la ville de Guanaxuato, et se montre par lambeaux dans la Sierra de Santa Rosa près de Villalpando (1330 toises). Ce grès mexicain offre la ressemblance la plus frappante avec le *rothe todte liegende* du Mansfeld en Saxe : il enchâsse des fragmens constamment anguleux de lydienne, de syénite, de porphyre, de quarz et de silex (splittriger hornstein). Le ciment qui lie ces fragmens, est argilo-ferrugineux, très-tenace, brun-jaunâtre, souvent (près de la mine de Serena) rouge de brique. Des couches de conglomérat grossier, renfermant des fragmens de deux à trois pouces de diamètre, alternent avec un conglomérat très-fin, quelquefois même (Cuevas) avec un grès à grains de quarz uniformément arrondis. Les conglomérats grossiers abondent plus dans les plaines et dans les ravins que sur les hauteurs. Dans les couches les plus anciennes (mine de Rayas) j'ai cru voir un passage du grès rouge au grauwacke : les morceaux de syénite et de porphyre enchâssés deviennent très-petits; leurs contours sont peu distincts, et ils paroissent comme fondus dans la masse. Il ne faut pas confondre ce conglomérat (frijolillo de Rayas) avec celui de la mine d'Animas, qui est gris-blanchâtre et renferme des fragmens de calcaire compacte. Souvent dans le grès rouge de Guanaxuato, comme dans celui d'Eisleben en Saxe, le ciment est si abondant (chemin de Guanaxuato à Rayas et à Salgado) que l'on n'y distingue plus de fragmens empâtés. Des couches argileuses de 3 à 4 toises d'épaisseur alternent alors avec le conglomérat grossier. Généralement, la grande forma-

tion de grès rouge, superposée au thonschiefer métallifère, ne paroit (Belgrado , Buffa de Guanaxuato) qu'adossée au porphyre de transition ; mais à Villalpando on la voit clairement reposer sur cette dernière roche. Je n'ai point trouvé de coquilles pétrifiées, ni de traces de houille et de bois fossile, dans les grès rouges de Guanaxuato. Ces substances combustibles se trouvent fréquemment en d'autres parties de la Nouvelle-Espagne, surtout dans celles qui sont moins élevées au-dessus du niveau de la mer. On connoit la houille dans l'intérieur du Nouveau-Mexique, non loin des rives du Rio del Norte. D'autres dépôts sont probablement cachés dans les plaines du Nuevo-Sant-Ander et du Texas. Au nord de Natchitoches, près de la houillère de Chicha, une colline isolée fait entendre de temps en temps, peut être par l'inflammation du gaz hydrogène mêlé à l'air atmosphérique, des détonations souterraines. Le bois fossile est commun dans les grès rouges qui s'étendent vers le nord-est de la ville de Mexico ; on le trouve également dans les immenses plaines de l'intendance de San-Luis Potosi, et près de la Villa de Altamira. La houille du Durasno (entre Tierra-Nueva et San-Luis de la Paz) est placée sous une couche d'argile renfermant du bois fossile, et sur une couche de mercure sulfuré qui recouvre le porphyre. Appartient-elle à des lignites très-récens? ou ne doit-on pas plutôt admettre que ces substances combustibles du Durasno, ces argiles et ces porphyres semi-vitreux (pechstein-porphyre), globuleux et couverts d'hyalithe mamelonnée, porphyres qui, dans d'autres parties du Mexique (San-Juan de la Chica ; Cerro del Fraile près de la Villa de San-Felipe), renferment des dépôts de mercure sulfuré, sont liés a la grande formation du grès rouge? Il n'est pas douteux que cette formation ne soit tout aussi riche en mercure dans le nouveau continent, que dans l'Allemagne occidentale ; elle l'est même là ou manquent les porphyres (Cuenca, plateau de Quito); et, si la réunion de filons d'étain à des filons de cinabre, dans les porphyres de San-Felipe, paroit éloigner au premier abord les-roches porphyriques qui abondent en mercure de ceux du grès rouge, il faut se rappeler que les thonschiefer et porphyres de transition (Hollgrund près Steben, Hartenstein) sont aussi en Europe quelquefois stannifères.

Je place à la suite du grès houiller de Guanaxuato une formation un peu problématique, que j'ai déjà décrite, dans mon *Essai politique sur la Nouvelle-Espagne*, sous le nom de *lozero* ou d'agglomérat feldspathique : c'est une roche arénacée, blanc-rougeâtre, quelquefois vert de pomme, qui se divise, semblable au grès à dalles (*Leuben-* ou *Waldplattenstein* de Suhl), en plaques très-minces (*lozas*) : elle renferme des grains de quarz, de petits fragmens de thonschiefer, et beaucoup de cristaux de feldspath en partie brisés, en partie restés intacts. Ces diverses substances sont liées ensemble dans le *lozero* du Mexique, comme dans la roche à aspect porphyrique de Suhl, par un ciment argilo-ferrugineux (Cañada de Serena et presque toute la montagne de ce nom). Il est probable que la destruction du porphyre a eu la plus grande influence sur la formation du grès feldspathique de Guanaxuato. Le minéralogiste le plus exercé seroit tenté de le prendre, au premier abord, pour un porphyre à base argileuse ou pour une brèche porphyrique. Autour de Valenciana le *lozero* forme des masses de 200 toises d'épaisseur : elles excèdent en élévation les montagnes formées par le porphyre intermédiaire. Près de Villalpando, un agglomérat feldspathique à très-petits grains alterne par couches d'un à deux pieds d'épaisseur, vingt-huit fois, avec de l'argile schisteuse brun-noirâtre. Partout j'ai vu reposer cet agglomérat ou *lozero* sur le grès rouge, et à la pente sud-ouest du Cerro de Serena, en descendant vers la mine de Rayas, il m'a paru même assez évident que le *lozero* forme une couche dans le conglomérat grossier de Marfil. Je doute par conséquent que cette formation remarquable puisse appartenir à des *conglomérats trachytiques ponceux*, comme M. Beudant semble l'admettre d'après l'analogie de quelques roches de Hongrie. Souvent le ciment argileux devient si abondant que

14

lcs parties enchâssées sont à peine visibles, et que la masse passe à l'argilolithe (thonstein) compacte. Dans cet état le *lozero* offre la belle pierre de taille de Queretaro (carrières de Caretas et de Guimilpa), qui est si recherchée pour les constructions. J'en ai vu des colonnes de quatorze pieds de haut et de deux pieds et demi de diamètre, rouge de chair, de brique ou de fleurs de pêcher. Ces belles couleurs, en contact avec l'atmosphère, passent au gris, probablement par l'action de l'atmosphère sur le manganèse dendritiforme que renferme la roche dans ses fissures. La cassure des colonnes de Queretaro est unie, comme celle de la pierre lithographique du Jura. Ce n'est qu'avec peine que l'on découvre dans ces argilolithes quelques fragmens extrêmement petits de thonschiefer, de quarz, de feldspath et de mica. Je ne déciderai pas si les cristaux non brisés du *lozero* ou grès feldspathique se sont développés dans la masse même, ou s'ils s'y trouvent accidentellement. Je me borne à rappeler ici qu'en Europe le grès rouge et ses porphyres sont aussi quelquefois caractérisés par une *suppression locale* de cristaux et de fragmens enchâssés. Le *lozero* me paroît une formation de grès superposée, peut-être même subordonnée au grès rouge; et si l'ancien continent ne nous offre pas une roche entièrement semblable, nous voyons du moins les premiers germes de ce genre de structure pseudo-porphyrique dans les bancs de grès à cristaux de feldspath, brisés ou intacts, qu'enchâsse quelquefois la grande formation de grès rouge du Mansfeld et du Thuringerwald. (Freiesleben, *Kupf., B. IV, p.* 82, 85, 95, 194.)

2.° *Venezuela.* Dans l'Amérique méridionale, les immenses plaines de Venezuela (Llanos du Bas-Orénoque) sont en grande partie recouvertes de grès rouge et de terrains calcaires et gypseux. Le grès rouge y est disposé en *gisement concave* (muldenförmige Lagerung) entre les montagnes du littoral de Caracas et celles de la Parime ou du Haut-Orénoque. Il s'adosse au nord à des schistes de transition ; au sud il repose immédiatement sur le granite primitif. C'est un conglomérat à fragmens arrondis de quarz, de pierre lydienne et de kieselschiefer, réunis par un ciment argilo-ferrugineux, brun-olivâtre et extrêmement tenace. Ce ciment est quelquefois (près de Calabozo) d'un rouge si vif, que les gens du pays l'ont cru mêlé de cinabre. Le conglomérat à gros grains y alterne avec un grès quarzeux à grains très-fins (Mesa de Paja). L'un et l'autre enchâssent de petites masses de fer brun et du bois pétrifié de monocotylédonés. Cette formation arénacée est recouverte (Tisnao) par un calcaire compacte gris-blanchâtre, analogue au calcaire du Jura. Au-dessus de ce calcaire on trouve (Mesa de San-Diego et Ortiz) du gypse lamelleux alternant avec des couches de marne. Je n'ai vu des coquilles fossiles dans aucune de ces couches arénacées, calcaires, gyp-seuses et marneuses. Le ciment du conglomérat ne fait nulle part effervescence avec les acides ; et par son gisement et sa composition le grès des steppes de Venezuela m'a paru très-éloigné du *nagelfluhe* (grès à lignites) du terrain tertiaire, avec lequel il a une certaine analogie d'aspect par la forme arrondie des fragmens enchâssés. Ces formations arénacées et calcaires ne s'élèvent pas au-dessus de 3o à 5o toises de hauteur absolue. Dans la partie orientale du Llano de Venezuela (près Curataquiche) on trouve dispersés, à la surface du sol, de beaux morceaux de jaspe rubané ou *cailloux* d'Egypte. Appartiennent-ils au grès rouge, ou sont-ils dus, comme près de Suez, à un terrain plus moderne?

3.° *Nouvelle-Grenade.* Une formation de grès d'une étendue prodigieuse couvre, presque sans interruption, non-seulement les plaines septentrionales de la Nouvelle-Grenade, entre Mompox, le canal de Mahates et les montagnes de Tolu et de Maria, mais aussi le bassin du Rio de la Magdalena (entre Teneriffe et Melgar) et celui du Rio Cauca (entre Carthago et Cali). Quelques fragmens épars de grès schisteux et charbonneux (kohlen-schiefer) que j'ai trouvés à l'embouchure du Rio Sinu (à l'est du golfe de Darien), rendent probable que cette formation s'étend même vers le Rio Atrato et vers l'isthme de Panama. Elle s'élève à de grandes hauteurs, non sur le rameau intermédiaire ou central de la Cordillère (Nevados de Tolima et de Quindiù), mais sur les rameaux oriental (Paramos de Chingasa et de Suma Paz) et occidental (montagnes entre le bassin du Rio Cauca et le terrain platinifère du Choco). J'ai pu suivre ce grès de la Nouvelle-Grenade, sans le perdre de vue un seul instant, depuis la vallée du Rio Magdalena (Honda, Melgar, 130 — 188 t.), par Pandi, jusqu'au plateau de Santa-Fé de Bogota (1365 t.), et même jusqu'au-dessus du lac de Guatavita et de la chapelle de Notre-Dame de Montserrate. Il s'adosse à la Cordillère orientale (celle qui sépare les affluens du Rio Magdalena des affluens du Meta et de l'Orénoque) jusqu'à plus de 1800 toises de hauteur au-dessus du niveau de l'océan. J'insiste sur ces notions de géographie minéralogique, parce qu'elles fournissent de nouvelles preuves de l'énorme épaisseur qu'atteignent les roches dans les régions équinoxiales de l'Amérique. Plusieurs terrains secondaires (grès avec couches de houille, gypse avec sel gemme, calcaire presque dépourvu de pétrifications), que dans le plateau de Santa-Fé de Bogota on seroit tenté de prendre pour un groupe de formations locales remplissant un bassin, descendent jusque dans des vallées dont le niveau est de 7000 pieds plus bas que ce plateau. En allant de Honda à Santa-Fé de Bogota, le grès est interrompu, près de Villeta, par des thonschiefer de transition; mais la position des sources salées de Pinceima et et de Pizarà près de Muzo me porte à croire qu'aussi de ce côté-là, sur les rives du Rio Negro (entre les schistes amphiboliques et carburés de Muzo, renfermant des éméraudes, et les schistes de transition avec filons de cuivre de Villeta), le grès houiller et le gypse muriatifère du plateau de Bogota et de Zipaquira se lient aux terrains homonymes qui remplissent le bassin du Rio Magdalena entre Honda et le détroit de Carare.

Ce grès de la Nouvelle-Grenade (là où j'ai pu l'examiner entre les 4° et 9½° de lat. bor.) est composé de couches alternantes de grès quarzeux et schisteux à petit grains, et de conglomérats qui

enchâssent des fragmens anguleux (ayant 2 à 3 pouces de largeur)
de pierre lydienne, de thonschiefer, de gneis et de quarz (Honda,
Espinal). Le ciment est argileux et ferrugineux, quelquefois siliceux. Les couleurs de la roche varient du gris-jaunâtre au rouge-
brunâtre. Cette dernière couleur est due au fer : aussi trouve-t-
on partout de la mine de fer brun, très-compacte, enchâssée en
nids, en petites couches et en filons irréguliers. Le grès est stratifié en bancs plus ou moins horizontaux. Quelquefois ces bancs
inclinent par groupes et d'une manière assez constante. Près de
Zambrano, sur la rive occidentale du Rio Magdalena, au sud de
Teneriffe, la roche prend une structure globuleuse. J'y ai vu des
boules de grès à très-petits grains de deux à trois pieds de dia-
metre : elles se séparent en douze ou quinze couches concentriques.
La pierre lydienne du plus beau noir, rarement traversée de filets
de quarz, est beaucoup plus abondante dans les conglomérats
grossiers que ne le sont les fragmens de roches primitives. Partout le grès schisteux à petits grains l'emporte, pour sa masse,
sur les conglomerats à gros fragmens. Sur les hauteurs (au-dessus
de 800 à 1000 toises) les derniers disparoissent presque en entier. Le grès du plateau de Bogota et celui que l'on observe en
montant aux deux chapelles placées au-dessus de la ville de
Santa-Fé, à 1650 et 1687 toises d'élévation, sont uniformément composés de très-petits grains quarzeux. On n'y remarque
presque plus de fragmens de lydienne ; les grains de quarz se
rapprochent tellement que la roche prend quelquefois l'aspect
d'un quarz grenu. C'est ce même grès quarzeux qui forme le pont
naturel d'Icononzo. Nulle part ces roches arénacées ne font effervescence avec les acides. Outre la mine de fer brun et (ce qui
est assez curieux) outre quelques nids de graphite très-pur, cette
formation renferme aussi, et à toutes les hauteurs, des couches
d'argile brune, grasse au toucher et non micacée. Cette argile
(Gachansipa, Chaleche, Montagne de Suba) devient quelquefois fortement carburée et passe au brandschiefer. Le sel purga-
tif d'Honda (sulfate de magnésie), si célèbre dans ces contrées,

se montre en efflorescence sur ces couches argileuses (Mesa de Palacios près Honda). Nulle part le grès ne présente différentes couleurs mélangées par zones, ni ces masses d'argile non continues et à forme lenticulaire qui caractérisent le *grès bigarré* (bunte sand-stein), c'est-à-dire, le grès qui couvre le calcaire alpin ou zech-stein. J'ai vu reposer immédiatement la formation de grès que nous venons de décrire, sur un granite rempli de tourmalines (Peñon de Rosa au nord de Banco, vallée de la Magdalena; cascade de la Peña près Mariquita), sur le gneis (Rio Lumbi, près des mines abandonnées de Sainte-Anne), sur le thonschiefer de transition (entre Alto de Gascas et Alto del Roble au nord-ouest de Santa-Fé de Bogota). On ne connoît aucune autre roche secondaire sous le grès de la Nouvelle-Grenade. Il renferme des cavernes (Facatativa, Pandi) et offre des couches puissantes, non de lignite, mais de houille feuilletée et compacte, mêlée de jayet (pechkohle), entre la Palma et Guaduas (600 toises), près de Velez et la Villa de Leiva, comme aussi dans le plateau de Bogota (Chipo près Canoas; Suba; Cerro de los Tunjos), à la grande hauteur de 1370 toises. Les restes de corps organi-sés du règne animal sont extrêmement rares dans ce grès. Je n'y ai trouvé qu'une seule fois des trochilites (?) presque microsco-piques dans une couche d'argile intercalée (Cerro del Portachuelo, au sud d'Icononzo). Il se pourroit que ces houilles de Guaduas et de Canoas fussent un terrain plus récent, superposé au grès rouge; mais rien ne m'a paru annoncer cette superposition. La houille piciforme (jayet, pechkohle) appartient sans doute de préférence aux lignites du grès tertiaire et des basaltes; mais elle forme aussi incontestablement de petites couches dans la houille schisteuse (schieferkohle) du terrain de porphyre et grès rouge.

Les formations qui recouvrent le grès de la Nouvelle-Grenade, et qui le caractérisent, je crois, plus particulièrement comme grès rouge dans la série des roches secondaires, sont le calcaire fétide (confluent du Caño Morocoy et du Rio Magdalena), et

le gypse feuilleté (bassins du Rio Cauca près de Cali, et du
Rio Bogota près de Santa-Fé). Dans ces deux bassins du Cauca
et du Bogota, dont la hauteur diffère de près de 900 toises,
on voit se succéder de bas en haut, très-régulièrement, les trois
formations de grès houiller, de gypse et de calcaire compacte.
Les deux dernières ne semblent constituer qu'un même terrain,
qui représente le calcaire alpin ou zechstein, et qui, généralement dépourvu de pétrifications, renferme quelques ammonites
à Tocayma (vallée du Rio Magdalena). Le gypse manque souvent; mais à la grande élévation de 1400 toises (Zipaquira,
Enemocon et Sesquiler) il est muriatifère, offrant dans l'argile
(salzthon) des dépôts de sel gemme qui, depuis des siècles, sont
l'objet de grandes exploitations.

D'après l'ensemble des observations que je viens de présenter
sur le gisement du grès de la Nouvelle-Grenade, je n'hésite pas
de regarder cette roche, qui a pris un développement de cinq
ou six mille pieds d'épaisseur, et qui va bientôt être examinée
de nouveau par deux voyageurs très-instruits, MM. Boussin-
gault et Rivero, comme un grès rouge (todtes liegende) et non
comme un grès bigarré (grès de Nebra). Je n'ignore pas que
des couches fréquentes d'argile et de mine de fer brun appartiennent plus particulièrement au grès bigarré, et que les ooli-
lithes manquent souvent aussi dans ce grès. Je n'ignore pas
qu'en Europe le grès bigarré (placé au-dessus du zechstein)
présente quelques traces de houille, de petites couches de grès
extrêmement quarzeux (quarz grenu) et du sel gemme, et que
cette dernière substance lui appartient même exclusivement en
Angleterre. Toutes ces analogies me paroîtroient très-importantes,
si des couches de conglomérat grossier alternant (dans les basses
régions) avec des couches de grès à petits grains, si des fragmens anguleux de pierre lydienne, et même de gneis et de
micaschiste, enchâssés dans des conglomérats grossiers, ne ca-
ractérisoient pas le grès de la Nouvelle-Grenade comme parallèle au grès rouge ou grès houiller, c'est-à-dire comme paral-

lèle à celui qui supporte immédiatement le calcaire alpin (zech-stein), renfermant le gypse et le sel gemme. Lorsque le grès bigarré (nord de l'Angleterre et Wimmelbourg en Saxe) présente quelquefois des fragmens de granite et de syénite, ces fragmens sont arrondis et simplement enveloppés d'argile; ils ne forment pas un conglomérat compacte et tenace à fragmens angulaires comme le grès rouge. Cette dernière roche abonde, dans le Mansfeld comme dans la Nouvelle-Grenade, en masses interca-lées d'argile (Cresfeld, Eisleben, Rothenberg), et en petites couches de mine de fer brun et rouge (Burgörner, Hettstedt). La structure globuleuse qu'offre le grès de la vallée du Rio Magdalena se retouve dans le grès houiller de la Hongrie (Klau-senbourg), dans le conglomérat blanchâtre de Saxe (weiss-lie-gendes de Helbra) qui lie le grès houiller au zechstein, et, selon des observations que nous avons faites, M. Freiesleben et moi, en 1795, même près de Lausanne, dans la molasse d'Ar-govie (grès tertiaire à lignite). C'est l'ensemble des rapports de gisement qui détermine l'âge d'une formation, ce n'est pas sa composition et sa structure seules. Les géognostes qui connoissent les différens terrains de grès, non d'après des échantillons de cabinet, mais par de fréquentes excursions dans les montagnes, savent très-bien que, si (par la suppression du calcaire alpin, du muschelkalk, du calcaire du Jura et de la craie) le grès rouge, le grès bigarré mêlé d'argile, le quadersandstein qui n'est pas toujours blanc et très-quarzeux, et la molasse alternant avec des poudingues grossiers (nagelfluhe) étoient immédiate-ment superposés les uns aux autres, on auroit de la peine a prononcer sur les limites de ces quatre terrains arénacés, d'un âge si différent.

Le grès rouge de la Nouvelle-Grenade semble plonger, dans la partie septentrionale du bassin du Rio Magdalena (entre Ma-hates, Turbaco et la côte de la mer des Antilles), sous un calcaire tertiaire rempli de madrépores et de coquilles marines, et constituant, près du port de Carthagène des Indes, le Cerro

de la Popa. Mais, lorsqu'on s'élève à la hauteur de 1400
toises, la formation de calcaire et de gypse que supporte le grès
rouge, est couverte (Campo de Gigantes, à l'ouest de Suacha
dans le bassin de Bogota) de dépôts d'alluvion dans lesquels
j'ai trouvé d'énormes ossemens de mastodontes. D'après la tendance, peut-être trop générale, de la géognosie moderne à étendre le domaine des terrains intermédiaire et tertiaire aux dépens
du terrain secondaire, on pourroit être tenté de regarder le
grès de Honda, le gypse avec sel gemme de Zipaquira, et le
calcaire de Tocayma et de Bogota, comme des formations postérieures à la craie. Dans cette hypothèse, les houilles de Guaduas et de Canoas deviendroient des lignites, et le sel gemme
de Zipaquira, d'Enemocon, de Sesquiler et de Chamesa, entièrement dépourvu de débris végétaux, seroit une formation parallèle aux dépôts salifères (avec lignites) de la Galicie et de
la Hongrie, que M. Beudant croit appartenir au terrain tertiaire.
Mais l'aspect du pays; le manque presque total de corps organisés fossiles, observé jusqu'à 10,000 pieds de hauteur perpendiculaire; la puissance de ces couches arénacées et calcaires,
uniformément répandues, dépourvues des rognons de silex et
d'infiltrations siliceuses, très-compactes, et nullement mélangées
de sables et d'autres matières incohérentes, s'opposent à ces
idées, j'aurois presque dit, à ces empiétemens du terrain tertiaire sur le terrain secondaire. L'ensemble des phénomènes que
j'ai exposés me fait croire que le grès de la Nouvelle-Grenade,
enchâssant des fragmens de lydienne et des roches primitives,
est le véritable grès rouge de l'ancien continent. On ignore si
ce grès, que j'ai vu monter jusqu'à 1700 toises de hauteur à
la pente occidentale de la Cordillère de Chingasa (Cordillère
qui sépare la ville de Santa-Fé de Bogota des plaines du Meta),
dépasse le sommet de cette grande chaîne de montagnes; en
se prolongeant vers les plaines de Casanare. On pourroit le
soupçonner; car les dépôts de sel gemme et les sources de
muriate de soude se suivent, en traversant la Cordillère orien-

tale de la Nouvelle-Grenade, depuis Pinceima jusqu'aux Llános
du Meta (par Zipaquira, Enemocon, Tausa, Sesquiler, Ga-
chita, Medina, Chita, Chamesa et El Receptor), du sud-ouest
au nord-est, dans une même direction, sur une distance de
plus de cinquante lieues. Dans toutes les régions du globe on
observe cette disposition des sources salées par bandes (ou crevasses?) plus ou moins prolongées. Lorsque des plaines salifères de Casanare on avance vers l'Orénoque, les formations
secondaires disparoissent peu à peu, et dans la Sierra Parime
le granite-gneis se montre partout à découvert. Seulement sur
les bords de l'Orénoque, près des grandes cataractes d'Atures
et de Maypures, on retrouve de petits lambeaux de conglomérat
ancien superposés à la roche primitive. Ce conglomérat enchâsse
des grains de quarz, et même (Isla del Guachaco) des fragmens
de feldspath réunis par un ciment brun - olivâtre argileux et
très-compacte. Le ciment, là où il abonde, offre une cassure
conchoïde et passe au jaspe. Cette roche arénacée, que je crois
appartenir au grès rouge des steppes de Venezuela, renferme
des masses très - aplaties de mine de fer brun. Elle rappelle ces
grès qui, dans la Haute - Egypte et en Nubie, reposent aussi
immédiatement sur le granite-gneis des cataractes du Nil.

4.º *Plateau de Quito*. Dans l'hémisphère austral, les Cordillères de Quito m'ont offert la formation de grès rouge la plus
étendue de celles que j'ai observées jusqu'ici. Cette roche couvre,
à 1300 et 1500 toises de hauteur au - dessus du niveau de la
mer, sur une longueur de vingt-cinq lieues, tout le plateau
de Tarqui et de Cuença, devenu célèbre par les opérations des
astronomes françois. Elle s'élève dans le Paramo de Sarar jusqu'à 1900 toises, et l'épaisseur de sa masse entière excède plus
de 800 toises. Elle repose au nord (Cañar, pente méridionale
de l'Assuay) et au sud (Alto de Pulla près Loxa) sur du schiste
micacé primitif. La formation de grès rouge de la province de
Quito est colorée par de la mine de fer brune et jaune, dont
elle renferme de nombreux filons. Le grès est généralement

très-argileux, à petits grains de quarz peu arrondis; mais quelquefois aussi il est schisteux, et alterne, comme dans la Thuringe, avec un conglomérat qui enchâsse des fragmens de porphyre de trois, de cinq et même de neuf pouces de diamètre.
On trouve dans cette formation : des couches d'argile, tantôt
brune (Tambo de Burgay et rives de Vinayacu), tantôt blanche
et stéatiteuse, passant à l'argilolithe (thonstein) des porphyres
du grès rouge (Rio Uduchapa et Cerro de Coxitambo), et se
couvrant, au contact avec l'air atmosphérique, de nitrate de
potasse (Cumbe); des troncs de bois pétrifié de monocotylédones (ravin de Silcayacu, où j'en ai vu des morceaux de 4
pieds de long et de 14 pouces d'épaisseur); du goudron minéral fluide et endurci en asphalte à cassure conchoïde (Parche
et Coxitambo); des silex (splittriger hornstein) passant au silex
pyromaque ou à l'agathe (Delay); des filons de mercure sulfuré (Cerros de Guazun, et Upar au nord-est du village d'Azo-
gues); des couches de manganèse oxidé noirâtre et pulvérulent
(à l'ouest de la ville de Cuença); du calcaire grenu et lamelleux (Portete, au bord occidental du Llano de Tarqui). Cette
formation calcaire, que dans ce pays on appelle très-impropre-
ment jaspe rubané, présente des couches alternantes de calcaire
opaque et saccharoïde, semblable au marbre de Carare, et de
calcaire fibreux et ondulé, en stries laiteuses. La masse entière
est diaphane comme le plus bel albâtre oriental (le marbre
memphitique ou phengites des anciens). J'aurois été tenté de
prendre cette roche de Tarqui, qui est recherchée par les marbriers comme l'albâtre de Florence et le marbre de Tolonta
(entre Chillo et Quito), pour une variété de travertin ou formation d'eau douce, si au sud de Cuenca, au bord du Rio
Machangara, elle ne m'avoit paru (d'après l'inclinaison de ses
couches) intercalée au grès rouge que je viens de décrire. Il
faut toutefois distinguer de ce marbre translucide et rubané de
Tarqui, le calcaire grenu et opaque du Cebollar, qui vient au
jour un peu au nord de Cuença, et qui, recouvert du grès

rouge, est vraisemblablement (§. 10) superposé au micaschiste
du Cañar. Dans les parties volcaniques des Andes, des plateaux
ou bassins élevés sont remplis, les uns, de formations secondaires, couvrant des porphyres de transition ; les autres, de
formations tertiaires et d'eau douce, superposées à des tuffs
trachytiques. Ce n'est que lorsque des géognostes instruits se
seront établis dans les grandes villes placées sur le dos des Cordillères, villes qui deviendront les centres de la civilisation
américaine, que l'on pourra prononcer avec certitude sur ces
lambeaux de terrains calcaires, gypseux et arénacés, que l'on
trouve entre 1200 et 1600 toises de hauteur.

5.° *Pérou.* La formation de grès rouge de Cuença, qui est
recouverte sur plusieurs points de couches de gypse feuilleté
(Muney, Juncay. et Chalcay, à l'ouest de Nabon), se trouve
répétée dans le Haut-Pérou, à 1460 toises de hauteur, dans le
grand plateau de Caxamarca. Ce grès de Caxamarca est également argileux, dépourvu de coquilles et rempli de minérai
de fer brun Il m'a paru appuyé sur des porphyres d'un aspect
trachytique (Cerros de Aroma et de Cundurcaga). Il supporte
le calcaire alpin de Montan et de Micuipampa, qui est célèbre
par ses richesses métalliques. Les eaux thermales hydrosulfureuses
qui sortent des grès de Cuenca (lat. austr. 2° 53′) et de Tol-
lacpoma près Caxamarca (lat. austr. 7° 8), ont presque la
même température, 72° et 69° cent.

L'analogie qu'offrent les grès rouges de la Nouvelle-Grenade,
du Pérou et de Quito, avec les grès rouges du pays où Füchsel
(*Historia terræ et maris, ex historia Thuringiæ eruta*) a donné
la première description de la grande formation houillère, doit
frapper tous les géognostes expérimentés. Je n'insisterai pas sur
les phénomènes si connus de l'alternance des conglomérats grossiers et des grès à grains très-fins ; ni sur l'absence de tout fragment calcaire, fragmens dont on ne trouve qu'un exemple très-rare
dans des poudingues du grès rouge des Pyrénées (vallée de Ba-
rillos) ; ni sur les couches intercalées de houille, d'argile, de

fer brun et de calcaire : je me bornerai à rappeler, dans les grès rouges de l'Allemagne, les mines de mercure (Mörsfeld et Mo-schellandsberg dans le duché de Deux-ponts comme Dombrava en Hongrie); les bois pétrifiés de plantes monocotylédonées (Siebigkerode, Kelbra et Rothenburg, en Thuringe); les aga-thes, les silex communs et les silex pyromaques (horn- et feuer-stein) passant à la calcédoine (Kiffhäuser, Wiederstädt, Gold-lauter et Grossreina, en Saxe, dans le conglomérat grossier du grès rouge; Oberkirchen et Tholey dans le duché de Deux-ponts, Netzberg près Ilefed, au Harz, dans le mandelstein du grès rouge); du bitume minéral (Naundorf et Gnölzig dans le comté de Mansfeld). Tous ces phénomènes se retrouvent dans la par-tie de l'Amérique équinoxiale que j'ai parcourue.

6.° *Rives de l'Amazone.* Le grand bassin de la rivière des Amazones offre, du moins dans sa partie occidentale, les mêmes phénomènes que nous avons indiqués en traçant le tableau géognostique des Llanos de Venezuela ou du bassin de l'Oréno-que. Lorsqu'on descend du sommet des Andes granitiques de Loxa par Guancabamba aux rives du Chamaya, on trouve super-posé aux porphyres de transition de Sonanga un grès à ciment argileux, couvert (entre Sonanga et Guanca) d'un calcaire qui renferme du gypse et du sel gemme. Ce grès de Chamaya remplit, à 190 et 260 toises de hauteur au-dessus du niveau de l'océan, les plaines de Jaen de Bracamoros. Il forme des collines à pentes abruptes, ressemblant à des fortifications en ruines. On y distingue des couches à petits grains arrondis de quarz, et des conglomérats grossiers, composés de galets de porphyre, de pierre lydienne et de quarz, de deux à trois pouces de dia-mètre. Les conglomérats grossiers sont assez rares : ils forment cependant le *pongo* de Rentema, et d'autres digues rocheuses qui traversent le Haut-Maragnon et entravent la navigation du fleuve. Parmi les fragmens enchâssés dans le grès de Chamaya, je n'en ai jamais pu découvrir un seul qui fût de roche calcaire. Cette circonstance, la présence des lydiennes empâtées dans la

masse, l'alternance du grès à petits grains avec les conglomérats
grossiers partout si rares (Schochwitz en Saxe) dans le grès bigarré, enfin la superposition du zechstein et du gypse avec sel
gemme au grès de l'Amazone, me font admettre l'identité de
cette formation et de celles de Cuença et de Caxamarca, malgré
la différence de hauteur absolue de plus de 1000 toises. Nous
avons déjà vu, dans la Nouvelle-Grenade, le grès houiller descendre du grand plateau de Bogota aux plaines du Rio Magdalena. Une particularité bien remarquable, et qui paroît, au
premier abord, éloigner les grès de l'Amazone et du Chamaya
du grès rouge de l'Europe, est l'intercalation de quelques couches de sable à parties entièrement désagrégées. J'ai vu, entre
Chamaya et Tomependa, des bancs de grès quarzeux, de trois à
quatre pieds d'épaisseur, alterner avec des bancs de sables siliceux de sept à huit pieds. Le parallélisme de ces couches peu
inclinées se soutient à de grandes distances. Je n'ignore pas que
le mélange de sable et de grès solide caractérise plus particulièrement le grès bigarré, celui qui recouvre le zechstein (Wimmelburg et Cresfeld en Saxe), et le grès tertiaire au-dessus du
gypse à ossemens (Fontainebleau près de Paris) ; mais MM. Voigt
et Jordan ont aussi trouvé des bancs de sable (triebsand) dans
le grès rouge ou houiller (Röhrig pres de`Bieber, et le Kupfer-
berg près Walkenried). On pourroit croire que l'analogie que
nous venons d'indiquer avec les grès et sables marins du terrain
tertiaire, se trouve fortifiée jusqu'à un certain point par la fréquence des oursins pétrifiés que nous avons vus épars à la surface du sol, à la fois sur les plages de l'Amazone, à 195 toises,
et près de Micuipampa, à plus de 1800 toises de hauteur ; mais
il se peut que, dans ces régions si peu examinées jusqu'ici, des
formations calcaires très-neuves reposent sur le zechstein, et
rien ne semble annoncer que le grès de Chamaya, alternant
à la fois avec des bancs de sable et des conglomérats à fragmens de porphyre et de pierre lydienne, soit un grès tertiaire
semblable à celui du terrain parisien.

Je devrois peut-être placer immédiatement après le grès houiller le zechstein ou calcaire alpin, parce que ces deux roches ne constituent quelquefois qu'une seule formation; mais j'aime mieux décrire d'abord le terrain de quarz de Guangamarca (flözquarz), parce qu'il est parallèle au grès houiller. C'est un *équivalent géognostique* propre à l'hémisphère austral.

Roche de quarz secondaire.

§. 27. Cette formation remarquable et entièrement inconnue aux géognostes de l'Europe, domine dans les Andes du Pérou, entre les 7° et 8° de latitude australe. Je l'ai vu reposer indifféremment sur des porphyres de transition (à la pente orientale des Cordillères, Cerro de N. S. del Carmen près S. Felipe, 982 toises; Paramo de Yanaguanga entre Micuipampa et Caxamarca, 1900 toises : à la pente occidentale des Cordillères, Namas et Magdalena 690 toises), et sur du granite primitif (Chala, près des côtes de l'océan Pacifique, 212 toises). Cette superposition sur des roches d'un âge très-différent prouve l'*indépendance* de la formation que nous faisons connoître. Elle est beaucoup moins développée à la pente orientale qu'à la pente occidentale des Andes. A la seconde, elle atteint une épaisseur de plusieurs milliers de pieds, comptée perpendiculairement aux fentes de stratification : elle y remplace le grès rouge, supportant immédiatement (villages indiens de la Magdalena et de Contumaza) le zechstein ou calcaire alpin. C'est ou la plus récente des formations de transition, ou la plus ancienne des formations secondaires : c'est un véritable quarz compacte ou grenu, non carié ou celluleux, le plus souvent blanc-grisâtre ou jaunâtre et opaque; il n'est mélangé ni de talc ni de mica. Cette formation est tantôt compacte et à cassure écailleuse, comme le quarz en bancs (lagerquarz du granite-gneis primitif); tantôt à grains très-fins, semblable au quarz du terrain calcaire de transition de la Tarantaise. Ce n'est par conséquent ni une roche arénacée, ni une variété de ces grès quarzeux à ciment silicifère, dans lesquels le ciment disparoît peu à peu, et qui appartiennent à la fois au grès bigarré (Detmold), au quadersandstein, au grès vert (green sand), à l'argile plastique (trappsandstein) et au terrain tertiaire (forêt de Fontainebleau). Les ravins profonds dont la pente des Cordillères est sillonnée, et le nombre immense de blocs arrachés de leur gîte naturel, facilitent l'observation de cette formation de quarz, qui est très-homogène et dépourvue de coquilles, comme aussi de couches subordonnées. Je l'ai examinée pendant plusieurs jours, croyant trouver dans une roche recouverte de zechstein et remplaçant le grès rouge, des traces de ciment, de grains ou de fragmens agglutinés : toutes mes recherches ont été inutiles; nulle part je n'ai pu me convaincre que ce quarz compacte ou grenu fût une roche arénacée ou fragmentaire. Elle est quelquefois très-régulièrement séparée en bancs de huit pouces à deux pieds d'épaisseur, dirigés (Aroma, Magdalena et Cascas) N. 53° — 68° O, et inclinés de 70° à 80° au S. E. A la pente orientale des Andes, aux rives du Chamaya, une couche de quarz semblable à celle que je viens de décrire, paroît intercalée à une formation de calcaire compacte, bleu-grisâtre. Ce calcaire n'est pas une roche de transition (comme on pourroit le croire à cause de la position du quarz compacte de Pesay et de Tines en Tarantaise, S. 20); le nombre et la nature de ses coquilles, comme la sinuosité de ses couches, semblent le rapprocher au contraire du zechstein ou calcaire alpin. Il n'est pas extraordinaire de voir une roche siliceuse qui supporte un calcaire pénétrer dans celui-ci et y former une couche intercalée. Cette pénétration s'observe aussi quelquefois, mais en filons (Cerro de N. S. del Carmen près San-Felipe), dans la formation sur laquelle repose la roche de quarz. Le calcaire alpin de San-Felipe recouvre cette roche, et celle-ci est placée sur un porphyre vert de transition, qui est traversé de filons de quarz de trois pieds d'épaisseur.

Il sera utile de rappeler, à la fin de cet article, qu'il ne faut pas confondre neuf formations de quarz et de grès quarzeux

des terrains primitif, intermédiaire, secondaire et tertiaire,
dont seulement la seconde et la quatrième sont *indépendantes*,
tandis que les autres ne forment que des bancs subordonnés :
1.° quarz (lagerquarz) des granite-gneis, des micaschistes et
des thonschiefer primitifs; 2.° quarz chloriteux ou talqueux
de Minas-Geraes du Brésil et de Tiocaxas dans les Andes de
Quito : formation indépendante, primitive, succédant au thonschiefer (§. 16), ou le remplaçant, comme en Norwége; 3.° quarz
compacte de transition, décrit par MM. Brochant, Hausmann
et Léopold de Buch, et subordonné (§. 20) aux roches calcaires
et schisteuses de la Tarantaise, de Kemi-Elf en Suède et de
Skeen en Norwége (§. 23); 4.° quarz secondaire (§. 27), parallèle au grès rouge, et pénétrant dans le calcaire alpin des
Andes de Contumaza et de Huancavelica. A ces formations de
quarz pur on peut joindre les masses entièrement quarzeuses;
5.° du grès bigarré; 6.° du quadersandstein; 7.° du grès vert ou
grès secondaire à lignites, placé entre le calcaire jurassique et la
craie; 8.° du grès appartenant au grès tertiaire à lignites (argile
plastique) au-dessus de la craie; 9.° du grès de Fontainebleau.
On détermine une roche avec d'autant plus de sûreté, que l'on
a sous les yeux le tableau des formations qui sont analogues par
leur composition, mais très-différentes par leur gisement.

II. Zechstein ou calcaire alpin (magnesian limestone); Gypse hydraté; Sel gemme.

§. 28. Le mot de *zechstein* n'est ordinairement appliqué par
les mineurs et les géognostes d'Allemagne qu'à une seule assise
de la formation que nous allons décrire : on distingue alors
le calcaire compacte (zechstein) du schiste cuivreux qu'il recouvre immédiatement, et des gypses et des calcaires fétides qui
lui sont superposés. J'appelle zechstein tout le groupe dont cette
roche est le représentant géognostique. C'est une grande formation calcaire qui succede immédiatement au grès rouge ou grès
houiller, et qui est quelquefois si intimement liée avec ce grès

qu'elle s'y trouve intercalée. La limite supérieure du zechstein est plus difficile à fixer : en Allemagne et dans plusieurs parties de la France orientale, cette roche se termine là ou commence le grès bigarré ou grès à oolithes (bunte sandstein). En Angleterre, le magnesian limestone, représentant par sa position le zechstein, est recouvert d'une formation marneuse et muriatifère (red marl), qui offre beaucoup d'analogie avec le grès bigarré d'Allemagne; car dans ce dernier on rencontre aussi plus de couches d'argile et de marne que de véritable grès. Comme, d'un autre côté, le sel gemme d'Angleterre appartient au red marl, tandis que le sel gemme de la majeure partie du continent appartient au zechstein, on peut admettre que, des deux formations, à peu près parallèles, de red marl et de grès bigarré, renfermant des marnes, des argiles et des oolithes, la première est plus intimement liée au zechstein, tandis que la seconde l'est plus au muschelkalk, et, quand celui-ci et le quadersandstein ne se sont pas développés, au calcaire également marneux et oolithique du Jura. C'est peut-être d'après des inductions analogues que, dans son excellent Tableau des formations d'Angleterre, publié en 1816, M. Buckland avoit réuni, dans un même terrain, le magnesian limestone et le red marl ou new red sandstone. Quelque grande que soit l'importance que nous attachons à ces affinités géognostiques, comme aux phénomènes d'alternance et de pénétration observés dans des roches qui se succèdent immédiatement, nous ne nous en croyons pas moins en droit de séparer les diverses formations de grès rouge, de zechstein et de grès bigarré, là où, dans les deux hémisphères, nous les avons vues prendre un développement extraordinaire.

Dans le cours de ce travail je me suis souvent servi, à l'exemple de beaucoup des géognostes célèbres, pour désigner le zechstein, du mot plus sonore de calcaire alpin, quoique je sache très-bien que, d'après les belles recherches de MM. de Buch et Escher, la majeure partie des calcaires qui constituent les hautes

Alpes de la Suisse, sont des calcaires de transition (S. 22). A
une epoque où l'on a tant embrouillé la géognosie par la créa-
tion de dénominations vagues et qui ne sont adoptées que par
un très-petit nombre de savans, je n'ai rien voulu changer à la
nomenclature reçue, quelque vicieuse ou barbare qu'elle me
parût. Les imperfections du langage des géognostes ne sont dan-
gereuses pour la science, que lorsqu'on ne définit pas avec clarté
la position de chaque formation et les limites entre lesquelles
ces formations ce trouvent circonscrites. Dans la Bavière méridionale, dans le Tyrol, dans la Styrie et le pays de Salzbourg, les hautes Alpes de Benedictbaiern, de Chiemsée, de
Hall, d'Ischel, de Gmünden et de l'Untersberg, sont très-pro-
bablement du zechstein. Au Montperdu, dans la chaîne des
Pyrénées, cette roche, mêlée de calcaire fétide, s'élève à plus
de 1750 toises de hauteur. Dans les Andes du Pérou, le zechstein, très-distinct du calcaire de transition, renferme des
coquilles pétrifiées sur la crête des montagnes entre Guambos
et Montan, et près Micuipampa (1400—2000 toises); entre
Yauricocha et Pasco (2100 toises); près de Huancavelica, Aco-
ria et Acobamba (2100—2207 toises). On voit par ces exemples que le zechstein atteint au nord et au sud de l'équateur
de très-grandes élévations. On le trouve bien certainement dans
la *région alpine* des Pyrénées, du Tyrol et des Andes; mais le
mot *calcaire alpin* n'indique pas plus que toutes les Alpes calcaires dans les deux mondes sont composées de zechstein, que
le mot *grès houiller* n'annonce que les houilles appartiennent
uniquement au grès rouge. La question de savoir quelles cimes
alpines de la Suisse et du Tyrol sont de zechstein, quelles cimes
sont de calcaire de transition, est plutôt une question de géographie minéralogique, qu'un problème de géognosie générale.
La *science des formations* se borne à décrire une roche placée
dans la série des terrains secondaires, entre le grès houiller et
le grès bigarré alternant avec des argiles : elle ne prononce pas
sur ce grand nombre de roches dont le gisement n'offre aucun

caractère diagnostique certain, par exemple, sur des roches calcaires non recouvertes et placées immédiatement sur du micaschiste ou des grauwackes. Partout où le grès houiller manque,
on ne peut juger de l'âge des roches calcaires que d'après des
analogies de composition et de couches intercalées : on les
rapproche de tel ou tel groupe, comme le botaniste rapproche
préalablement de telle famille ou de tel genre connus, une
plante dont il n'a pu examiner le fruit. Ces hésitations et ces
doutes, loin de prouver l'incertitude des classifications, parlent
plutôt en faveur de la marche méthodique que doit suivre la
géognosie positive.

Le zechstein, en le considérant dans sa plus grande généralité, est tantôt (dans les montagnes les plus élevées) un terrain d'une grande simplicité, tantôt (dans les plaines) il est
composé de plusieurs petites formations partielles, qui alternent
les unes avec les autres (Thuringe ; Figeac, Autun, Villefran-
che). Sa couleur est le plus souvent grisâtre et bleuâtre, quelquefois rougeâtre : il passe, et surtout dans les hautes régions,
du compacte au grenu à très-petits grains, et dans ce cas il
est traversé par de petits filons de spath calcaire. Ces caractères
de couleur et de cassure ne sont cependant pas d'une grande importance ; car, selon que la matière colorante (carbure d'hydrogène et fer) se trouve diversement répartie, le zechstein et le
calcaire de transition prennent quelquefois des teintes semblables : le premier devient noirâtre, et le second blanc-grisâtre.
C'est ainsi que la couleur noire se trouve (duché d'Anhalt-
Dessau ; Hettstädt ; Osnabrück) jusque dans le muschelkalk.
M. Freiesleben observe très-bien que le zechstein n'est généralement pas mat, mais un peu brillant (schimmernd), à cause
d'un mélange intime de petites lames de spath calcaire. Cet éclat,
bien moindre sans doute que dans les calcaires de transition ,
se remarque non-seulement dans les montagnes très-élevées,
mais jusque dans le zechstein des plaines. C'est là aussi que cette
roche devient parfois grenue à petits grains (au Deister et près

de Hameln; entre Bolkenhayn et Waldenbourg, et près de Tar-
nowiz en Silésie). J'ai trouve cette même tendance à la structure cristalline dans le zechstein du Mexique et dans celui des
Llanos de Venezuela : elle n'est pas causée, comme dans le
calcaire du Jura, par un entassement de débris organiques, et
ce seroit à tort qu'on attribueroit cette tendance exclusivement
au calcaire de transition. De petits filets de spath calcaire blanc
traversant un calcaire bleuâtre, passant du compacte au grenu,
caractérisent sans doute plutôt le terrain de transition que le
zechstein des plaines; mais dans les deux continens ces petits
filons se retrouvent aussi dans les calcaires des hautes montagnes
calcaires, que, par leur gisement et par leurs bancs intercalés
de sel gemme et d'argile bitumineuse, je crois appartenir au
zechstein. D'ailleurs, dans toutes les formations supérieures au
grès rouge, on observe que (par une action probablement galvanique) les calcaires gris-noirâtre perdent leur principe colorant
dans le voisinage des fentes de stratification. Cette décoloration
a lieu dans les roches restées en place. L'accumulation du carbone
ne se conserve que dans le centre des couches, et l'on diroit
que la pierre a été exposée au contact de la lumière et de l'oxigène de l'atmosphère.

De toutes les formations secondaires le zechstein est celle dont
les diverses assises ont été le plus minutieusement étudiées :
c'est aussi celle qui a le plus contribué à faire naître dans le
Nord de l'Allemagne, dans cette terre classique de la géognosie,
les premières idées précises sur l'âge relatif des terrains et sur
la régularité avec laquelle ils se succèdent. Comme les schistes
bitumineux et cuivreux du zechstein sont un objet très-impor-
tant d'exploitation, il a fallu percer cinq formations, le muschelkalk, le gypse fibreux et argileux, le grès bigarré ou oolithique, le gypse feuilleté et salifère, et le zechstein, pour parvenir
à la couche argentifère placée entre le zechstein et le grès rouge.
On peut dire que les travaux des mineurs sur les schistes bitumineux du Mansfeld, en Allemagne, et sur les roches de houille

en Angleterre, ont singulièrement favorisé les progrès de la *géo-gnosie de gisement*, dont Stenon a eu la gloire d'avoir indiqué, le premier, les véritables principes.

Le zechstein ou calcaire alpin, la plus ancienne des forma-tions secondaires, renferme, comme couches subordonnées : des argiles schisteuses, carburées et bitumineuses; de la houille; du sel gemme; du gypse; du calcaire fétide, compacte ou en parties désagrégées (asche); du calcaire magnésifère; du calcaire a gryphites; du calcaire ferrifère (eisenkalk); du calcaire cellu-leux à grains cristallins (rauchewacke); du grès de la calamine, du plomb, du fer hydraté et du mercure. Nous joindrons à ces indications les substances qui se trouvent quelquefois dis-séminées dans le zechstein, sans y former des couches conti-nues, telles que le soufre, le silex (hornstein) et le cristal de roche. On distingue facilement dans l'ensemble de ces masses trois séries bitumineuses ou carburées, muriatifères et métal-liques. Le schiste cuivreux, rempli de poissons pétrifiés; le calcaire fétide, le sel gemme et le gypse, la calamine et lè plomb sulfuré sont les types les plus importans de ces trois séries : ils servent jusqu'à un certain point, par leur *concomitance géognos-tique*, à reconnoître la formation que nous décrivons, lorsque les rapports de gisement sont douteux.

Argiles ou marnes schisteuses, carburées ou bitumineuses. L'ac-cumulation de carbone qui caractérise les terrains de transition, surtout ceux qui sont les plus modernes, atteint son maximum dans le grès rouge : le carbone ne s'y montre plus comme gra-phite ou comme anthracite, mais comme houille bitumineuse. La formation de calcaire alpin, si intimement liée à celle du grès rouge ou grès houiller, participe jusqu'à un certain point à cette abondance de carbone hydrogène : tantôt c'est toute la masse de la roche (Bavière méridionale, et Merlingen sur le lac de Thun; dans l'Amérique méridionale, montagnes de la Nou-velle-Andalousie) qui est pénétrée de parties bitumineuses; tan-tôt ce ne sont que des couches d'argile et de marnes intercalées

qui contiennent le bitume. La plus célèbre de ces couches est
le schiste cuivreux (kupferschiefer) du Mansfeld, que l'on retrouve dans le nouveau monde, renfermant des poissons fossiles,
près de Ceara (plaines du Brésil), près de Pasco (à 2000 toises
de hauteur; Andes du Pérou), près de Mondragon (plateau
du Potosi) et près du Pongo de Lomasiacu (rives de l'Amazone,
province de Jaen). Le plus souvent il n'y a qu'une seule couche
de schiste cuivreux, et cette couche se trouve comme repoussée
vers la limite inférieure du zechstein. C'est cette position qui
l'a fait prendre long-temps pour une formation indépendante,
placée entre le zechstein et le grès rouge. D'autres fois (Conrads-
walde, Prausnitz et Hasel, en Silésie), il y a plusieurs bancs
qui alternent avec les couches de zechstein et qui méritent également d'être exploitées. Le cuivre et le plomb argentifères ne
se trouvent qu'accidentellement accumulés dans cette formation
partielle, et j'ai vu dans les deux continens (Chiemsée et Wallersée dans la Bavière méridionale; mines de Tehuilotepec au
Mexique, montagne du Cuchivano près Cumanacoa) ces marnes
cuivreuses du Mansfeld représentées par de petites couches
d'argile schisteuse carburée, brun-noirâtre, foiblement chargée
de bitume et remplie de pyrites. Ce phénomène paroît lier le
zechstein des plaines à celui des hautes montagnes, dont la superposition au grès houiller est moins évidente. Dans les Andes
de Montan (à 1600 toises de hauteur; Pérou septentrional) des
argiles noires de cinq à dix-huit pouces d'épaisseur alternent
avec le zechstein. Les argiles schisteuses et marneuses oscillent,
du zechstein ou calcaire alpin, d'un côté vers le grès rouge et
le calcaire de transition, de l'autre vers le calcaire du Jura.
Dans le grès rouge se trouve répété le schiste cuivreux et argentifère, mais avec une grande accumulation de carbone (Suhl
et Goldlauter en Saxe). Dans le calcaire de transition (Schwatz
en Tyrol) les argiles deviennent plus micacées et passent au
thonschiefer de transition, renfermant (Glaris), comme les
schistes du zechstein (Eisleben) et comme ceux du grès rouge

(mine de Saint-Jacques près Gœldlauter), des poissons pétrifiés. Dans le calcaire du Jura les marnes sont plus calcarifères,
d'une teinte plus claire, blanchâtres ou gris-bleuâtre. Malgré
les analogies que présentent quelquefois les argiles schisteuses
fortement carburées de zechstein avec celles du grès houiller, ce
n'est pourtant que dans ces dernières, qui recouvrent immédiatement les houilles, qu'on trouve des empreintes de véritables
fougères du groupe des polypodiacées. Les schistes cuivreux ne
présentent que des lycopodiacées, famille que Swartz, depuis
long-temps, a séparée des fougères.

Houille. Quoique, comme nous venons de l'indiquer, l'accumulation du carbone caractérise particulièrement la formation
du grès rouge, de même le bitume caractérise la formation du
calcaire alpin : cette dernière offre cependant aussi des traces
de véritable houille, soit en couches (entre Nalzon et Pereilles
dans les Pyrénées; à Huanuco dans les Andes du Pérou, à 2000
et 2200 toises de hauteur), soit comme parties disséminées
dans le schiste cuivreux (Eisleben, Thalitter, en Saxe). C'est
un fait bien remarquable et anciennement observé, que la houille
piciforme (jayet) se montre de préférence sur les empreintes
du corps des poissons pétrifiés : elle remplace dans ces empreintes organiques le sulfure de fer, et (entre Mörsfeld et
Münsterappel dans le duché de Deux-ponts) le mercure natif
et le cinabre. Les couches de houille mêlées de coquilles marines et d'ambre (Hering et Miesbach en Tyrol ; Entrevernes
sur le lac d'Annecy en Savoie) ne se trouvent pas dans le zechstein : ce sont des lignites qui appartiennent à des formations
beaucoup plus récentes. Ils sont superposés au zechstein dans
des bassins isolés, et ont, comme toutes les formations locales,
leurs grès et leurs argiles.

Sel gemme et argile muriatifère. Les masses de sel gemme
dans le calcaire alpin ou zechstein sont moins subordonnées à
des couches de gypse lamelleux, qu'à une formation particulière d'argile, qui a été long-temps négligée par les géognostes

et que j'ai fait connoître sous le nom de *salzthon* (argile muriatifère). Elle caractérise, dans les deux continens, les dépôts
de sel gemme, de même que l'argile schisteuse (schieferthon)
ou *argile à fougères* caractérise les dépôts de houilles. Cette
formation muriatifère, dans laquelle le gypse ne se trouve pour
ainsi dire qu'accidentellement, a été l'objet principal de mes
recherches dans les voyages que j'ai entrepris par ordre du Gou-
vernement prussien, pendant les années 1792 et 1793, dans les
mines de sel gemme de la Suisse, de l'Allemagne méridionale
et de la Pologne. Je l'ai retrouvée, avec toutes ses nuances d'a-
nalogie les plus petites, dans les Cordillères de l'Amérique équatoriale, et l'on ne sauroit douter que sa connoissance physio-
nomique ne soit du plus grand intérêt pour ceux qui travaillent
à découvrir des dépôts de sel dans les pays que l'on en a cru
dépourvus jusqu'à ce jour.

Les couleurs de l'argile muriatifère sont généralement (Hall,
Ischel, Aussee) le gris de fumée, le gris blanchâtre et le gris
bleuâtre (Berchtolsgaden et Wieliczka); quelquefois cette argile
est brun-noirâtre, brun-rougeâtre (leberstein des mineurs du
Tyrol et de la Styrie) et même rouge de brique. On la trouve
ou en masses très-puissantes, ou disséminée en petites parties
rhomboïdes, soit dans le sel gemme (Zipaquira, dans la Nouvelle-
Grenade), soit dans un gypse (Neustadt an der Aisch, en Franconie; Reichenhall en Bavière) qui est subordonné au calcaire
alpin. Les couleurs de l'argile muriatifère sont beaucoup plus
variées et plus mélangées que celles de l'argile schisteuse qui
couvre les houilles. La première fait un peu d'effervescence avec
les acides; ses couleurs sont dues à la fois au carbone et à
l'oxide de fer. Sur le plateau de Bogota je l'ai vue mêlée d'asphalte et tachant les doigts en noir. Elle absorbe rapidement
l'oxigène de l'atmosphère, tant sous des cloches que dans ces
grandes excavations circulaires (Sinkwerke, Wöhre) qui sont
destinées à être remplies d'eau douce pour lessiver la roche salifère. Sa consistance est extrêmement variable; elle s'élève du

tendre à la dureté du schiste cuivreux. Souvent des masses tenaces (schlief) paroissent mêlées de silice et donnent feu avec l'acier; leurs *pièces séparées* sont alors testacées et courbes (krummschalig abgesonderte Stücke). Empâtées dans une argile friable, elles forment une espèce de brèche porphyroïde. L'argile muriatifère n'offre ni les paillettes de mica ni les empreintes de fougères de l'argile schisteuse des houilles : on y trouve cependant quelquefois (Hallstadt, Wieliczka) des coquilles pélagiques.

Le sel gemme se présente de deux manières, ou disséminé en parcelles plus ou moins visibles dans le saltzthon, ou formant des couches épaisses alternant avec des couches argileuses. Cette disposition différente détermine le *maximum* (Wieliczka) où le le *minimum* (Ischel) de richesse dans les mines; elle décide si le sel doit être exploité en grandes masses (*lapidicinorum modo*, dit Pline *cœditur sal nativum*), ou en lessivant la roche par l'introduction des eaux douces dans des chambres souterraines. Lorsque le muriate de soude gris de fumée est disséminé en grains arrondis ou en petites lames, ou d'une manière insensible à l'œil, il n en forme pas moins des croûtes continues autour des *pièces séparées* du saltzthon; il remplit toutes les fentes qui divisent les masses en fragmens polyédriques. Il en résulte des brèches argileuses (Haselgebirge) cimentées par du sel gemme. Quelquefois de grandes masses d'argile (Hall en Tyrol) sont absolument dépourvues de muriate de soude; on les croit lessivées par l'action des eaux qui circulent dans la terre, et ce phénomène curieux semble favoriser l'hypothèse la plus anciennement adoptée sur l'origine des sources salées.

Le gypse grenu, blanc-grisâtre, rarement anhydre (muriacite), se trouve par couches plus ou moins épaisses dans le *salzthon;* il y abonde plus que dans le sel gemme; toujours son volume est de beaucoup inférieur à celui de l'argile. Quelquefois le gypse est mêlé de calcaire fétide et de cristaux de chaux carbonatée magnésifère (rauten- ou bitterspath). Lorsque le sel ne forme pas de véritables bancs ou des masses cristallines conti-

nues, il se trouve dans l'argile comme *amas entrelacé* (Stock-
werk), c'est-à-dire, en petits filons qui se *croisent*, se *renflent* et
se *traînent* dans tous les sens. Ses fibres sont perpendiculaires
au mur et au toit des filons (Berchtolsgaden). D'autres fois le
sel est réparti par couches très-minces, parallèles entre elles,
variées de couleur, sinueuses, généralement verticales (Hallstadt
et Hallein), rarement inclinées de moins de 30° (Aussee). Partout où le gypse grenu manque entièrement dans le *salzthon*,
on le trouve remplacé par des cristaux épars de gypse spéculaire. Toute cette formation salifère renferme quelquefois, disséminées, des pyrites, de la blende brune et de la galène. A
Zipaquira, dans l'Amérique méridionale (mine de Rute), les
pyrites et la chaux carbonatée ferrifère forment des concrétions
particulières en sphéroïdes aplatis, de 18 à 20 pouces de diamètre : ces sphéroïdes sont empâtés dans le *salzthon*, et ont au
centre des creux de 3 à 4 pouces, remplis de fer spathique
cristallisé. Je n'ai point observé ce phénomène singulier dans
les mines de sel gemme d'Allemagne, de Pologne et d'Espagne,
que j'ai visitées; mais la fréquence des pyrites dans l'argile muriatifère jette quelque jour sur l'odeur d'hydrogène sulfuré qu'exha-
lent si souvent les sources salées. La galène ne se montre qu'en
parcelles dans le dépôt salifère de Hall en Tyrol : mais elle s'est
développée en grandes masses dans les montagnes de sel gemme
(rouge-blanc et gris-noirâtre) à travers lesquelles se sont frayé
un chemin, sur une distance de deux lieues, le Rio Guallaga
et le Rio Pilluana (province péruvienne de Chachapoyas, sur
la pente orientale des Andes).

Les dépôts de sel dans les deux continens se trouvent généralement à découvert, comme les formations d'euphotide et de
serpentine. Quelquefois ils supportent de petites couches de gypse
et de calcaire fétide qui leur appartiennent exclusivement. Il
n'est par conséquent pas facile de prononcer sur l'âge relatif des
dépôts muriatifères. La formation principale (Hauptsalznieder-
lage) me paroît évidemment appartenir au zechstein ou calcaire

alpin ; mais cette assertion n'exclut pas la probabilité que d'autres formations partielles se trouvent intercalées aux terrains de transition, peut-être même aux terrains tertiaires. Les houilles, les oolithes et les lignites se sont aussi développés à des époques très-différentes les uns des autres ; et cependant lés gîtes principaux de ces trois substances sont le grès rouge, le calcaire du Jura et l'argile plastique. Pour traiter cet objet dans sa plus grande généralité, je vais indiquer successivement, d'après l'état actuel de nos connoissances, les diverses formations de sel gemme dans le calcaire de transition, dans le zechstein et le grès bigarré avec argile.

Le gypse anhydre de Bex, qui renferme du sel gemme disséminé et de petites couches subordonnées de grauwacke, appartient, selon les observations de MM. de Buch et Charpentier, au calcaire de transition, mais probablement aux dernières couches des terrains intermédiaires. De ce même âge paroissent être aussi le gypse salifère de Colancolan (à l'est d'Ayavaca, Andes du Pérou), mêlé, comme le calcaire de transition de Drammen (Norwége), de trémolithe asbestoïde ; les petits dépôts de S. Maurice (Arbonne en Savoie), et, d'après M. Cordier, la montagne de sel de Cardona en Espagne. Le gypse anhydre caractérise particulièrement ces dépôts salifères du terrain de transition. Dans l'Allemagne méridionale, sur les bords du Necker (Sulz au-dessus de Heilbronn ; Friedrichshall, entre Kochendorf et Jaxtfeld ; Wimpfen, au-dessous de Heilbronn), on a découvert, par des sondes de 245 et de 760 pieds de profondeur, du sel gemme dans le zechstein. Les beaux travaux de MM. Glenk et Langsdorf ne laissent pas de doute à ce sujet. A Sulz on a percé successivement le muschelkalk, la formation d'argile et de grès bigarré, un zechstein poreux, mais de très-peu d'épaisseur, et le grès rouge, reposant sur le granite de la Bergstrasse et du Schwarzwald. A Friedrichshall et à Wimpfen, d'après les observations judicieuses de M. de Schmitz, les couches supérieures au zechstein manquent entièrement, et l'on a trouvé

dans celui-ci, qui est gris-bleuâtre et que, par cette raison, on
a souvent confondu avec le calcaire de transition, des couches
alternantes de sel gemme, d'argile salifère, et de gypse blanc
et grisâtre. Dans le grand-duché de Bade, le dépôt salifère paroît
recouvert (Heinsheim près Wimpfen, sur le Necker; Stein, Mühl-
bach et Beyerthal, dans la vallée du Rhin; Kandern, dans le
Schwarzwald) des mêmes roches dont on a reconnu la série à
la saline de Sulz.

Je crois pouvoir citer encore comme une preuve bien évidente
du gisement de la grande formation de sel gemme dans le zechstein ou calcaire alpin, la partie septentrionale du plateau de
Santa-Fé de Bogota, où la mine de Zipaquira (Rute, Chilco
et Guasal) se trouve à 1380 toises d'élévation au-dessus du niveau de la mer. Ce dépôt salifère, de plus de 130 toises d'épaisseur, est recouvert de grandes masses de gypse grenu, gypse
que l'on voit intercalé, sur plusieurs points très-voisins de la
mine, au zechstein supporté par le grès rouge ou houiller. Il
n'y a que sept lieues de distance depuis la mine de charbon de
terre de Cánoas et la mine de sel gemme de Zipaquira. D'autres
dépôts de houilles (Suba, Cerro de Tunjos) sont plus rapprochés encore, et l'on voit le grès rouge, qui est très-quarzeux,
sortir immédiatement sous l'argile salifère de Zipaquira.

Dans le Salzbourg, en Tyrol et en Styrie, il ne m'est resté
jamais aucun doute, depuis les premiers temps où j'ai visité
ces contrées, sur la liaison intime de sel gemme avec le zechstein. Beaucoup de géognostes célèbres (MM. de Buch et Buckland) partagent cette opinion; mais il faut convenir que, partout où l'âge du calcaire n'est pas suffisamment caractérisé par
la présence du grès houiller, et partout où le *recouvrement* du
dépôt salifère par des couches d'un âge connu n'est pas évident,
le résultat des observations ne peut offrir une entière conviction.
Dans la mine de Hall près d'Inspruck, on voit (galerie de Mit-
terberg) le dépôt de sel gemme immédiatement recouvert par la
formation calcaire qui constitue la chaîne septentrionale des Alpes

du Tyrol. Ce calcaire passe du blanc grisâtre au gris bleuâtre;
les nuances plus obscures sont souvent fétides. Il est généralement
compacte, quelquefois un peu grenu à petits grains, et
traversé par des veines de spath calcaire blanc. Ces veines sont
considérées par quelques géognostes, et peut-être d'une manière
trop absolue, comme caractérisant le calcaire de transition. La
roche n'alterne nulle part ni avec le thonschïefer intermédiaire,
ni avec le grauwacke : elle forme (Wallersée) des couches sinueuses et arquées, comme le calcaire du lac de Lucerne. M. de
Buch y a trouvé fréquemment des pétrifications de turbinites
très-petites. C'est le seul endroit en Europe ou j'aie vu une grande
formation calcaire recouvrir immédiatement le sel gemme. Je la
crois du zechstein, d'après les analogies de position et de structure; je l'ai vue passer quelquefois (Schlossberg près Séefeld;
Scharnitz) à un calcaire compacte, ayant la cassure matte, égale
ou conchoïde, à cavités très-aplaties, semblable au calcaire
lithographique de la formation du Jura (lias). Les poissons pétrifiés qu'on rencontre entre Séefeld et Schönitz dans une marne
bitumineuse, éloignent encore plus le calcaire de Hall des calcaires de transition; cependant, pour le caractériser indubitablement comme zechstein, il faudroit le voir reposer sur le grès
rouge (todtliegende, qui, d'après les observations de MM. Uttinger et Keferstein, paroît superposé aux roches intermédiaires
entre le Ratenberg et Hering, comme près des anciennes mines
de Schwatz. A Hallstadt (Törringer Berg) et à Ischel, nous avons
vu, M. de Buch et moi, le calcaire alpin analogue à celui de
Hall, mais avec des teintes plus claires, souvent rougeâtres, et
plus abondant en pétrifications, superposé au gypse qui couvre
les dépôts de sel gemme. Cette superposition est moins évidente
à Hallein (mine du Durrenberg) et à Berchtesgaden : le gypse
qui couvre l'argile salifère, se cache sous une poudingue calcaire
(nagelfluhe) du terrain tertiaire. Les dépôts de Hallein et de
Berchtesgaden m'ont paru, comme celui de Wieliczka en Pologne, non intercalés au zechstein, mais superposés à cette for-

mation. Je les crois postérieurs à la grande formation de houille ; mais le grès rouge manque dans leur voisinage, et le calcaire du pays de Salzbourg est immédiatement superposé (vallée de Ramsau) au grauwacke. M. Buckland regarde les calcaires qui couvrent l'argile salifère à Hallstadt, et même à Bex, comme appartenant au lias, qui est l'assise inférieure du Jura.

Après le sel gemme des gypses anhydres de transition et après celui du zechstein vient, selon l'âge des formations, le sel du grès bigarré, ou, comme on dit plus exactement, du *terrain d'argile et de grès bigarré.* Ce terrain arénacé, appelé par les géognostes anglois nouveau grès rouge et marne rouge (*new red sandstone and red marl*), renferme les dépôts de sel (Northwich) de l'Angleterre. Il en renferme aussi en Allemagne, soit près de Tiede (entre Wolfenbüttel et Brunswick), où MM. Haussmann et Schulze ont trouvé de petites masses de sel disséminées dans l'argile rouge du grès bigarré oolithique; soit à Sulz (royaume de Wurtemberg), où, avant d'avoir atteint les sources salées dans le zechstein, on a rencontré immédiatement sous le muschelkalk, à 460 pieds de profondeur, des rognons ou nids de sel dans une argile marneuse (red marl). Cette argile recouvre, dans une épaisseur de 210 pieds, le grès bigarré auquel elle appartient. Comme tout près de Sulz (à Friedrichshall et Wimpfen) le sel gemme alterne avec des marnes et du gypse intercalés au zechstein, on ne peut douter de l'affinité géognostique qui existe entre les deux formations du zechstein et du grès bigarré. Les marnes et argiles salifères avec gypse grenu se trouvent placées tantôt entre le zechstein et le grès, tantôt dans l'une et l'autre de ces formations. C'est aussi au terrain d'argile et de grès bigarrés qu'appartiennent et le sel gemme de Pampelune en Espagne, examiné par M. Dufour, et le riche dépôt découvert, en 1819, en Lorraine près de Vic. Ce terrain d'argile bigarrée de Vic renferme de petites couches de muschelkalk, et est recouvert à son tour de calcaire jurassique. L'influence qu'une connoissance plus approfondie du gisement des roches a eue dans ces derniers temps sur les découvertes du sel en Souabe, en France et en Suisse (Églisau, canton de Zuric) est un phénomène bien digne de remarque.

Je doute qu'on ait jusqu'ici des preuves bien certaines de la présence du sel gemme dans le muschelkalk; car il ne faut pas, comme nous le verrons bientôt, déduire ce gisement de la seule présence des sources salées. Le muschelkalk, dans ses couches inférieures, alterne avec la formation d'*argile* et de *grès bigarré*: comme il renferme aussi quelquefois (Sulzbourg près Naumbourg) des marnes avec gypse fibreux, il ne seroit pas bien surprenant que l'on y découvrît quelques dépôts salifères. Des traces de ces dépôts ont été observées, près de Kandern, dans le calcaire jurassique.

Existe-t-il des couches de sel dans les terrains tertiaires au-dessus de la craie? Plusieurs phénomènes géognostiques peuvent le faire supposer; et l'on devroit presque être surpris que les dernières irruptions de l'océan dans les continens n'aient pas produit, sinon des couches de sel gemme, du moins de l'argile salifère. Cependant, dans l'état actuel de nos connoissances, le problème que nous agitons n'est pas suffisamment éclairci. M. Steffens regarde les gypses à boracites de Lunebourg et de Seegeberg (Holstein) comme supérieurs à la craie. Le second de ces gypses contient de petites masses de sel gemme disséminées; le premier donne naissance à des sources salées très-riches et très-abondantes. D'autres géognostes croient la formation gypseuse à boracites beaucoup plus ancienne que le gypse à ossemens du terrain tertiaire, et presque identique avec les gypses du zechstein et du grès bigarré. Les immenses dépôts salifères de Wieliczka et de Bochnia, ceux qui s'étendent depuis la Galicie jusqu'à la Bukowine et en Moldavie, paroissent reposer immédiatement sur le grès houiller, renfermant à la fois (et ce fait est assez extraordinaire) du gypse anhydre, des tellines, des coquilles univalves cloisonnées, des fruits à l'état charbonneux, des feuilles et des lignites; ces dépôts ne sont recouverts que

de sables et de grès micacés. M. Beudant, dans son important
ouvrage sur la Hongrie, semble pencher vers l'opinion que ces
sables et ces grès sont analogues à la molasse d'Argovie, et que
toutes les formations salifères avec lignites de la Galicie pourroient bien être contemporaines avec l'argile plastique (grès à
lignites) du terrain tertiaire, placée entre la craie et le calcaire
grossier de Paris (calcaire à cérites). Ces bois bitumineux de
Wieliczka, exhalant l'odeur de truffes, méritent sans doute
beaucoup d'attention; et si l'on veut admettre qu'ils ne se sont
mêlés qu'accidentellement au sel gemme et qu'ils sont venus
des couches sablonneuses superposées, il faut encore en conclure
que le sel gemme et les sables sont d'une origine très-rappro-
chée. Mais la présence des lignites est-elle une preuve bien
convaincante de la grande nouveauté d'une couche? J'en doute.
Nous savons que des lignites et des empreintes de feuilles dicotylédones se trouvent bien *au-dessous* de la craie, et dans les
couches inférieures du calcaire du Jura (calcaire à gryphées
arquées; Le Vay, Issigny, près de Caen), et dans le quadersandstein, et dans les petites couches charbonneuses et marneuses (lettenkohle) du muschelkalk, et dans le grès bigarré
de l'Allemagne, auquel appartiennent aussi les schistes argentifères du Frankenberg (Hesse). Il faut distinguer avec soin les
bois siliceux et pétrifiés des vrais lignites ou bois bitumineux
(braunkohle); et si l'on ne reconnoît que bien rarement ceux-
ci dans les argiles du grès bigarré, on les trouve bien moins
encore dans le zechstein, dont les marnes cuivreuses renferment
seulement des fruits pétrifiés. Dans la Toscane on voit les sources
salées du Volterrannois sourdre, d'après M. Brongniart, de couches marneuses qui alternent avec du gypse grenu (albâtre) et
qui sont immédiatement recouvertes d'un terrain tertiaire. Quoiqu'il paroisse presque impossible de prononcer sur l'âge des
formations non recouvertes, plusieurs rapports de gisemens que
j'ai eu occasion d'observer dans le nouveau continent, me rendent
probable l'existence des dépôts de sel dans le terrain tertiaire.

Je ne citerai pas les montagnes de sel gemme dans les vastes plaines au nord-est du Nouveau-Mexique, que M. Jefferson a fait connoître le premier, et qui paroissent liées au grès houiller; mais d'autres dépôts très-problématiques, savoir, les argiles salifères superposées à des conglomérats trachytiques de la Villa d'Ibarra (plateau de Quito, à 1190 toises de hauteur), les énormes masses de sel exploitées à la surface de la terre (déserts du Bas-Pérou et du Chili) dans les steppes de Buenos-Ayres et dans les plaines arides de l'Afrique, de la Perse et de la Transoxane. Près de Huaura (entre Lima et Santa, sur les côtes de la mer du Sud) j'ai vu le porphyre trachytique percer les couches du sel gemme le plus pur. L'argile muriatifère d'Araya (golfe de Cariaco), mêlée de gypse lenticulaire, paroît placée entre le calcaire alpin de Cumanacoa, et le calcaire tertiaire du Barigon et de Cumana. Sur tous ces points le sel est accompagné de pétrole et d'asphalte endurci.

En comparant les dépôts de sel gemme d'Angleterre (à 30 toises), de Wieliczka (160 t.), de Bex (220 t.), de Berchtolsgaden (330 t.), d'Aussee (450 t.), d'Ischel (496 t.), de Hallein (620 t.), de Hallstadt (660 t.), d'Arbonne en Savoie (750 t.?), et de Halle en Tyrol (800 t.), M. de Buch a judicieusement observé que la richesse des dépôts diminue en Europe avec la hauteur au-dessus du niveau de l'océan. Dans les Cordillères de la Nouvelle-Grenade, à Zipaquira, d'immenses couches de sel gemme, non interrompues par de l'argile, se trouvent jusquà 1400 toises d'élévation. Il n'y a que la mine de Huaura, sur les côtes du Pérou, qui m'ait paru encore plus riche : j'y ai vu exploiter le sel en dales, comme dans une carrière de marbre.

En Thuringe, un des pays dans lesquels on a reconnu, le premier, la succession et l'âge relatif des roches, on a cru longtemps que les sources salées sont plus fréquentes dans le gypse grenu du zechstein que dans le gypse fibreux et argileux du grès bigarré, et on a regardé le premier comme exclusivement salifère. Les cavernes naturelles du gypse inférieur (salzgyps et schlottengyps) ont même été considérées comme des cavités jadis remplies de sel gemme. En hasardant ces hypothèses, fondées sur un trop petit nombre d'observations, l'on a oublié que les dépôts de sel sont beaucoup moins caractérisés par le gypse grenu que par une argile (salzthon) très-analogue à l'argile du gypse supérieur ou fibreux. Les sources salées, ou jaillissent réunies par groupes, ou se succèdent par bandes (traînées) sinueuses et diversement alignées. La direction de ces fleuves souterrains paroît indépendante des inégalités de la surface du sol. Telle est la circulation des eaux dans l'intérieur du globe, que les plus salées peuvent souvent être les plus éloignées du lieu où elles dissolvent le sel gemme. Un haut degré de salure ne prouve pas plus la proximité de cette cause, que la violence des tremblemens de terre ne prouve la proximité du feu volcanique. Les sources s'engouffrent tantôt dans des couches inférieures; tantôt, par des pressions hydrostatiques, elles remontent vers les couches supérieures. Ce n'est pas leur position seule qui peut nous éclairer sur le gisement des dépôts salifères. Nous connoissons des sources salées, en Allemagne, dans le grauwacke schisteux du terrain de transition (Werdohl en Westphalie), dans le porphyre du grès rouge (Creuznach), dans le grès rouge même (Neusalzbrunnen près Waldenbourg), dans le gypse du zechstein (Friedrichshall près Heilbronn; Wimpfen sur le Necker; Durrenberg? en Thuringe), dans la formation d'argile et de grès bigarré (Dax, en France, Schönebeck, Stasfurth, Salz der Helden, en Allemagne), et dans le muschelkalk (Halle? en Saxe; Süldorf, Harzburg). On peut ajouter à cette énumération le calcaire du Jura (Butz, dans le Frickthal), et peut-être la molasse (grès tertiaire à lignites) de Suisse (Eglisau; essais de sonde de M. Glenck). Dans la recherche du sel gemme il ne faut pas confondre de véritables dépôts avec ces petites masses que des sources très-salées peuvent avoir déposées accidentellement, par évaporation, sur les fentes des rochers.

Gypse et calcaire fétide. Des formations de gypse postérieur au gypse de transition (§.‑20) se montrent dans toutes les formations calcaires au‑dessus du gres rouge, dans le zechstein, dans le grès rouge même, dans le muschelkalk (très‑rarement), dans le calcaire du Jura et dans le terrain tertiaire. Le gypse (unterer gyps, schlottengyps de Werner) qui appartient au zechstein, se trouve moins en couches très‑étendues qu'en amas irréguliers; souvent (Thuringe) il est superposé au zechstein et recouvert par le grès bigarré. Il est compacte ou grenu, et alterne avec le calcaire fétide (stinkstein), tandis que le gypse du grès bigarré (oberer gyps, thongyps de Werner) est plutôt fibreux et mêlé d'argile. Ces caractères de structure et de mélange ne sont cependant pas généraux. Nous avons rappelé plus haut que, dans les gypses salifères du zechstein, l'argile (salzthon) prend un développement extraordinaire. D'un autre côté, le gypse fibreux et argileux du grès bigarré offre aussi quelquefois des masses grenues (albâtre de Rheinbeck, en Saxe), des brèches de calcaire fétide, et des cavités spacieuses (gypsschlotten): trois phénomènes qui caractérisent plus généralement le gypse du zechstein.

Tous ces phénomènes prouvent l'intimité des rapports qui lient les deux grandes formations salifères, le calcaire alpin et le grès bigarré avec argile. Sous la zone équinoxiale du nouveau continent j'ai vu de fréquens exemples de couches de gypse intercalées ou superposées au zechstein: dans les Llanos de Venezuela (Ortiz, Mesa de Paja, Cachipo); dans la province de Quito (plateau de Cuença près Money et entre Chulcay et Nabon); dans le plateau de Bogota (Tunjuellos, Checua, et à plus de 1600 toises de hauteur au‑dessus du niveau de la mer, à Cucunuva); dans les plaines de l'Amazone (Quebrada turbia près Tomependa); au Mexique, entre Chilpansingo et Cuernavaca (près de Sochipala), et dans les montagnes métallifères de Tasco et de Tehuilotepec.

Les couches de calcaire fétide sont ou subordonnées au gypse

et à l'argile muriatifère que renferme le zechstein, ou elles se
présentent comme le résultat d'une accumulation accidentelle
de bitume dans la roche du zechstein même. Cette accumulation donne lieu à des sources de goudron minéral, et peut-être
aussi à ces feux d'hydrogène qui sortent du calcaire alpin, en
Europe, dans les Apennins (Pietra mala, Barigazzo); en Amérique, dans les montagnes de Cumanacoa (Cuchivano, lat. 10°
6′). Le calcaire fétide se trouve aussi, mais beaucoup plus rarement, dans le grès bigarré et dans le muschelkalk (couches à
bélemnites de Gœttingue?). La cendre (*Asche*) et le *rauhkalk*
des mineurs de Thuringe ne sont que des variétés pulvérulentes
ou cristallines et poreuses du calcaire fétide appartenant au zechstein. Comme le calcaire fétide est, en Europe, constamment
dépourvu de pétrifications, je rappellerai ici que dans les plaines
de la Nouvelle-Grenade (vallée du Rio Magdalena, entre Mo-
rales et l'embouchure du Caño Morocoyo), M. Bonpland a
trouvé, dans une variété de cette même roche, qui étoit noir-
grisâtre, un peu brillante à l'extérieur, fortement bitumineuse
et traversée de veines de spath calcaire blanc, des térébratulites
et des pectinites.

Calcaire magnésifère. Il faut distinguer, en géognosie, entre
les couches intercalées au zechstein (gypse, sel gemme, sulfure
de plomb), dont la composition chimique diffère entièrement
de celle de la roche principale, et les modifications partielles
de cette même roche. Les modifications qui affectent la structure
(le grain plus ou moins cristallin, la forme oolithique, la porosité) et le mélange (calcaire magnésifère, calcaire ferrifère),
sont moins importantes qu'on ne pourroit le supposer au premier abord. On en trouve des analogies dans des formations
d'un âge très-différent : elles caractérisent certains terrains dans
des cantons de peu d'étendue ; mais, lorsqu'on compare des
régions très-éloignées, on voit qu'elles ne les caractérisent
pas même autant que les couches intercalées qui sont chimi-
quement hétérogènes. En Angleterre, la grande masse de cal-

caire magnésifère (magnésian limestone, red-land-limestone de M. Smith), souvent pétrie de madrépores (Mendiphills près Bristol) et liée à une brèche calcaire ou à des couches cellu-leuses (Yorkshire) semblables au rauchwacke, est sans doute doute parallèle au zechstein ; elle est placée entre les formations de houille et de sel gemme : cependant, en Angleterre, comme dans quelques parties du continent, d'après les recherches de MM. Buckland, Brongniart, Beudant, Conybeare, Greenough et Philipps, le mélange de magnésie et de chaux carbonatée, dont Arduin a reconnu l'existence dans le Vicentin dès l'année 1760, se rencontre également dans le grès bigarré avec argile (red-marl), dans le calcaire oolithique du Jura, dans la craie et dans le calcaire grossier (parisien) du terrain tertiaire. Peut-être même qu'en Hongrie et dans une partie de l'Allemagne les calcaires magnésifères appartiennent plutôt au grès bigarré et aux formations oolithiques du Jura qu'aux zechstein. Ces roches sont en général jaune de paille (de Sunderland à Nottingham) ou blanc-rougeâtre, tantôt compactes, tantôt un peu grenues, nacrées et brillantes dans la cassure; quelquefois on les trouve celluleuses et traversées par des veines de spath calcaire. Elles font une effervescence lente avec les acides, et, comme la vé-ritable dolomie des terrains primitifs, elles ne forment souvent que de minces couches dans un calcaire non magnésifère. Si, dans le magnesian limestone et dans le red-marl avec sel gemme, deux formations placées entre le dépôt houiller et le dépôt ooli-thique, on reconnoît en Angleterre le zechstein et le grès bigarré du continent, il ne faut pas oublier qu'en Allemagne et en Hon-grie le zechstein est lié au grès rouge ou grès houiller, tandis qu'en Angleterre le dépôt de houille se trouve généralement en gisement discordant avec le magnesian limestone, et qu'il y appartient presque encore au terrain de transition. Les *trois grands dépôts de houille,* de *sel* et d'*oolithes,* qui servent, pour ainsi dire, de repaires au géognoste, lorsqu'il essaie de s'orien-ter dans un pays inconnu, sont partout placés de même; mais

l'enchaînement mutuel des formations et le degré de leur développement varient selon les localités. Lorsqu'en Angleterre, par la
suppression du *nouveau conglomérat rouge* (todtes liegende), le
calcaire magnésifère (zechstein) repose immédiatement sur le dépôt de houilles (Durham, Northumberland), la houille est regardée comme d'une qualité inférieure.

Calcaire ferrifère, rauchwacke et *calcaire à gryphites.* Le calcaire ferrifère (eisenkalk, zuchtwand) est une roche brunâtre ou
jaune-isabelle, tantôt compacte, tantôt grenue et caverneuse,
pénétrée de fer spathique, formant des couches dans l'assise supérieure du zechstein (Cammsdorf, Schmalkalden, Henneberg).
Elle est quelquefois traversée par les schistes cuivreux, et prend
un tel développement qu'elle remplace toutes les assises inférieures
du zechstein. Lorsqu'elle devient gris-noirâtre, chargée de bitume et caverneuse, on lui donne en Allemagne le nom de *rauchwacke.* Les cavités du rauchwacke sont anguleuses, longues et
étroites, tapissées de cristaux de carbonate de chaux. Cette
petite formation partielle, que M. Karsten, dans sa *Classification des roches,* avoit confondue avec la partie caverneuse et
spongieuse du calcaire du Jura, est quelquefois magnésifère,
imparfaitement oolithique (Cresfeld), et mêlée de quarz grenu.
La pierre fétide, le calcaire ferrifère et le rauchwacke sont
intimement liés entre eux. C'est au rauchwacke aussi qu'appartient en grande partie cet amas de gryphites (*G. aculeatus*)
que l'on appelle *calcaire à gryphées épineuses* (gryphitenkalk),
qui caractérise le zechstein et qui (comme nous le verrons
plus bas) forme une couche plus ancienne que le *calcaire à
gryphées arquées,* qui est une des assises inférieures du calcaire
du Jura.

Grès. Partout ou le zechstein ou calcaire alpin s'est développé seul en grandes masses, et n'est par conséquent pas intercalé au grès rouge, les couches de grès sont très-rares. J'en
ai reconnu cependant quelques-unes dans les montagnes de
Cumana (Impossible, Tumiriquiri). Ce grès intercalé au zech-

stein est extrêmement quarzeux, dépourvu de pétrifications, et
alterne avec des argiles brun-noirâtre. M. de Buch a observé
un phénomène entièrement analogue en Suisse, dans le calcaire
alpin du Molesson et dans celui du Jaunthal près de Fribourg.
Dans les Cordillères du Pérou, près de Huancavelica, à plus
de 2000 toises d'élévation au-dessus du niveau de l'océan (mine
de Santa-Barbara), une immense couche de grès aussi quarzeux que le grès de Fontainebleau, et renfermant un dépôt de
mercure, forme une couche dans le calcaire alpin. Même le zechstein de Thuringe offre quelquefois de petites couches de grès,
extrêmement quarzeuses, qui traversent le schiste cuivreux. Une
marne arénacée (weissliegende) se trouve sur les limites du
zechstein et du grès rouge. Elle varie beaucoup dans sa composition, et rappelle les bancs de grès du Tumiriquiri dans l'Amérique méridionale. Le weissliegende de Thuringe est généralement calcarifère, et renferme des grès et des conglomérats siliceux.
M. Freiesleben y a trouvé (Helbra) des concrétions globuleuses
semblables à celles que j'ai recueillies dans l'argile salifère du
zechstein de Zipaquira. Nous rappellerons, à cette occasion,
que le calcaire alpin des Pyrénées n'est pas seulement mêlé
de sable et de mica, mais qu'il renferme aussi des bancs de
grès argileux.

Plomb sulfuré, fer hydraté, calamine, mercure. Ces quatre petites formations métalliques caractérisent le zechstein dans les
deux hémisphères. La galène argentifère commence déjà à se
montrer en petites masses dans le schiste cuivreux de la Thuringe : mais, en Silésie et en Pologne, elle forme (Tarnowitz,
Bobrownick, Sacrau, Olkusz, Slawkow) des couches très-éten-
dues dans le zechstein, par conséquent au-dessus du riche dépôt de houille de Ratibor et de Beuthen. Dans ces mêmes contrées les couches de fer hydraté (Radzionkau) et de calamine
(Piekary), parallèles entre elles, sont d'une origine plus récente
que la couche de fer sulfuré argentifère de Tarnowitz. Déjà
dans le calcaire grenu et dépourvu de coquilles, qui couvre

cette dernière couche, on trouve disséminé dans des cavités alongées de petites masses de fer brun et de zinc oxidé concrétionné.
Près d'Thlefeld au Harź tout le zechstein est imprégné de cette
dernière substance. Quant aux couches de galène et de calamine
du Sauerland, de Brillon, d'Aix-la-chapelle et de Limbourg,
elles semblent, d'après les discussions judicieuses de MM. de
Raumer et Nœggerath, malgré leur analogie apparente avec les
formations de la Haute-Silésie, appartenir aux terrains de transition les plus récens. On diroit que dans les deux continens il
existe une *affinité géognostique* (ou de gisement) bien remarquable
entre les roches calcaires et le plomb sulfuré plus ou moins
argentifère : nous voyons ce dernier en Europe dans le calcaire
intermédiaire (filons de Schwatz en Tyrol, et du mountain-limestone de Northumberland, de Yorck et du Derbyshire) et dans
le calcaire alpin (couches de la Haute-Silésie et de la Pologne;
magnesian limestone de Durham). Sur le plateau de la Nouvelle-
Espagne les minérais de plomb du district de Zimapan (Real
del Cardonal, Lomo del Toro), de même que celles de Liñarès
et du Nouveau-Saint-Ander, appartiennent aussi à des calcaires
qui sont mêlés de pierre fétide et qui succèdent immédiatement
à la formation houillère.

La calamine se rencontre dans le calcaire magnésifère de l'Angleterre (Mendiphills) comme dans le zechstein de la Haute-
Silésie. Quant aux couches argileuses de fer hydraté, elles offrent, dans le calcaire alpin des Andes du Pérou, un caractère particulier; elles sont intimement mêlées d'argent natif
filiforme et de muriate d'argent. Ce mélange de fer oxidé et
d'argent, que nous avons fait connoître, M. Klaproth et moi,
est connu sous le nom de *pacos* : il se trouve dans la partie équinoxiale des deux Amériques, remplissant la partie supérieure
des filons, et présente dans cette position une analogie bien
remarquable avec les masses terreuses et ochracées (non-argen-
tifères) que les mineurs de l'Europe désignent vulgairement
par le nom de *chapeau de fer* des filons (eiserne Hut). Le plus

riche exemple que je connoisse d'une *couche de pacos* dans le
calcaire alpin, est le dépôt de la montagne de Yauricocha (Cerro
de Bombon, Cordillère péruvienne de Pasco), situé à plus de
1800 toises de hauteur absolue. Quoique les exploitations de
ce gîte de fer oxidé, qui abonde en argent, n'aient généralement atteint jusqu'ici que la profondeur de 15 à 20 toises,
elles ont fourni, dans les dernières vingt années du dix-huitième
siècle plus de cinq millions de marcs d'argent. Aux yeux du
géognoste expérimenté ce gîte remarquable n'est qu'un développement particulier des couches de fer hydraté que présente le
zechstein de la Haute-Silésie, et qui passent quelquefois (Pilatus et Wallensée en Suisse) au fer lenticulaire.

La présence simultanée du mercure dans le grès houiller et
dans le calcaire alpin ajoute aux rapports que nous avons indiqués entre ces deux formations. En Carniole (Idria), le minérai
de mercure se trouve, d'après MM. Héron de Villefosse et Bonnard, dans un schiste marneux semblable aux marnes cuivreuses
du Mansfeld. Au Pérou, près de Huancavelica, le cinabre est
en partie disséminé dans le grès extrêmement quarzeux qui
forme une couche (Pertinencias del Procal, de Comedio et de
Cochapata, mine de Santa-Barbara) dans le calcaire alpin; en
partie il remplit des filons (montagne de Sillacasa) qui se
réunissent en *amas* et traversent immédiatement le calcaire
alpin.

Après avoir nommé cette grande variété de véritables couches que renferme la formation dont nous tâchons de faire connoître les rapports de gisement, de structure et de composition,
il me reste à indiquer les substances qui s'y trouvent simplement
disséminées. Je me bornerai à nommer le silex, le cristal de roche
et le soufre.

Le silex commun (hornstein), très-rare dans le zechstein des
plaines (Thuringe), caractérise ce même terrain dans la région
alpine des Pyrénées, de la Suisse (Mont Bovon, la Rossinière),
du Salzbourg et de la Styrie (au-dessus de Hallstadt; Poschen-

berg; Goisern); il passe souvent au jaspe et au silex pyromaque (feuerstein). En Europe, le silex du calcaire alpin ne se
trouve que par rognons ou par nodules souvent disposés sur
une même ligne; mais dans les Cordillères du Pérou, au milieu
des riches mines d'argent de Chota (près de Micuipampa,
lat. austr. 6° 43′ 38″) le silex forme une couche d'une épaisseur prodigieuse. La montagne de Gualgayoc, qui s'élève comme
un château fort sur un plateau de 1800 toises de hauteur, en
est entièrement composée. Le sommet de cette montagne est
terminé par une innombrable quantité de petits rochers pointus, ayant chacun de larges ouvertures que le peuple appelle
fenêtres (ventanillas). Le silex (*panizo*) de Gualgayoc est un
hornstein écailleux, blanc - grisâtre, à cassure matte, souvent
unie, intimement mêlé de fer sulfuré. Il passe tantôt au quarz,
tantôt à la pierre à fusil. Dans le premier cas il est celluleux,
à cavités irrégulières, tapissées de cristaux de quarz. De grandes
masses de ce *panizo*, dans lequel des filons d'argent gris et rouge,
et des filons de fer magnétique forment des amas entrelacés d'une
richesse extraordinaire, ressemblent au calcaire siliceux du terrain
tertiaire de Paris; mais on voit clairement, dans plusieurs de ces
mines (Choropampa, à l'est du Purgatorio près du ravin de Chi-
quera), que ce hornstein métallifère est une couche de forme irrégulière, intercalée au zechstein ou calcaire alpin. Il enchâsse de
grandes masses calcaires, et alterne quelquefois (Socabon de
Espinachi) avec cette même argile brun - noirâtre et schisteuse
que l'on trouve dans le calcaire alpin de Montan, et qui rend
les filons entièrement stériles. Le hornstein est dépourvu des
coquilles qui abondent dans la roche principale et qui remplissent même quelquefois les filons. Une énorme masse de matière
siliceuse, qu'on trouve comme fondue au milieu d'un calcaire
secondaire, à couches arquées et renfermant des ammonites de
8 — 10 pouces de diamètre, est sans doute un phénomène géognostique bien remarquable. Existe - t - il (environs de Florence)
des rognons de silex corné dans les calcaires de transition?

De quel âge sont les calcédoines et les jaspes disséminés dans les Monti Madoni de Sicile?

Le calcaire alpin de Cumanacoa (Amérique méridionale) renferme, comme celui de Grosörner (Thuringe), des cristaux de roche disséminés. Ces cristaux ne se trouvent pas dans des cavités, mais enchâssés dans la roche, comme le feldspath l'est dans le porphyre, et comme le cristal de roche ou le boracite le sont dans des gypses modernes.

Le soufre natif, que nous avons déjà vu dans le quarz grenu du terrain primitif et dans le gypse de transition (Sublin près de Bex), reparoît dans le calcaire alpin (Pyrénées, près d'Orthès et près de la forge de Bielsa; Sicile, Val de Noto et Mazzara), et dans le gypse feuilleté (Nouvelle-Espagne, Pateje près Tecosautla) qui appartient à cette dernière formation. Cependant la majeure partie du soufre dont abondent les régions équinoxiales de l'Amérique, se rencontre dans les trachytes porphyriques et dans les argiles du terrain pyrogène.

Les opérations de Bouguer et de La Condamine ayant été faites dans une portion des Andes où dominent les formations de trachytes, il s'est répandu en Europe, parmi beaucoup de fausses idées sur la structure des Cordillères, celle de l'absence des coquilles et des formations calcaires dans la région équinoxiale. Encore vers la fin du dix-huitième siècle, l'Académie des sciences invita M. de La Peyrouse (*Voyage*, *T. I, p.* 169) de rechercher « s'il est vrai que près de la ligne, ou plus que « l'on s'en approche, les montagnes calcaires s'abaissent jusqu'à « n'être plus qu'au niveau de la mer. » Dans des ouvrages plus récens (Greenough, *Crit. examination of Geology*, *p.* 288) on révoque en doute l'existence des ammonites et des bélemnites dans l'Amérique du Sud. En faisant connoître la superposition des roches en différentes parties du nouveau continent, j'ai indiqué à quelle hauteur prodigieuse s'élèvent les couches coquillères de zechstein dans les Cordillères du Pérou et de la Nouvelle-Grenade. Il ne faut pas croire que les grandes révolutions qui ont enseveli les animaux pélagiques, se soient bornées à tel ou tel climat.

Dans les régions les plus éloignées les unes des autres nous trouvons, dans la formation du zechstein ou calcaire alpin, des gryphites (*G. aculeata*), des entroques (formant d'après l'observation curieuse de M. de Buch, dans beaucoup de parties de l'Allemagne, une couche distincte sur la limite du calcaire alpin et du grès houiller); des térébratulites (*T. alatus*, *T. lacunosus*, *T. trigonellus*); des pentacrinites d'une grande longueur; un trilobite du schiste cuivreux, qui, génériquement, n'est peut-être point encore suffisamment examiné (*T. bituminosus*); des ammonites (plus rares que dans le muschelkalk et dans les marnes du calcaire du Jura), quelques orthocératites; des poissons qui avoient déjà fixé l'attention des anciens (Aristot., *Mirab. auscultat.*, *ed. Beckmanniana*, c. 75; Livius, *lib. 42, c. 1*), des ossemens de monitor, peut-être même (Tocayma et Cumanacoa dans l'Amérique méridionale) de crocodiles; des empreintes de lycopodiacées et de bambusacées; point de vraies fougères; mais, ce qui est très-remarquable (marnes bitumineuses de Mansfeld), des feuilles de plantes dicotylédones analogues aux feuilles du saule. On observe que les coquilles du calcaire alpin (*Ammonites ammonius*, *A. amaltheus*, *A. hircinus*, *Nautilites ovatus*, *Pectinites textorius*, *Pectinites salinarius*, *Gryphites gigas*, *G. aculeatus*, *G. arcuatus*, *Mytulites rostratus*) sont moins disséminées dans la masse entière de la roche, comme c'est le cas dans les deux formations du muschelkalk et du calcaire du Jura, qu'accumulées sur certains points, et souvent à de grandes hauteurs. Sur des étendues de pays très-considérables, le calcaire alpin paroît quelquefois dépourvu de débris organiques.

Nous avons indiqué dans les pages précédentes les formations de l'Amérique équinoxiale qui appartiennent au zechstein. Ce sont, dans la chaîne du littoral de Caracas, les calcaires de Punta Delgrada, de Cumanacoa et du Cocollar, renfermant,

non du grauwacke, mais du grès quarzeux et des marnes carburés ; dans la Nouvelle-Grenade, le calcaire de Tocayma et
du plateau de Bogota, supportant le sel gemme de Zipaquira ;
dans les Andes de Quito et du Pérou, les calcaires de la province
de Jaen de Bracomoros, de Montan et de Micuipampa, placés
sur le grès houiller et enchâssant d'énormes masses de silex ; dans
la Nouvelle-Espagne, les calcaires du Peregrino, de Sopilote et
de Tasco, entre Mexico et Acapulco. Plusieurs de ces masses calcaires d'une énorme épaisseur, et supportant des formations de
gypse et de grès, sont superposées, non au grès houiller, mais
à des porphyres de transition très-métallifères et liés, du moins
en apparence, sur quelques points, à un terrain décidément
trachytique. On observe, dans le nouveau continent comme
dans l'ancien, que, là où le calcaire alpin a pris un grand
développement, le grès houiller manque presque entièrement,
et *vice versa*. Cet antagonisme dans le développement de deux
formations voisines m'a frappé surtout à Guanaxuato (plateau
central du Mexique) et à Cuença (plateau central de Quito),
où abondent les grès houillers : il m'a frappé dans les Cordillères de Montan (Pérou) et à Tasco (Nouvelle-Espagne), ou
abonde le calcaire alpin. Quand le grès houiller, nous le répétons ici, n'est point visible ou qu'il ne s'est pas développé,
les limites entre le calcaire alpin et le calcaire de transition
sont très-difficiles à tracer. En excluant du terrain secondaire
tous les calcaires bleu-grisâtre traversés par des veines de spath
calcaire blanc et par des couches d'argile et de marnes, les
formations de Cumanacoa, de Tasco et de Montan (Venezuela,
Pérou et Mexique), comme celles des Alpes les plus septentrionales du Tyrol et du Salzbourg, deviendroient des formations de
transition. J'incline à croire que les formations que nous venons
de nommer, de même que celles du Mole, du Haacken et du
Pilatus, sont les plus anciennes couches du zechstein, qui se
lient au calcaire de transition de la Dent du Midi, de l'Oldenhorn et de l'Orteler. Beaucoup de roches se succèdent par un

développement progressif, et il paroît tout naturel que les dernières assises d'une formation plus ancienne offrent une grande analogie de structure avec les premières assises de la formation superposée.

On a récemment voulu placer parmi les couches intercalées au zechstein ou calcaire alpin des grünstein et des dolérites, que nous connoissons déjà comme subordonnées au grès houiller dans plusieurs parties de l'Europe; on a même indiqué, comme superposé aux calcaires alpin et jurassique, des syénites, des porphyres et des *granites secondaires*. Ce sont là les roches de la partie sud-est du Tyrol (vallées de Lavis et de Fassa; Recoaro) sur lesquelles le comte Marzari-Pencati a publié de si curieuses observations. Le gisement de ces substances étant encore un point de géologie très-contesté, je dois me borner ici à présenter les données du problème et l'état d'une question si digne de l'attention des géognostes.

Déjà M. de Buch avoit remarqué, en 1798, qu'entre Pergine et Trento (Lago di Colombo, Monte-Corno) le porphyre de transition (ou plutôt celui du grès rouge?) alterne avec le calcaire alpin ou terrain secondaire. Ce calcaire est rempli d'ammonites et de tétébratulites. L'alternance est évidente, et les porphyres, si communs partout ailleurs dans le grès houiller, débordent ici dans le calcaire alpin, de même que sur le revers oriental des Andes du Pérou (Chamaya) j'ai vu déborder dans cette même formation la roche de quarz compacte qui représente le grès houiller. C'est une *pénétration* du terrain inférieur dans un terrain superposé : phénomène qui peut d'autant moins nous surprendre, qu'en Silésie, en Hongrie et dans plusieurs parties de l'Amérique équinoxiale le grès rouge ou grès houiller est intimement lié au zechstein. Les porphyres du Tyrol méridional s'élèvent (montagne de Forna) jusqu'à 1500 toises de hauteur. (Buch, *Geogn. Beob.*, T. I, pag. 303, 309, 315, 316.) M. de Marzari, dont les recherches ont commencé en 1806, croit avoir vu se succéder de bas en haut, dans les environs de Recoaro, du micaschiste, de la dolérite (remplissant en même temps les filons qui traversent le micaschiste, et renfermant du pyroxène et du fer titané); du grès rouge avec houille et marnes bitumineuses; du zechstein, dont les couches inférieures sont un calcaire à gryphites; une formation de porphyres syénitiques avec des amygdaloïdes intercalées. Dans la vallée de Lavis (Avisio), M. de Marzari indique, toujours du bas en haut, du grauwacke, du porphyre, du grès rouge, du calcaire alpin, du calcaire du Jura, du granite et des masses noires pyroxéniques dépourvues d'olivines. D'après l'intéressant mémoire publié par M. Breislack, le granite secondaire placé sur le calcaire alpin est entièrement semblable au plus beau granite d'Égypte : il renferme (Canzacoli delle coste, Pedrazzo) de grandes *masses de quarz avec tourmaline;* il rend grenu à son contact (à plusieurs toises de profondeur) le calcaire qui le supporte, et passe tantôt à une *roche pyroxénique,* tantôt à un porphyre à base feldspathique noire, tantôt à la *serpentine.* (Marzari, *Cenni geologici,* 1819, p. 45; Id., *Nuevo osservatore Veneziano,* 1820, n.os 113 et 127; Breislak, *Sulla giacitura delle rocce porfiritiche e granitose del Tirolo,* 1821, p. 22, 25, 52; Marzari, *Lettera al Signor Cordier,* 1822, p. 3; Maraschini, *Observ. géogn. sur le Vicentin,* 1822, p. 17.) Entre la Piave et l'Adige un mandelstein agathifère, qui rappelle ceux du grès rouge, surmonte le calcaire alpin : c'est, dit-on, une formation parallèle aux couches du granite secondaire. Un excellent géognoste, M. Brocchi, qui a publié dès l'année 1811 un mémoire sur la vallée de Fassa, n'a pas seulement vu des grünstein en partie pyroxéniques couvrir des calcaires qu'il croit de transition, mais qui passent dans leurs couches supérieures au calcaire alpin avec silex; il a reconnu aussi ces grünstein pyroxéniques comme alternant avec les calcaires (Melignon, Fedaja). Récemment M. de Marzari a annoncé avoir vu (Grigno de la Piave, Cimadasta) le granite et le mandelstein agathifère surmonter le terrain de craie, et se ranger parmi les *roches tertiaires.*

Je consigne ici des faits de gisement bien extraordinaires, et sur lesquels sans doute M. de Buch, qui a visité récemment la vallée de Fassa, va répandre un nouveau jour. Les rapports de gisement de ces contrées paroissent très-compliqués. La roche dans laquelle les grünstein et les dolérites se trouvent intercalés, est-elle bien certainement du zechstein, ou appartient-elle au terrain de transition? Ces grünstein et ces dolérites se trouvent-ils en couches ou en filons? Les roches feldspathiques grenues (appelés syénites et granites à trois élémens) sont-elles oryctognostiquement analogues aux roches homonymes de Christiania, ou sont-elles des trachytes? En admettant que la superposition des roches ait été observée avec précision, et que les divers terrains aient été bien nommés, on verroit se répéter ici, dans des formations secondaires, les phénomènes que MM. de Buch et Haussmann ont fait connoître les premiers dans la série des formations intermédiaires. L'alternance de roches sédimentaires, arénacées et cristallines, continueroit, comme par séries périodiques, jusque vers les terrains les plus modernes. Nous savions déjà, par les belles observations de MM. Mac-Culloch et Boué, qu'en Écosse et dans plusieurs parties du continent des roches grenues, porphyriques, syénitiques et pyroxéniques, pénètrent du terrain de transition dans le grès houiller. Le calcaire alpin est immédiatement superposé à la formation de porphyre et de grès rouge; il est géognostiquement lié avec cette formation. D'après ces données il ne seroit pas très-surprenant, ce me semble, de voir intercalé au calcaire alpin ces mêmes couches cristallines (amphiboliques et feldspathiques) que l'on a déjà reconnues dans le grès houiller. La géognosie positive doit offrir un enchaînement de faits bien observés et judicieusement comparés entre eux. Elle n'enseigne pas que la répétition de certains types cristallins s'arrête nécessairement au grès houiller. Les observations de M. de Marzari ne renverseront par conséquent aucune loi géognostique. Si elles sont confirmées par des recherches ultérieures, elles agrandiront plutôt nos vues sur ce

phénomène curieux d'*alternance* dans des formations les plus
éloignées les unes des autres. Comme des filons remplis de
grünstein, de syénites et de masses pyroxéniques, traversent,
dans plusieurs parties des deux continens, les granites primitifs,
les thonschiefer, les porphyres de transition, les calcaires secondaires et même les formations supérieures à la craie, plusieurs géognostes célèbres ont soupçonné que les roches problématiques des rives de l'Avisio (Lavis) pourroient bien être des
masses volcaniques, des coulées de laves venues d'en bas (de
l'intérieur de la terre) par des crevasses. Ce soupçon paroît for-
tifié par l'analogie des roches cristallines, que l'on assure être
indifféremment superposées à des formations d'un âge très-différent (au calcaire alpin, au calcaire du Jura et à la craie); mais
les grandes masses de quarz qui entrent dans la composition
des roches appelées par MM. de Marzari et Breislak *granites
secondaires*, semblent éloigner ces roches problématiques des
productions modernes des volcans. Il faut espérer que des observations souvent répétées sur les lieux vont bientôt lever tous
ces doutes. L'incrédulité dédaigneuse est aussi funeste aux sciences
qu'une trop grande facilité à adopter des faits incomplétement
observés. Il faudra surtout distinguer entre des masses (trachytiques?) qui se sont répandues sur des formations secondaires et
qui seulement leur sont superposées, et des masses (amphiboliques, pyroxéniques, syénitiques) qui pourroient leur être intercalées. Cette différence de gisement seule peut être l'objet d'une
observation directe; le problème de l'origine des couches cristallines superposées ou intercalées appartient à la géogonie.
Beaucoup de roches très-anciennes ne sont peut-être aussi que
des nappes de matières fondues; et les questions géogoniques
auxquelles donnent lieu les roches de Fassa, peuvent en partie
s'appliquer aux porphyres et aux grünstein pyroxéniques intercalés au grès houiller. Il faut décrire dans chaque formation ce
qu'elle renferme, et ce qui la caractérise. La géognosie positive
s'arrête à la connoissance des gisemens.

III. Dépôts arénacés et calcaires (marneux et oolithiques), placés entre le zechstein et la craie , et liés a ces deux terrains.

En remontant depuis le terrain de transition par les roches secondaires au terrain tertiaire, le phénomène de l'*alternance* entre des couches calcaires et arénacées devient de plus en plus frappant. On voit alterner d'abord des calcaires intermédiaires blancs et cristallins (Tarantaise), ou compactes et carburés, avec des grauwackes; puis se succèdent le grès rouge, le calcaire alpin ou zechstein, le grès bigarré (red marl), le muschelkalk (calcaire de Gœttingue), le quadersandstein (grès de Kœnigstein), le calcaire du Jura (formation oolithique), le grès vert ou grès secondaire à lignites (green sand), la craie, le grès tertiaire à lignites (argile plastique), le calcaire parisien, etc. Je rappelle ici six *alternances* de douze formations intermédiaires, secondaires et tertiaires (arénacées et calcaires), d'après leur ancienneté relative, comme si, dans un seul point de la terre, ces roches s'étoient toutes simultanément développées. Par la suppression fréquente de quelques-unes d'entre elles, surtout du grès bigarré, du muschelkalk et du quadersandstein, le calcaire (oolithique) du Jura repose parfois immédiatement sur le calcaire alpin (Andes du Mexique et du Pérou, Pyrénées, Apennins).

Les dépôts que nous réunissons dans cette troisième grande division (SS. 29—33), forment à peu près tout le *terrain de sédiment moyen* de M. Brongniart. J'ai craint d'employer les dénominations qui ont rapport à des limites si différemment tracées par les géognostes modernes. M. Conybeare, dans l'excellent ouvrage qu'il a récemment publié avec M. Philipps sur la Géologie de l'Angleterre, distingue les terrains en surmoyens, moyens et sousmoyens (*supermedial*, *medial* et *submedial*). Tant de divisions systématiques ajoutent peut-être à la difficulté qu'offre déjà la synonymie des roches.

ARGILE ET GRÈS BIGARRÉ (GRÈS A OOLITHES; GRÈS DE NEBRA; NEW RED
SANDSTONE ET RED MARL) AVEC GYPSE ET SEL GEMME.

S. 29. Le *grès de Nebra* ou *grès bigarré* (Thuringe) et le
red marl de l'Angleterre (depuis les rives du Tees en Durham
jusqu'aux côtes méridionales du Devonshire) ne sont pas seulement des formations parallèles, c'est-à-dire, du même âge et
occupant la même place dans la série des roches : ce sont des
formations identiques. Le premier, assez pauvre en pétrifications
(*Strombites speciosus, Pectinites fragilis, Mytulites recens, Gryphites spiratus,* Schl.), est un terrain composé de trois séries
de couches alternantes; savoir : 1.° d'argiles; 2.° de grès micacés
et schisteux, avec masses de glaise à formes aplaties et lenticulaires (thongallen); 3.° d'oolithes généralement brun - rougeâtres. On trouve dans le grès bigarré du continent, en bancs
subordonnés, du gypse (thongyps), quelquefois lamelleux, le
plus souvent fibreux, et dépourvu de calcaire fétide. Nous avons
vu plus haut qu'en Allemagne et en France un grand nombre
de sources salées coulent sur ces bancs d'argile et de gypse,
et qu'à Thiede, entre Wolfenbüttel et Brunswic, comme à Sulz
près Heilbronn, de petites masses de sel gemme sont disséminées dans cette formation, qui, à Sulz, a été atteinte par la
sonde après le muschelkalk et avant le zechstein. Le *red marl*
(red ground, red rock, red fort), si bien examiné par MM. Winch
et Greenough, dépourvu de pétrifications et de bancs d'oolithes,
et coupé par des fissures en masses rhomboïdales, est en Angleterre le véritable gîte du sel gemme : il se compose dans ses
assises supérieures d'argiles marneuses, de gypse (albâtre) et de
sel (Witton près Nortwich; Droitwich); dans ses assises inférieures, soit de conglomérats avec galets de roches primitives
et de transition, soit de grès à petits grains (entre Exeter et
Exminster). Le sel gemme d'Angleterre, de Lorraine et du
Wurtemberg, lie la formation de grès et d'argiles bigarrés,
vers le bas, au zechstein et au calcaire alpin; vers le haut,

dans le Nord de l'Allemagne, cette formation passe au muschelkalk, dont les couches les plus anciennes sont un peu
arénacées. On pourroit dire aussi que les oolithes du grès bigarré (Eisleben, Endeborn, Bründel) et ses marnes *préludent*
à la formation du Jura : mais ces oolithes brun-rougeâtres
se perdent insensiblement en une roche arénacée; elles diffèrent essentiellement des oolithes blanches et blanc-jaunâtres
du calcaire du Jura. Sur le continent, le grès bigarré est tres-
distinct du zechstein, malgré les traces de sel qui le lient à
cette dernière formation : en Angleterre, le red marl, le calcaire magnésien et les conglomérats d'Exeter et de Teignmouth (Devonshire), qui, sous le nom de *nouveau conglomérat*
rouge, représentent le grès houiller du Mansfeld, sont aussi
intimement liés entre eux que le sont les dépôts de houille
avec les roches de transition (mountain limestone et old red
sandstone.

En décrivant plus haut le grès rouge de la Nouvelle-Grenade, j'ai discuté les nuances de composition et de structure
qui distinguent cette formation houillère du grès bigarré (bunte
sandstein), par rapport aux couches intercalées de sables, d'argiles schisteuses et de conglomérats à gros grains. Ces conglomérats, qui caractérisent les assises inférieures du red marl, se
retrouvent dans la chaîne des Vosges. Les strates supérieurs du
grès bigarré sont verts; on les croit colorés par le nickel et le
chrôme. Ils sont quelquefois mêlés de petites lames de baryte
sulfatée (Mariaspring près Gœttingue).

Couches subordonnées: 1.° Gypse argileux un peu chloriteux,
avec des aragonites (Bastènes près de Dax), avec des cristaux
de roche incolores (Langensalze, Wimmelburg), ou rouges
(Dax), et avec du soufre, disséminés (entre Gnölbzig et Naundorf); ce gypse a été regardé jadis comme une formation particulière placée entre le grès bigarré et le muschelkalk (Cresfeld et Helbra en Saxe, Dölau en Franconie, Neuland près
Löwenberg en Silésie; Amajaque au Mexique): 2.° calcaires en

lits minces, tantôt marneux, tantôt magnésifères : 3.° argile im-
prégnée de goudron minéral (Kleinscheppenstedt près Brunswic):
4.° sables (triebsand) avec de grands chamites et du bois pétrifié
(Burgörner): 5.° grès extrêmement quarzeux, presque sans ciment
visible, très-caractéristique tant pour le grès bigarré que pour
l'argile plastique qui environnent les coulées des basaltes : 6.°
mine de fer brune, souvent en géodes : 7.° traces de houilles,
peut-être même de lignites, qu'il ne faut point confondre avec
les dépôts analogues du quadersandstein et des grès secondaires
et tertiaires à lignites (au-dessous et au-dessus de la craie). On
assure avoir trouvé des branches d'arbre charbonisées dans les
argiles avec gypse d'Oberwiederstedt en Thuringe ; aussi les schistes
argentifères de Frankenberg (Hesse), qui ne sont que des phytolithes charbonisés, enduits et pénétrés de métaux, paroissent
à plusieurs géognostes appartenir au grès bigarré. M. Boué, dont
les obligeantes communications ont si souvent enrichi mes travaux, observe que le grès bigarré existe par lambeaux dans le
sud-ouest de la France : il y est représenté par des marnes et
des gypses fibreux ou compactes (Cognac, S. Froult près Rochefort), et quelquefois immédiatement recouvert de calcaire jurass-
sique et de craie grossière. Au pied des Pyrénées, entre S. Giron
et Rimont, le grès bigarré a pris un développement considérable. Comme, dans la partie des Andes que j'ai parcourue, les
formations du terrain secondaire, c'est-à-dire, celles qui sont
supérieures au calcaire alpin, ne se sont presque pas développ-
pées, je ne crois avoir bien reconnu le grès bigarré que dans les
points suivants.

Au *Mexique*, en descendant des montagnes composées de porphyres intermédiaires et éminemment métallifères (Real del
Monte et de Moran) vers les bains chauds de Totonilco el
Grande, on trouve une formation puissante de calcaire gris-
bleuâtre, presque dépourvue de coquilles, généralement compacte, mais enchâssant des couches très-blanches et grenues à
gros grains. Ce calcaire, célèbre par ses cavernes (Dantö ou la

montagne percée) et rempli de filons de plomb sulfuré, me paroit un terrain de transition. Il est couvert d'une autre formation, gris-blanchâtre et entièrement compacte, qui ressemble au zechstein. Sur cette dernière repose le grès argileux (bunte sandstein), dont les assises supérieures sont (près d'Amajaque) des argiles avec gypse feuilleté. Je pense que le grès enchâssant des masses aplaties d'argile (thongallen), près de La Veracruz, et renfermant (Acazonica) un beau gypse feuilleté, appartient aussi, comme le gypse d'Amajaque, au grès bigarré. Peut-être cette formation de Veracruz fait-elle le tour des côtes orientales, et se lie-t-elle aux dépôts calcaires de Nuevo-Léon, riche en galènes foiblement argentifères.

Dans les Llanos ou steppes de *Venezuela*, les gypses argileux (Cachipo, Ortiz) sont certainement postérieurs au grès houiller; mais, si le calcaire qui les sépare (entre Tisnao et Calabozo), loin d'être du zechstein, est, comme sa cassure unie et son aspect de calcaire lithographique sembleroient l'indiquer, de formation jurassique, ces gypses des Llanos seroient plus modernes encore que ceux du grès bigarré. A Guire (côtes orientales de Cumana), un gypse blanc et grenu (jurassique?) contient de grandes masses de soufre. Les argiles salifères mêlées de gypses et de pétrole de la péninsule d'Araya, vis-à-vis l'île de la Marguerite, sont placées entre le zechstein et un terrain tertiaire. Comme des gypses sont renfermés dans ce dernier terrain (colline du château S. Antoine, à Cumana; plaines entre Turbaco et Carthagène des Indes), on pourroit croire que les argiles salifères d'Araya sont aussi beaucoup plus récentes que le red marl ou grès bigarré. Mais je n'ose prononcer avec certitude sur l'âge de ces formations, dans l'absence de tant de roches que l'on trouve placées ailleurs entre le zechstein et les terrains tertiaires. Les gypses que j'ai examinés dans l'intérieur de la *Nouvelle-Grenade* (plateau de Bogota; Chaparal, à l'ouest de Contreras) m'ont tous paru de la formation du calcaire alpin.

Lorsqu'on examine le terrain §. 29 dans des contrées si éloignées les unes des autres, on trouve la dénomination de *grès bigarré* tout aussi bizarre que la dénomination de grès rouge. On peut substituer à la dernière celle de grès houiller, en rappelant un des résultats les plus généraux et les plus positifs de la géognosie moderne. Il seroit à désirer qu'un géognoste d'une grande autorité substituât un nom géographique à celui de grès bigarré ou grès à oolithes brunes : je continuerai juque-là à me servir de la dénomination de *grès de Nebra*.

MUSCHELKALK (CALCAIRE COQUILLIER ; CALCAIRE DE GŒTTINGUE).

§. 30. Formation peu variable, et que la dénomination beaucoup trop vague de *calcaire coquillier* a fait confondre, hors de l'Allemagne, avec les assises inférieures ou supérieures du calcaire jurassique (avec le lias ou le forestmarbre et portlandstone). Elle est bien caractérisée par sa structure plus simple, par la prodigieuse quantité de coquilles en partie brisées qu'elle renferme, et par sa position au-dessus du grès de Nebra (bunte sandstein) et au-dessous du quadersandstein qui la sépare du calcaire jurassique. Elle remplit une vaste partie de l'Allemagne septentrionale (Hanovre, Heinberg près de Gœttingue; Eichsfeld, Cobourg; Westphalie, Pyrmont et Bielfeld), où elle est plus puissante que le zechstein ou calcaire alpin. Dans l'Allemagne méridionale elle s'étend sur tout le plateau entre Hanau et Stutgard. En France, où, malgré les grands et utiles travaux de M. Omalius d'Halloy, les formations secondaires qui sont inférieures à la craie ont été si long-temps négligées, MM. de Beaumont et Boué l'ont reconnue tout autour de la chaîne des Vosges. Le muschelkalk a généralement des teintes pâles, blanchâtres, grisâtres ou jaunâtres : sa cassure est compacte et matte; mais le mélange de petites lames de spath calcaire, provenant peut-être de débris de pétrifications, le rend quelquefois un peu grenu et brillant. Plusieurs couches sont marneuses, arénacées, ou passant à la structure oolithique (Séeberg près de Gotha; Weper près Gœttingue; Preussisch-Minden; Hildesheim).

Des hornstein, passant au silex pyromaque et au jaspe (Drans-
feld, Kandern, Saarbrück), sont ou disséminés par nodules dans
le muschelkalk, ou y forment de petites couches peu continues.
Les assises inférieures de cette formation alternent avec le grès
bigarré (entre Bennstedt et Kelme), ou se lient insensiblement
au grès, en se chargeant de sable, d'argile et même (à l'est de
Cobourg) de magnésie (bancs magnésifères du muschelkalk).

Couches subordonnées. Les marnes et argiles, si fréquentes
dans le calcaire jurassique, le grès bigarré et le zechstein, sont
assez rares dans le muschelkalk. En Allemagne, cette roche renferme du fer hydraté, un peu de gypse fibreux (Sulzbourg près
Naumbourg), et de la houille (lettenkohle de Voigt; à Matt-
stedt et Eckardsberg près Weimar) mêlé de schiste alumineux
et de fruits (de conifères?) charbonnés. Plus les houilles avan-
cent vers le terrain tertiaire, plus elles se rapprochent, du moins
dans quelques-uns de leurs strates, de l'état de lignite et de terre
alumineuse.

Pétrifications. D'après les recherches de M. de Schlottheim,
et en rejetant les couches qui n'appartiennent pas au muschelkalk : *Chamites striatus*, *Belemnites paxillosus*, *Ammonites amal-
teus*, *A. nodosus*, *A. angulatus*, *A. papyraceus*, *Nautilites bino-
datus*, *Buccinites gregarius*, *trochilites lœvis*, *Turbinites cerithius*,
Myacites ventricosus, *Pectinites reticulatus*, *Ostracites spondy-
loides*, *Terebratulites fragilis*, *T. vulgaris*, *Gryphites cymbium*,
G. suillus, *Mytulites socialis*, *Pentacrinites vulgaris*, *Encrinites
liliiformis*, etc. Quelques couches isolées du calcaire jurassique
renferment peut-être plus de pétrifications encore que le muschelkalk ; mais dans aucune formation secondaire les débris de
corps organisés n'abondent si uniformément que dans celle que
nous venons de décrire. Une immense quantité de coquilles, en
partie brisées, en partie bien conservées, mais adhérant fortement à la matière pierreuse (entroques, turbinites, strombites,
mytulites), est accumulée en plusieurs strates de 20 à 25 mil-
limètres d'épaisseur, qui traversent le muschelkalk. Beaucoup

d'espèces se trouvent réunies par familles (bélemnites, térébratulites, chamites). Entre ces strates éminemment coquilliers
sont disséminés des ammonites, des turbinites, quelques térébratulites avec leur test nacré, le *Gryphœa cymbium*, et de
superbes pentacrinites. Les coraux, les échinites et les pectinites
sont rares. L'abondance des entroques dans le muschelhalk a
fait donner à cette formation, dans quelques parties de l'Allemagne, le nom de *calcaire à entroques* (trochitenkalk). Comme
une couche d'entroques caractérise souvent aussi le zechstein et
le sépare du grès houiller, cette dénomination peut faire confondre deux formations très-distinctes. La dénomination de *calcaire à gryphées* (graphytenkalk du zechstein et du calcaire du
Jura), et toutes celles qui font allusion à des corps fossiles,
sans indication d'espèces, exposent à ce même danger. On assure que le muschelkalk renferme des ossemens de grands animaux (quadrupèdes ovipares? Freiesleben, T. I, pag. 74; T.
IV, pag. 24, 3o5) et d'oiseaux (ornitholithes du Heimberg:
Blumenbach, *Naturgesch.*, *3te Aufl.*, *pag.* 663); mais ces ossemens pourroient bien appartenir, de même que les dents
de poisson, à des brèches ou à des marnes superposées au muschelkalk.

De célèbres géognostes anglois, MM. Buckland et Conybeare, ont cru reconnoître, dans leur voyage en Allemagne,
le muschelkalk de Werner comme identique avec le lias, qui
est l'assise inférieure du calcaire jurassique. J'incline à croire,
malgré les o olithes gris-bleuâtres observées dans le muschelkalk
sur les bords du Weser, qu'il y a plutôt parallélisme qu'identité de formation. Le muschelkalk occupe la même place que le
lias ; il abonde également en ammonites, térébratulites et encrinites; mais les espèces fossiles diffèrent, et sa structure est beaucoup plus simple et plus uniforme. Les strates du muschelkalk
ne sont pas séparés par ces argiles bleues qui abondent dans les
assises supérieures et inférieures de la formation du lias. Les assises mitoyennes de cette dernière formation ont une cassure

matte et unie, et ressemblent bien plus aux variétés lithographiques du calcaire du Jura qu'au muschelkalk de Gœttingue,
de Jena et de l'Eichsfeld. M. d'Aubuisson croit que cette dernière
formation est représentée en Angleterre par le portlandstone, le
cornbrash et le forestmarble : mais, quelque analogie que puissent offrir tous ces lits de calcaire marneux pétris de coquilles
en partie brisées (forestmarble), il faut se rappeler qu'ils alternent avec des formations entièrement oolithiques, et qu'ils
sont séparés du red marl par le lias, tout comme le calcaire
oolithique du Jura est séparé par le muschelkalk du grès bigarré.
En France, M. Boué a reconnu le muschelkalk dans le plateau
de Bourgogne, près de Viteaux et de Coussy-les-Forges, près de
Dax dans la commune de S. Pau de Lon, etc. Je ne l'ai point
reconnu dans la partie équinoxiale de l'Amérique. Les couches
très-arénacées, remplies de madrépores et de coquilles bivalves
des côtes de Cumana et de Carthagène des Indes, que j'ai voulu
jadis y rapporter, sont probablement des terrains tertiaires.

QUADERSANDSTEIN (GRÈS DE KÖNIGSTEIN).

§. 31. Formation très-distincte (rives de l'Elbe, au-dessus de
Dresde, entre Pirna, Schandau et Königstein; entre Nuremberg
et Weissenburg; Staffelstein en Franconie; Heuscheune, Adersbach; Teufelsmauer au pied du Harz; vallée de la Moselle et
près de Luxembourg; Vic en Lorraine; Nalzen, dans le pays
de Foy, et Navarreins, au pied des Pyrénées), caractérisée par
M. Hausmann, et confondue long-temps, soit avec les variétés
quarzeuses du grès bigarré et du grès de l'argile plastique (trappsandstein), soit avec le grès de Fontainebleau, supérieur au
calcaire grossier de Paris : c'est le grès blanc de M. de Bonnard,
le grès de troisième formation de M. d'Aubuisson. Préférant les
dénominations géographiques, je nomme souvent cette formation *grès de Königstein*, le grès bigarré *grès de Nebra*, le muschelkalk, *calcaire de Gœttingue*.

Le quadersandstein a une couleur blanchâtre, jaunâtre ou

grisâtre, à grains très-fins, agglutinés par un ciment argileux ou quarzeux presque invisible. Le mica y est peu abondant, toujours argentin et disséminé en paillettes isolées. Il est dépourvu, et de bancs intercalés d'oolithes, et de ces masses aplaties ou lenticulaires d'argile (thongallen) qui caractérisent le grès bigarré. Il n'est jamais schisteux; mais divisé en bancs peu inclinés, très-épais, qui sont coupés à angle droit par des fissures, et dont quelques-unes se décomposent très-facilement en un sable très-fin. Il renferme du fer hydraté (Metz) disposé par nodules. Les débris organiques disséminés dans cette formation offrent, d'après MM. de Schlottheim, Hausmann et Raumer, un mélange extraordinaire de coquilles pélagiques très-analogues à celles du muschelkalk, et de phytolithes dicotylédones. On y a trouvé des mytulites, des tellinites, des pectinites, des turritelles, des huitres (pas d'ammonites, mais des cérites; Habelschwerd, Alt-Lomnitz en Silésie), et en même temps des bois de palmier, des empreintes de feuilles appartenant à la classe des dicotylédones et de petits dépôts de houilles (Deister, Wefersleben près Quedlinbourg), très-bien décrits par MM. Rettberg et Schulze, et passant au lignite. Ces débris de bois, d'un aspect bitumineux, ont sans doute de quoi nous surprendre dans une formation si éloignée de la grande formation de lignites qui est placée entre la craie et le calcaire grossier parisien : mais des observations récentes nous montrent des traces de véritables lignites jusques dans les calcaires à gryphées arquées au-dessous du lias (Le Vay, côtes de Caen) et jusque dans le grès bigarré. Les mauvaises houilles du muschelkalk, par conséquent d'une formation plus ancienne que le quadersandstein, passent aussi au lignite.

Déjà M. de Raumer avoit reconnu que le quadersandstein est séparé du grès bigarré par le muschelkalk (calcaire de Gœttingue); il est placé entre ce calcaire et le calcaire du Jura, et par conséquent inférieur aux grandes formations oolithiques de l'Angleterre et du continent. Dans cette position nous ne pou-

vons guères le considérer, avec M. Keferstein (voyez son inte-
ressant Essai sur la géographie minéralogique de l'Allemagne,
T. I. pag. 12 et 48), comme parallèle à la molasse d'Argovie
(mergelsandstein), qui représente l'argile plastique (grès tertiaire
à lignites) au-dessus de la craie. La nature des débris végétaux
que renferme le quadersandstein, et ses rapports avec le plänerkalk qui appartient aux assises chloritées et arénacées de la craie,
le font regarder par plusieurs géognostes célèbres comme d'une
formation postérieure au calcaire jurassique : c'est ainsi que MM.
Buckland, Conybeare et Philipps le placent entre la craie et les
dernières couches oolithiques. Mais, d'après les observations de
M. Boué et de plusieurs autres géognostes célèbres d'Allemagne, le quadersandstein (grès de Königstein), alternant quelquefois avec des couches marneuses et des conglomérats, repose
immédiatement sur le gneis près de Freiberg, sur le grès houiller
en Silésie et en Bohème; sur le grès bigarré (grès de Nebra),
près de Nuremberg, en Franconie; sur le muschelkalk (calcaire
de Gœttingue), entre Hildesheim et Dickholzen près de Helm-
städt, et près de Schweinfurt sur le Mein. Il est recouvert de
calcaire du Jura, et alterne avec les couches marneuses de ce
calcaire en Westphalie, entre Osnabrück, Bielfeld et Bückebourg.

CALCAIRE DU JURA (LIAS, MARNES ET GRANDS DÉPÔTS OOLITHIQUES).

§. 32. Formation très-complexe, composée de couches alternantes de calcaires, marneuses et oolithiques, renfermant du
gypse et un peu de grès. Le mode d'alternances partielles, très-
constant dans chaque localité, varie dans des pays d'une étendue considérable; cependant sur les points les plus éloignés de
l'Europe on reconnoît une analogie frappante entre les grandes
divisions ou assises principales. Dans la série des formations les
plus neuves du terrain secondaire le calcaire du Jura (*Jurassus*)
est placé entre le quadersandstein et la craie. Cette dernière y
passe même insensiblement, et peut souvent être regardée, par
l'analogie de ses fossiles, comme une continuation du calcaire

jurassique. La superposition de ce calcaire au quadersandstein, si long-temps contestée, se montre en Allemagne, d'après M. de Schmitz, près de Wilsbourg; d'après M. Boué, près Blumenroth, Staffelstein, et entre Osnabrück et Bückebourg. Lorsque les trois formations de quadersandstein, de muschelkalk et de grès bigarré ne se sont pas développées simultanément, le calcaire jurassique, par la suppression des membres intermédiaires de la série géognostique, recouvre immédiatement le zechstein ou calcaire alpin. Dans ce cas (pente septentrionale des Pyrénées; Apennins, entre Fossombrono, Furli et Nocera; Cordillères du Mexique, entre Zumpango et Tepecuacuilco), on voit ce dernier passer insensiblement à un calcaire blanchâtre, à cassure matte égale (ou conchoïde à cavités très-aplaties), qu'on ne saurait distinguer des couches compactes du calcaire du Jura dépourvues d'oolithes. Ce passage, dont M. de Charpentier a aussi été frappé dans le Midi de la France, mérite un examen très-attentif. Malgré la grande différence qui existe entre les débris fossiles du muschelkalk et du calcaire jurassique, les dernières formations du terrain secondaires sont étroitement liées entre elles, et il ne faut pas être surpris que dans une série α, β, γ, δ, ϵ.... le terrain α (zechstein) fasse passage à ϵ (calcaire du Jura), à cause de la suppression fréquente des termes β, γ et δ (c'est-à-dire, du grès bigarré, du muschelkalk et du quadersandstein). Les formations arénacées β et δ alternent avec des argiles et des marnes plus ou moins abondantes, de sorte que, par un grand développement de leurs couches désagrégées, celles-ci réduisent à l'état de simples bancs intercalés les assises pierreuses, et finissent, comme c'est le cas dans l'Ouest de la France, par remplir tout l'intervalle entre α et ϵ.

Le calcaire jurassique couvre, sans interruption, une grande étendue de pays, depuis la chaine des Alpes jusque dans le centre de l'Allemagne, depuis Genève jusqu'à Streitberg et Muggendorf, en Franconie. Comme, vers le nord, il renferme des cavernes à ossemens fossiles, cette formation a singulièrement fixé l'attention des géognostes allemands. M. Werner la croyoit identique avec le muschelkalk : j'ai reconnu, dès l'année 1795, qu'elle en différoit essentiellement, et j'ai proposé de la désigner par le nom de calcaire du Jura, à cause de l'analogie parfaite que présentent les montagnes occidentales de la Suisse avec celles de la Franconie. Cette dénomination est aujourd'hui généralement reçue ; mais il a été constaté que le calcaire du Jura, au lieu d'être placé sous le grès bigarré (comme je l'avois cru, par erreur, avec le plus grand nombre des géognostes, en confondant ce grès avec la molasse d'Argovie et le grès de Dondorf et de Misselgau près Bareuth), est plus récent que le grès bigarré, que le muschelkalk (Bindloch) et le quadersandstein (Schwandorf; Phantaisie (?); Nuremberg). Cette intercalation entre le quadersandstein et la craie, qui se fonde sur des observations directes, explique très-bien le passage graduel (Montagne de S. Pierre près de Maëstricht), de la craie tufeau à la formation jurassique. Le nom de calcaire caverneux (höhlenkalk), donné souvent à cette dernière, peut donner lieu à des rapprochemens erronés. Il faudroit distinguer entre des formations dont la masse entière est spongieuse, caverneuse ou criblée de trous, et des roches à cavernes. Plusieurs, sans être poreuses ou celluleuses, en renferment de très-vastes. Le calcaire de transition (mountain limestone de Derbyshire) mériteroit, en Angleterre et au Harz, presque autant que celui du Jura, le nom de *calcaire à cavernes*. Au contraire, le rauchkalk et le rauchwacke, qui forment les assises moyennes du zechstein en Thuringe, et que l'on a crus à tort parallèles au calcaire du Jura, sont, comme ce dernier, et dans des étendues de couches très-considérables, remplis de petites cavités de 2 — 10 lignes de diamètre, sans offrir pour cela de véritables grottes. Le phénomène des grottes et celui de la porosité (cavernosité générale) de la masse ne se trouvent pas nécessairement réunis ; ce sont des modifications qui, loin de caractériser telle ou telle formation, se rencontrent dans des formations très-différentes.

Quoique sur le continent les couches partielles qui composent le calcaire du Jura se soient très-inégalement développées, et que l'ordre de leur succession varie souvent, on remarque toujours un certain nombre d'assises distinctes et répandues sur des étendues de terrain très-considérables. Nous les nommerons en commençant par les plus anciennes : calcaire marneux (et marnes calcaires très-dures) bleu-grisâtre, analogue (d'après MM. Boué et Buckland, *Essai géogn. sur l'Écosse, pag.* 201, et *Struct. of the Alps, pag.* 17) au lias de l'Angleterre, quelquefois traversé par des veines de spath calcaire, rempli de gryphées arquées ; oolithes gris-jaunâtres, alternant avec des marnes en partie bitumineuses et avec du gypse ; calcaire compacte à cassure unie et matte, et oolithes blanches ; couches remplies de madrépores analogues au calcaire à polypier de Normandie et au coral-rag de l'Angleterre ; calcaire schisteux avec poissons et crustacés (Pappenheim et Solenhoffen). L'assise inférieure de cette formation si complexe est particulièrement désigné, en France (Bourgogne) et dans l'Allemagne méridionale (Wurtemberg), sous le nom de *calcaire à gryphites*; mais quelques géognostes penchent même pour l'idée de séparer cette assise du calcaire du Jura, en la regardant, avec MM. de Buch et Brongniart, comme appartenant au zechstein, ou avec M. Keferstein, comme parallèle au muschelkalk. Ici se présente la question importante de savoir dans quel rapport de gisement et de composition se trouve le calcaire à gryphites du Jura avec celui qui porte le même nom dans le Nord de l'Allemagne et que M. Voigt a fait connoître dès l'année 1792 ? Une grande analogie entre les couches les plus voisines de deux formations qui quelquefois se trouvent immédiatement superposées l'une à l'autre, n'a sans doute rien de bien surprenant : les mêmes espèces de gryphées pourroient se rencontrer dans des formations très-distinctes et plus éloignées encore entre elles ; mais la liaison géognostique observée entre le calcaire à gryphées arquées, alternant avec les marnes, et les autres couches inférieures du Jura, me fait pencher pour l'opinion que ce calcaire, et le calcaire à gryphées épineuses (gryphitenkalk de Voigt), placé sous le grès bigarré, ne sont pas d'une même formation. M. Mérian, dans son excellente Monographie des environs de Bâle, énonce aussi cette opinion, et regarde, avec M. Haussmann, le grès argileux de Rheinfelden, sur lequel repose le calcaire jurassique, comme grès bigarré, tandis que M. de Buch (Mérian, *Umgeb. von Basel, p.* 110) le prend pour le grès houiller, et suppose que, par le non-développement du grès bigarré, les couches oolithiques et lithographiques du Jura reposent, dans cette localité, immédiatement sur les couches à gryphites qui appartiennent au zechstein. J'ai cru de mon devoir d'exposer dans ce travail les opinions des plus célèbres géognostes, lors même qu'elles sont opposées à celles auxquelles je me suis arrêté.

Ce qui est indubitable et ce que nous croyons utile de rappeler de nouveau, c'est que le calcaire jurassique qui repose près de Laufenbourg sur du granite, au Schwarzwald sur le grès rouge ou houiller, et près de Genève sur le calcaire alpin, est placé, dans le centre et le nord de l'Allemagne, sur le quadersandstein. La superposition d'une roche sur la formation la plus jeune détermine sa place comme terme de la série géognostique. En Franconie et dans le Haut-Palatinat on ne voit généralement au jour que les assises supérieures du calcaire jurassique, qui sont en même temps les plus compactes. Les marnes et les oolithes y sont beaucoup plus rares que dans la Suisse occidentale et en France (Caen, Lons-le-Saulnier). Entre Eichstädt et Ratisbonne on trouve, de bas en haut, d'après M. de Schmitz, du calcaire entièrement spongieux et bulleux; des couches grenues renfermant des druses remplies de sable; du calcaire compacte et conchoïde avec des nodules de silex; du calcaire schisteux et fissile, analogue à celui de Sohlenhofen et aux dales lithographiques du Heuberg près de Kolbingen. Ces assises spongieuses, remplies de vacuoles (vallée du Laber près Berodhausen; Pegnitz, Creussen, Tumbach), que j'ai retrouvées en Italie (vallée de la Brenta entre Carpane et Primolano), à l'île de Cuba (entre le Potrero de Jaruco et le port du Batabano), au Mexique (plateau de Chilpansingo), donnent à la surface du sol, qui est hérissé de petits rochers pointus, un aspect très-particulier.

Dans la France occidentale, une bande non interrompue de calcaire jurassique s'étend, d'après M. Boué, du S. E. au N. O., depuis Narbonne et Montpellier jusqu'à la Rochelle, séparant vers le nord les terrains de transition de la Vendée et le terrain primitif du Limousin. Sur les côtes de Normandie, les assises marneuses et oolithiques ont pris un développement beaucoup plus grand qu'en Allemagne. Nous citerons, d'après les recherches intéressantes de M. Prévost, les couches superposées entre Dieppe et le Cotentin, en commençant, comme toujours, par les couches ses plus anciennes : 1.º calcaire à gryphées arquées et calcaire lithographique (Le Vay, Issigny), renfermant quelques lignites et superposé au terrain de transition : 2.º argiles inférieures et oolithes (argiles des Vaches-noires, alternant avec du lias à débris d'ichthyosaures; oolithes grises de Dive, ferrugineuses, mêlées d'argile avec lignites et avec pétrifications nombreuses de madrépores, de modioles, de *Gryphœa cimbium* et d'ammonites; oolithes blanches) : 3.º calcaire de Caen; les couches inférieures avec des nodules de silex, avec peu de coquilles (ammonites, bélemnites), et avec quelques ossemens de crocodiles; les couches supérieures à polypiers (coral-rag) et à trigonies renfermant des cérites entièrement analogues à celles trouvées au-dessus de la craie; 4.º argiles supérieures du cap la Hève, de couleur bleuâtre, avec lignites, débris de crocodiles (Honfleur) et bancs calcaires moins développés qu'à Caen. On voit que dans cette partie de l'Europe les lignites percent à travers toutes les couches du calcaire jurassique, et que cette formation, en faisant abstraction des argiles intercalées, se compose de trois grandes assises, savoir, de calcaire à gryphées arquées, d'oolithes, et de calcaire à polypiers et à trigonies.

En Angleterre, la formation du Jura, se prolongeant sans interruption du Yorkshire au Dorsetshire, remplit tout l'espace entre le red marl (grès bigarré) et la craie; car on n'y connoît entre le calcaire du Jura et le red marl aucune formation qui soit analogue de composition au muschelkalk et au quadersandstein, deux roches qui souvent manquent également sur le continent. Les géognostes anglois et écossois, qui, dans ces derniers temps, ont étudié la charpente de leur pays avec un zèle infatigable, distinguent les assises du calcaire jurassique par des dénominations en partie très-caractéristiques, et dont plusieurs rappellent les subdivisions reconnues sur le continent : 1.° *Lias*, avec peu de silex, couvrant le red marl salifère, analogue au calcaire à gryphées arquées du continent; les deux tiers d'en-haut sont une masse argileuse bleue alternant avec des lits calcaires; vers le bas ces lits augmentent d'épaisseur, deviennent blancs et passent à des couches lithographiques (ossemens d'ichthyosaures, près de vingt espèces d'ammonites, bélemnites). 2.° *Système inférieur d'oolithes*, savoir : oolithes mêlées de sable, terre à foulon, grand banc oolithique (great oolithe) avec débris de coquilles, schiste oolithique de Stonesfield, forestmarble, cornbrash et kelloway-rock, calcaires coquilliers et arénacés. 3.° *Système moyen d'oolithes*, savoir : argile d'Oxford (clunchclay de M. Smith), sables et conglomérats calcaires (calcareous grit), coral rag ou calcaire à polypiers, avec madrépores et échinites. 4.° *Système supérieur des oolithes*, savoir : argile bleue de Kimmeridge, un peu bitumineuse, analogue aux argiles bleues du cap la Hève en Normandie, qui sont aussi supérieures au calcaire à polypier et aux oolithes; portlandstone, avec ammonites; purbeckstone, calcaire argileux pétri de coquilles, alternant avec des marnes et des gypses. J'ai suivi les divisions de MM. Smith, Philipps et Conybeare, qui diffèrent un peu de celles qu'a adoptées M. Buckland. Les trois systèmes d'oolithes d'Angleterre sont séparés par des formations argileuses. Quant à la structure oolithique même, nous avons déjà fait observer plus haut qu'on en trouve des traces dans les formations les plus différentes : il y a quelques bancs d'oolithes, d'après MM. de Gruner et Escher (*Alpina, T. IV, p.* 369), dans le calcaire de transition de la Suisse, dans le grès houiller (Freiesleben, *Kupfersch., B. IV, p.* 123), dans le calcaire alpin ou zechstein (Hartlepool dans le Northumberland), dans le grès bigarré (Thuringe; Vic en Lorraine), et dans le muschelkalk.

Couches subordonnées : hornstein (silex) en petits bancs continus; calcaire magnésifère (Nice); calcaire fétide et gypse avec des traces de sel gemme (Kandern; voyez Mérian, *Umgeb. von Basel, p.* 36); grès argileux et micacé, quelquefois siliceux, intercalé dans les assises à gryphites (Hemmiken, Waldburgstuhl; Lons-le-Saulnier); fer oxidé globuliforme (bohnenerz), à la fois dans le calcaire du Jura (Neufchâtel; Frickthal; Wartenberg en Souabe), et entre ce calcaire et la molasse ou grès tertiaire à lignite (Arau, Baden); houille avec impressions de fougères (?) et mêlée de pyrites (Neue Welt, Bretzweil).

Pétrifications : après les formations supérieures à la craie, le calcaire du Jura est celle dont les débris fossiles ont été le mieux déterminés en Angleterre, en France et dans la Suisse occidentale. Elle renferme, de même que des terrains plus anciens encore (le quadersandstein et le zechstein avec schiste cuivreux), des coquilles pélagiques mêlées à du bois, à des ossemens de grands sauriens d'eau douce, et, si l'on ne s'est pas trompé dans la détermination zoologique, à des ossemens de didelphes (marnes de Stonesfield). J'ignore si le mélange de coquilles marines et fluviatiles, si évident dans la plupart des formations tertiaires, a été observé avec certitude dans les terrains au-dessous de la craie. Là où la formation jurassique est presque dépourvue de marnes et d'oolithes (Franconie, Haut-Palatinat; Carniole, entre S. Sesanne et Triest), des couches très-puissantes sont entièrement dépourvues de petrifications. Les débris de quadrupèdes ovipares, de poissons et de tortues, se trouvent presque dans toutes les assises, dans les plus récentes (purbeckstone), comme dans les plus anciennes (lias) : cependant les dernières en offrent le plus ; et il paroît qu'elles ne renferment que l'ichthyosaurus (proteosaurus de sir Everard Home) et le plesiosaurus, qui est un animal analogue, et non les véritables crocodiles. Cette différence dans la distribution des reptiles a été également observée par M. Prévost sur les côtes occidentales de la France. Les ossemens de l'ichthyosaurus s'y trouvent (principalement?) dans les couches calcaires (lias) des argiles inférieures aux oolithes, tandis que les crocodiles ne se rencontrent qu'au-dessus des oolithes. En Angleterre on distingue, d'après MM. Smith, Philipps et Conybeare, parmi le nombre prodigieux de coquilles pétrifiées dont on n'a encore pu reconnoître que le genre, les espèces suivantes : *Ammonites giganteus, A. excavatus, A. Duncani, A. Banksii, A. angulatus, A. Grenoughi, Nautilus striatus, N. truncatus, Trochus dimidiatus, T. bicarinatus, Trigonia costata, T. clavellata, Terebratula intermedia, T. spinosa, T. digona, Ostrea gregaria, O. palmata, Modiola lœvis, M. depressa, M. minima, Pentacrinites caput Medusœ, P. basaltiformis,* etc. Quoique les espèces d'ammonites (au nombre de vingt), de bélemnites et de pentracinites, décrites dans le lias, ne soient pas identiques avec celles du muschelkalk, il me paroît toujours bien remarquable de voir accumuler ces trois familles dans des roches d'un âge si rapproché, entre les dernières assises du zechstein (calcaire alpin) et les premières ou plus anciennes du calcaire jurassique. MM. Prevost, Lamouroux et Brongniart vont enrichir la géognosie zoologique des recherches profondes qu'ils ont faites sur les coquilles et les zoophytes trouvées sur les côtes de France, entre Dieppe et le Cotentin, en Franche-Comté et en Suisse. Nous nous contenterons, en attendant, de consigner ici les corps fossiles qu'offre le calcaire jurassique du continent, depuis Genève jusqu'en Franconie, d'après un travail que j'ai fait sur les catalogues de M. de Schlottheim : *Chamites jurensis, Belemnites giganteus, Ammonites planulatus, A. natrix, A. comprimatus, A. discus, A. Bucklandi, Myacites radiatus, Tellinites solenoides,*

Donacites hemicardius, *Pectinites articulatus*, *P. œquivalvis*, *P. lens*, *Ostracites gryphœatus*, *O. cristagalli*, *Terebratulites lacunosus*, *T radiatus*, *Gryphites arcuatus*, *Mytulites modiolatus*, *Echinites orificiatus*, *E. miliaris*, *Asteriacites panulatus*, des Turitelles, des Hippúrites (le *Cornucopiœ* au cap Passaro en Sicile), *Gryphites arcuatus*, *etc.* Il est bien digne d'attention que cette gryphée arquée que M. Sowerby nomme *Gryphites incurvus*, et qui caractérise les assises inférieures de la formation jurassique en Suisse et sur les côtes occidentales de la France, est aussi, après l'*Ammonites Bucklandi* et le *Plagiostoma gigantea*, la coquille qui caractérise le plus le lias en Angleterre. Les couches de calcaire blanc et grenu que l'on trouve fréquemment dans cette formation (Neufchâtel, Monte Baldo), sont dues à des pétrifications de madrépores.

Nous avons déjà vu des poissons plus ou moins accumulés, mais appartenant à des genres très-distincts, dans le thonschiefer de transition (Glaris), dans les schistes carburés du grès rouge (Goldlauter et Allthal près de Kleinschmalkalden), dans le calcaire alpin et ses marnes cuivreuses, et même dans le muschelkalk (très-rarement, Esperstedt, Obhaussen) : ces ichthyolithes deviennent plus fréquens dans le calcaire jurassique, surtout dans ses couches supérieures. De là elles pénètrent, au-dessus de la craie, dans le grès tertiaire à lignites (argile plastique), dans le calcaire grossier (Monte Bolca), le gypse à ossemens (Montmartre) et le calcaire d'eau douce (OEningen). J'indique dans l'ordre de leur âge relatif les formations qui offrent des phénomènes analogues, pour prévenir les erreurs qui naissent de l'ignorance de ces analogies.

Un géognoste justement estimé, M. Buckland, incline à regarder les calcaires fissiles de Pappenheim et de Sohlenhofen, célèbres par leurs empreintes de poissons et de crustacés, comme superposés au calcaire du Jura, et comme appartenant au calcaire grossier du terrain tertiaire : ces calcaires fissiles me paroissent au contraire entièrement analogues au purbeckstone d'Angleterre,

qui abonde aussi en pétrifications de poissons, et qui forme,
comme le calcaire de Pappenheim, la couche la plus récente du
terrain jurassique. J'ai eu occasion d'examiner, en 1796, les
belles carrières de Sohlenhofen, conjointement avec M. Schöpf,
et nous avons reconnu, en allant de Muggendorf par Ansbach à
Pappenheim, une liaison intime entre les diverses assises d'une
même formation. MM. de Buch, Boué et Beudant partagent cette
opinion sur les ichthyolithes de Franconie.

Dans le Vicentin le calcaire jurassique et le calcaire grossier
parisien existent à la fois. L'un et l'autre y renferment des
polypiers; cependant, dans un premier voyage fait en Italie
(1795), j'ai cru que les longues bandes de coraux rameux qui
traversent, en formant des filons (entre l'hôtellerie du Monte di
Diavolo et le lac Fimon à l'ouest de Lungara), le sommet du
Monte di Pietra nera, appartiennent plutôt au calcaire du Jura,
peut-être à l'assise appelée en Angleterre coral-rag. Ces bandes de
polypiers qui sont restés en place, ont deux pieds de largeur :
elles offrent un aspect très-extraordinaire, et parcourent des
masses calcaires presque dépourvues de pétrifications, en se diri-
geant très-régulièrement N. 80° E., et en s'élevant comme un mur
au-dessus de la surface du sol. M. Boué a aussi observé ces *polypiers en place* dans le calcaire jurassique (coral-rag) qui entoure
la bassin de Vienne, et dont les assises inférieures renferment
des nagelfluhe analogues au *calcareous grit* de la grande formation oolithique d'Angleterre (Filey dans le Yorkshire).

Sous la zone équinoxiale de l'Amérique j'ai cru reconnoître
la formation du Jura dans beaucoup de calcaires blanchâtres,
en partie lithographiques, qui ont la cassure unie et matte, ou
conchoïde à concavités très-aplaties. Ces calcaires sont ceux de
la caverne de Caripe (au sud-est de Cumana), du littoral de
Nueva Barcelona (Venezuela), de l'île de Cuba (entre la Havane
et le Batabano; entre la Trinidad et la boca del Rio Guaurabo)
et des montagnes centrales du Mexique (plaines de Salamanca
et défilé de Batas). Le calcaire blanc de Caripe, qui ressemble

entièrement à celui des cavernes de Gailenreuth en Franconie,
est superposé au calcaire alpin gris-bleuâtre de Cumanacoa. Le
terrain jurassique du littoral de Nueva Barcelona renferme de
petites couches de hornstein passant à un kieselschiefer noir
(phénomène qui se répète près de Zacatecas au Mexique); il est
recouvert (Aguas calientes del Bergantin), comme le calcaire
alpin au sommet de l'Impossible, d'un grès très-quarzeux. On
pourroit croire que ce grès du Bergantin appartient aux assises
quarzeuses du grès vert ou grès secondaire à lignites; mais,
comme il forme également des couches dans le calcaire alpin
(Tumiriquiri), il reste bien douteux si les grès du Bergantin et
du Tumiriquiri sont des formations différentes, ou si des couches
toutes semblables pénètrent du calcaire alpin dans le terrain jurassique. Ce terrain abonde moins que toute autre formation
secondaire en roches arénacées. Nous avons cependant cité plus
haut des couches de grès dans les montagnes occidentales de la
Suisse, à Waldburgstuhl, Eptiken et Hemmiken près de Bâle.
Dans les vastes steppes de Venezuela, près de Tisnao, le grès
rouge supporte, à ce qu'il m'a paru, immédiatement (comme
au Schwarzwald en Souabe) un calcaire lithographique très-analogue au calcaire du Jura. Ce gisement se trouve répété au
Mexique, dans les plaines de Temascatio, au sud-ouest de Guanaxuato. A l'extrémité septentrionale de la vallée de Mexico
(entre l'Hacienda del Salto, Batas et Puerto de Reyes), une formation calcaire bleu-grisâtre, à cassure unie, renfermant du gypse
et supportant une brèche calcaire, m'a paru appartenir au terrain jurassique, malgré la proximité des marnes tertiaires
(Desague de Huehuetoque) dans lesquelles sont enfouis des ossemens d'éléphans fossiles. Je pourrois citer aussi le passage que
l'on observe du calcaire alpin à un calcaire entièrement semblable à celui d'Arau et de Pappenheim, à la pente occidentale
des Cordillères du Mexique, entre Sopilote, Mescala et les riches
mines de Tehuilotepec; mais dans cette région le terrain du Jura
est moins prononcé qu'à l'île de Cuba, qu'aux îlots du Cayman

et dans les montagnes de Caripe près de Cumana. Nulle part, dans la partie du nouveau monde que j'ai parcourue, je n'ai vu le grès bigarré, le muschelkalk ni le quadersandstein séparer le calcaire alpin des formations que je viens de décrire. Dépourvues d'oolithes, elles abondent aussi très-peu en pétrifications de coquilles et en couches marneuses. Leur cassure matte et unie leur donne tout l'aspect du calcaire jurassique de l'Allemagne et de la Suisse. Ces formations calcaires de l'Amérique, des Pyrénées et des Apennins, qui paroissent si étroitement liées au calcaire alpin (zechstein), ne sont-elles que les assises les plus récentes de ce dernier, et doit-on les séparer du véritable calcaire jurassique, riche en coquilles, en oolithes et en marnes ? Cette question importante ne peut être résolue qu'en multipliant les observations de gisement, qui sont bien plus décisives que celles de composition et d'aspect extérieur.

GRÈS ET SABLES FERRUGINEUX, ET GRÈS ET SABLES VERTS, GRÈS SECONDAIRE A LIGNITES (IRON SAND ET GREEN SAND).

§. 33. Ce sont des grès et des sables avec lignites, placés *au-dessous de la craie :* ce sont deux formations arénacées, colorées par le fer, séparées par une couche d'argile (wealdclay) et superposées au calcaire du Jura (terrain d'oolithes). Elles atteignent en Angleterre jusqu'à mille pieds d'épaisseur, et se retrouvent dans toute la France occidentale, où MM. Prevost et Boué en ont fait l'objet d'une étude approfondie.

Les *sables ferrugineux* brun-jaunâtre alternent avec des grès siliceux et de petits amas de mines de fer souvent exploitées avec avantage : ils renferment des bois fossiles et des lignites (Bedfordshire, Dorsetshire).

Les *sables verts*, colorés par un protoxide de fer, alternent avec des grès calcaires et siliceux, avec des agglomérats, des marnes jaunâtres à cristaux de gypse, et même avec de petits bancs de calcaire compacte, qui ont été quelquefois confondus avec le portlandstone. On y trouve des nodules de hornstein et

de calcédoine (Sarlat dans le Périgord), de petits dépôts de fer
hydraté, une résine qui passe au succin (île d'Aix près de La
Rochelle; Obora et Altstadt en Moravie), et un grand nombre
de débris fossiles, dont plusieurs (*cidaris*, *spatangus*) ressemblent à ceux de la craie. Les grès siliceux de cette formation
renferment des empreintes de feuilles dicotylédones. Vers le
haut le sable vert passe à une marne crayeuse (chalk marle de
Surrey). La terre verte ou chloritée, qui caractérise la couche
de sable la plus rapprochée de la craie, se retrouve dans des
formations d'un âge très-différent, dans le grès houiller de la
Hongrie (sur les frontières de la Galicie), dans le grès bigarré et
dans les gypses qui lui appartiennent, dans le quadersandstein et
dans les couches inférieures du calcaire grossier de Paris. D'après
les belles recherches de M. Berthier sur les grains verts de la craie
et du calcaire grossier, ces grains sont un silicate de fer; mais il
est probable que les quantités de magnésie et de potasse varient
dans les différens terrains, comme elles varient, d'après les ana-
lyses de Klaproth et de Vauquelin, dans la terre verte de Vérone
(talc chlorité zoographique de Haüy) et dans la chlorite ter-
reuse. L'analogie qu'offrent quelquefois avec le quadersandstein
de l'Allemagne les bancs siliceux du grès vert (iron sand), soit
à l'état solide, soit dans un état de désagrégation, a porté plusieurs géognostes à confondre ces deux terrains. M. Boué, qui
a exploré avec tant de fruit les gisemens de l'Écosse, de l'Angleterre et de l'Allemangne, a reconnu le grès vert (tout semblable à
celui des environs d'Oxford) en France, le long de la Mayenne et
du Loir, depuis la Ferté-Bernard jusqu'au-delà de la Flèche,
dans le département de la Charente, dans le Mans, la Saintonge
et le Périgord.

C'est à cette même formation du §. 33 qu'appartiennent aussi
les lignites de l'île d'Aix, sur lesquels M. Fleuriau de Bellevue a
fait de si intéressantes recherches. D'après ce savant géologue, la
forêt sous-marine des côtes de La Rochelle consiste en bois de
dicotylédones aplatis, en partie pétrifiés, en partie bitumineux

ou fragiles, quelquefois à l'état de jaïet. Ces bois sont pénétrés
de pyrites, et percés par une multitude de tarets et de vers marins.
Les trous résultant de cette perforation sont remplis de quarz-
agathe et de sulfure de fer. On trouve les troncs, tantôt en
couches horizontales, dirigées parallèlement, tantôt accumulés
en désordre. Les bois qui sont pétrifiés en entier ou seulement
en partie, reposent sur un sable verdâtre; ceux qui sont à l'état
fibreux et bitumineux, reposent sur des bancs d'argile plastique
d'un bleu foncé. Ils sont entourés d'algues marines et de petites
branches de lignites. Parmi ces masses d'algues on trouve une
résine qui passe au succin; elle est friable et offre diverses couleurs. Les troncs d'arbres entassés forment une bande d'une
lieue et demie de largeur, depuis l'extrémité nord-ouest de
l'île d'Oléron jusqu'à quatorze lieues dans l'intérieur du continent, sur la rive droite de la Charente. Cette bande a plus de
sept pieds d'épaisseur; elle est dirigée de O. N. O. à E. S. E., et
se trouve à un mètre au-dessus du niveau des basses mers. Là
où les lignites sont couverts par l'océan, ils sont incorporés
(ainsi que des masses de succin-asphalte et de grands ossemens
d'animaux marins) à un grès grossier qui repose sur l'argile
plastique. Le gisement de ces dépôts est, de bas en haut (d'après
un mémoire inédit de M. Fleuriau de Bellevue): 1.º calcaire
compacte (lithographique) à cassure unie (La Rochelle, S. Jean
d'Angely); 2.º couches d'oolithes (pointe de Chatelaillon et Matha);
3.º lumachelle et bancs de polypiers avec empreintes de *Gryphœa angustata* (ces trois couches constituent la formation jurassique, dont le banc à polypiers représente le coral-rag);
4.º grande couche de lignite avec tourbes marines, succin-asphalte
et argile plastique; 5.º sables ferrugineux et chloriteux : argile
schisteuse; couches arénacées et calcaires avec trigonies et cérites;
des fragmens de lignites. Au sud-ouest de la Charente, où manquent les couches n.ᵒˢ 4 et 5, des bancs horizontaux d'un calcaire très-blanc avec débris de coquilles (Saintonge) reposent
immédiatement sur les oolithes de la formation jurassique, et

représentent les assises inférieures de la craie. M. Boué a vu se
prolonger les traces des lignites depuis Rochefort par Périgueux
jusqu'à Sarlat.

Ces sables et argiles avec lignites du grès vert sont liées vers
le bas aux argiles bleues avec lignites du cap la Hève (près du
Havre); vers le haut ils préludent pour ainsi dire au grand dépôt de lignites du terrain tertiaire, c'est-à-dire, aux lignites de
l'argile plastique et de la molasse, qui sont supérieures à la
craie. Comme la craie dans ces assises inférieures (craie chloritée
entre Fécamp et Dives) renferme elle-même des lignites, et que,
sous de certains rapports, elle peut être regardée comme une continuation de la formation jurassique, les phénomènes que nous
venons d'exposer sont bien dignes de l'attention des géognostes.
Le *Plänerkalk* de l'Allemagne, souvent mêlé de mica et de grains
de quarz, forme une des assises supérieures du grès vert, représentant à la fois la craie chloritée et une partie de la craie grossière ou craie tufeau.

IV. CRAIE.

§. 34. A mesure que nous nous sommes éloignés du calcaire
alpin, nous avons vu les formations devenir plus complexes. Il
est vrai que le muschelkalk et le quadersandstein ont une structure assez simple; mais le calcaire du Jura et le grès vert, là
où ils se sont bien développés, offrent une grande complication
de couches et de fréquentes alternances. Cette tendance à une
composition variée, à un agroupement de masses hétérogènes
(tendance qui atteint son maximum dans le terrain tertiaire),
se ralentit pour ainsi dire au terrain de craie. Placée entre le grès
vert et l'argile plastique ou grès à lignites tertiaire, la craie, par
une plus grande simplicité de structure, contraste avec les formations complexes que nous venons de nommer. Des couches
argileuses (*dief*), calcaires et arénacées (*tourtia*), qui séparent
la formation jurassique (oolithique) de celle de la craie, ne doivent pas être confondues avec cette dernière formation, quoique
souvent aussi il ne soit pas facile de fixer les limites entre les

marnes avec lits d'oolithes du terrain jurassique, les strates du grès vert, et ces marnes crayeuses ou calcaires jaunâtres, presque compactes, qui semblent appartenir aux assises inférieures de la craie.

Ce dernier terrain se compose, d'après les recherches de MM. Omalius et Brongniart, de trois assises assez distinctes. L'inférieure est la *craie chloritée* ou *glauconie crayeuse*, friable et parsemée de grains verts; la moyenne et la *craie tufeau* ou *craie grossière*, grisâtre, sableuse, renfermant des marnes et, au lieu de silex pyromaques, des silex cornés, d'une couleur peu foncée. L'assise supérieure est la *craie blanche*. Quelquefois les assises les plus anciennes prennent des couleurs gris-noirâtres, et deviennent ou très-compactes (environs de Rochefort), ou grenues et friables (montagne de Saint-Pierre près de Maëstricht). La craie chloritée passe souvent insensiblement au sable vert (green sand). La craie blanche est la plus pure des couches calcaires de différens âges : elle ne contient que quelques centièmes de magnésie; mais elle est mêlée d'une quantité de sable plus ou moins grande. La liaison du terrain de craie de Paris avec les autres terrains secondaires (entre Gueret et Hirson) a été indiquée dans une coupe par M. Omalius (Bull. phil., 1814). Dans un nivellement barométrique, fait en 1805, de Paris à Naples, nous avons vu, M. Gay-Lussac et moi, *sortir au jour*, successivement sous la craie, le calcaire du Jura, le calcaire alpin, le grès rouge, le gneis et le granite (entre Lucy-le-Bois, Avallon, Autun et montagne d'Aussy). La formation de craie, trop long-temps négligée, est beaucoup plus répandue qu'on ne le pense généralement. On l'a reconnue dans plusieurs parties de l'Allemagne, par exemple, dans le Holstein, en Westphalie (d'Unna à Paderborn), dans le pays d'Hanovre, au pied du Harz près Goslar, dans le Brandebourg près Prentzlow, et à l'île de Rugen. Souvent elle n'est reconnoissable que par les corps fossiles que présentent les lambeaux de terrains marneux et arénacés. Elle ne renferme que peu de couches hétérogènes, par

exemple, des lits d'argile (île de Wight ; Anzin); des silex,
soit en plaques ou en rognons bien alignés, soit en petits filons
(île de Thanet ; Brighton), et caractérisant les assises supérieures de la craie. On y rencontre aussi des pyrites globuleuses
et de la strontiane sulfatée (Meudon).

Pétrifications. Dans le bassin de la Seine on trouve, d'après les
observations de MM. Defrance et Brongniart, dans les couches
supérieures de la craie : beaucoup de bélemnites (*Belemnites mů-
cronatus*) et d'oursins (*Ananchites ovata, A. pustulosa, Galerites
vulgaris, Spatangus cor anguinum, S. bufo*); des huîtres (*Ostrea
vesicularis, O. serrata*); des térébratules (*Terebratula Defrancii,
T. plicatilis, T. alata*); des peignes (*Pecten cretosus, P. quinque-
costatus*); le *Catillus Cuvieri*, des *Alcyonium*, des astéries, des
millepores, etc. La craie tufeau et glauconeuse renferme (environs du Havre, de Rouen et de Honfleur ; Perte du Rhône près
Bellegarde) : *Gryphea columba, G. auricularis, G. aquila, Po-
dopsis truncata, P. striata, Terebratula semiglobosa, T. gallina,
Pecten intextus, P. asper, Ostrea carinata, O. pectinata, Cerithium excavatum*, des trigonies, des crassatelles, des encrinites et
des pentacrinites (Angleterre), et, ce qui est très-remarquable,
des nautilites et plusienrs ammonites (*Nautilus simplex, Ammonites varians, A. Beudanti, A. Coupei, A. inflatus, A. Gentoni,
A. rhotomagensis*), tandis que les couches supérieures de la craie,
près de Paris, ne renferment (à l'exception du *Trochus Baste-
roti*) pas une seule coquille univalve à spire simple et régulière.
D'après les recherches de MM. Buckland, Webster, Greenough,
Philipps et Mantell, comparées à celles de M. Brongniart, il
existe la plus grande analogie entre les débris organiques trouvés,
en France et en Angleterre, dans les assises de la craie du même
âge. Ce sont partout les assises les plus anciennes qui renferment
des ossemens de grands sauriens (monitor) et de tortues de mer,
des dents et des vertèbres de poissons (squales). Malgré les analogies que présentent les grès à lignites (sables verts et argiles
plastiques) au-dessous et au-dessus de la craie, cette formation

pourtant appartient plutôt au terrain secondaire qu'au terrain
tertiaire, auquel plusieurs géognostes célèbres le rapportent.
Aussi, selon M. Brongniart, les coquilles de la formation crayeuse
se rapprochent beaucoup plus de celles de la formation jurassique que des coquilles du calcaire grossier, dont la craie est
séparée géognostiquement de la manière la plus tranchée.

TERRAINS TERTIAIRES.

Les considérations que j'ai exposées plus haut sur la liaison
intime entre les dernières assises du terrain de transition et les
premières du terrain secondaire, peuvent s'appliquer en grande
partie à la liaison que l'on observe entre les terrains secondaires
et tertiaires. Les roches de transition sont cependant plus étroitement liées au terrain houiller que ne l'est la craie aux formations
qui lui succèdent. Ce qu'il y a de plus important en géognosie, c'est
de bien distinguer les formations partielles ; c'est de ne pas confondre ce que le nature a nettement limité ; c'est d'assigner à
chaque terme de la série géognostique sa véritable position relative. Quant aux tentatives qui ont été faites récemment pour
réunir plusieurs de ces formations par groupes et par sections,
elles ont eu le sort de toutes les *généralisations* diversement graduées. Les opinions des géognostes sont restées plus partagées
à l'égard des grandes que des petites divisions. Presque partout les mêmes *formations* ont été admises ; mais on varie
dans la nomenclature des *groupes* qui doivent les réunir. C'est
ainsi que les botanistes s'accordent plus facilement sur la fixation
des genres que sur la répartition de ces mêmes genres entre
des familles voisines. J'ai préféré de conserver dans le tableau
des formations les anciennes classifications les plus généralement reçues. Dans cette longue série de roches, dans cet assemblage de monumens de diverses époques, on distingue surtout
trois phénomènes bien marquans : la première lueur de la vie
organique sur le globe, l'apparition de roches fragmentaires, et
la débâcle qui a enseveli l'ancienne végétation monocotylédone.

Ces phénomènes marquent l'époque des roches intermédiaires et celle du grès houiller, premier chaînon des roches secondaires. Malgré l'importance des phénomènes que nous venons de signaler, les roches d'une époque ont toujours quelque prototype dans les roches de l'époque précédente, et tout annonce l'effet d'un développement continu.

Comme les noms, *terrains de sédiment moyen, calcaire alpin nouveau*, etc., sont employés dans beaucoup d'ouvrages géognostiques modernes, sans que l'on désigne chaque fois individuellement les roches que renferment ces terrains, il sera utile de rappeler ici la synonymie de cette nomenclature des gisemens. M. Brongniart, distinguant entre *primitif* et *primordial*, comprend avec M. Omalius d'Halloy, sous la dénomination de *terrains primordiaux*, toutes les roches *primitives* et *intermédiaires* cristallines de l'école de Freiberg : il divise les terrains secondaires (Flötzgebirge) en trois classes. Dans la première, celle de *sédiment inférieur* (*Descr. géol. des environs de Paris*, p. 8; *Sur le gisement des ophiolithes*, p. 36), sont compris le mountain-limestone ou calcaire de transition, le grès rouge ou houiller, le calcaire alpin ou zechstein et le lias ; dans la seconde, celle de *sédiment moyen*, le calcaire du Jura et la craie ; dans la troisième, celle de *sédiment supérieur*, toutes les couches qui sont plus neuves que la craie. Le *terrain de sédiment supérieur* remplace par conséquent le *terrain tertiaire*, dénomination tout aussi impropre pour désigner un *quatrième* terrain, succédant aux terrains primitif, intermédiaire et secondaire, que l'étoient les anciens noms de *terrains à couches* (roches secondaires) et de *terrains à filons* (roches primitives et de transition). M. de Bonnard, dans son intéressant *Aperçu géognostique des formations*, exclut des *terrains primordiaux* les porphyres, les syénites de transition et toutes les roches cristallines postérieures à celles qui renferment quelques débris de corps organisés ; il regarde, et nous préférons sa manière de voir, le mot *primordial* comme synonyme de *primitif*. Les *terrains secondaires supérieurs* de M. de Bonnard diffèrent beaucoup du *terrain de sédiment supérieur* de M. Brongniart ; ce sont plutôt ceux que ce savant estimable appelle *terrain de sédiment moyen.* Toutes les formations, depuis la craie jusqu'au grès rouge, à l'exception des houilles, sont comprises dans *l'ordre surmoyen* de M. Conybeare, tandis que la liaison intime que l'on observe en Angleterre entre les depôts de houilles et les roches qui les supportent, ont engagé M. Buckland (*Structure of the Alps,* 1821, *p.* 8 *et* 17) à étendre les formations secondaires depuis la craie jusqu'au mountain limestone et à la grauwacke (old red sandstone). Il nomme notre zechstein avec depôts salifères, *calcaire alpin ancien* (elder alpine limestone); le lias, les oolithes, le sable vert et la craie, *calcaire alpin nouveau* (younger alpine limestone). Ces indications suffiront, je pense, pour l'intelligence de la synonymie des grandes divisions géognostiques.

Le mélange fréquent de couches pierreuses et de terrains meubles ou masses désagrégées a fait confondre long-temps les formations tertiaires, c'est-à-dire, celles qui sont postérieures à la craie, avec les *terrains d'alluvion et de transport,* que Guettard (1746) avoit appelés la *zone des sables.* On a faussement considéré les formations tertiaires comme peu importantes, comme irrégulières dans leur stratification et restreintes à de petites étendues de pays. L'école de Freiberg ne plaçoit d'abord (1805) au-dessus du muschelkalk et de la craie que quatre formations, savoir : les sables et argiles avec lignites, déjà reconnues par Hollmann en 1760 (*Phil. Trans., vol. LI, p.* 505); le nagelfluhe calcaire, le travertin, et le tuf d'eau douce (Reuss , *Geogn.*, T. II, p. 473, 630, 644). Bruguières avoit déjà observé que les meulières de Montmorency ne renfermoient que des coquilles d'eau douce. Le gypse à ossemens de Montmartre, que Karsten croyoit encore analogue au gypse salifère du zechstein, avoit été considéré par Lamanon et par M. Voigt (1799) comme un dépôt d'eau douce. Werner le regarda (1806) comme entièrement différent des formations de gypse d'Allemagne, et comme d'une époque beaucoup plus récente (Freiesleben .

Kupfersch., T. 1, p. 174). Les observations recueillies par la *Société géologique* de Londres et la *Société Wernérienne* à Edimbourg, les utiles voyages de M. Omalius d'Halloy (1808) et de quelques géognostes italiens, avoient fourni une masse assez considérable de matériaux pour l'étude des terrains tertiaires ; mais la connoissance plus approfondie des différentes formations qui constituent ce terrain, et qui offrent les mêmes caractères dans les pays les plus éloignés, ne date que de l'époque où a paru la *Description géologique des environs de Paris, par MM. Brongniart et Cuvier* (1.re édit., 1810 ; 2.e édition, 1822). C'est dans le bassin qui entoure cette capitale, que toutes les formations tertiaires (à l'exception peut-être du grès à lignites, qui ne s'y montre que comme argile plastique) se trouvent le plus développées. Toutes celles qui manquent dans d'autres parties de l'Europe, ou qui ne s'y rencontrent que par lambeaux, sont réunies sur les bords de la Seine.

En caractérisant succinctement les termes de la *série tertiaire*, je profiterai à la fois du grand ouvrage de M. Brongniart, de celui que MM. Conybeare et Philipps viennent de faire paroître sur le sol de l'Angleterre, du Voyage géologique de M. Beudant en Hongrie, et des observations récentes de MM. Boué et Prevost, qui, en remplissant la lacune entre les formations tertiaires et oolithiques, ont rendu de grands services à la géognosie positive. C'est par la comparaison de terrains très-éloignés les uns des autres, qu'on peut éviter, jusqu'à un certain point, de confondre le tableau général des gisemens avec la description géographique d'un bassin isolé. Il est assez remarquable de voir que la dernière assise du grand édifice géognostique, celle dont l'époque de formation est le plus rapprochée de nos temps, ait été examinée si tard. Comme les couches meubles du terrain tertiaire renferment des coquilles fossiles dans un haut degré de conservation, c'est ce terrain aussi qui a donné lieu au perfectionnement de la conchyliologie souterraine. La prédilection que dans divers pays on a donnée à cette science, deviendra également utile à l'étude des formations secondaires et intermédiaires, si on ne néglige pas de combiner les caractères zoologiques avec ceux qu'offrent le gisement et l'âge relatif des roches.

J'ai exposé plus haut les motifs pour lesquels j'ai cru devoir éviter les dénominations de *premier*, de *deuxième* et de *troisième terrain marin*, ou *d'eau douce*. J'ai substitué le plus souvent des noms géographiques à ces dénominations numériques, très-susceptibles de faire naître des idées erronées. Les formations les plus récentes sont celles dont les gisemens paroissent avoir été le plus modifiés par des circonstances locales. Une alternance périodique des matières calcaires et siliceuses (l'argile même renferme près de 70 pour cent de silice) se manifeste jusque dans les strates qui appartiennent à une même formation. Les couches hétérogènes et les subdivisions des terrains calcaires ou gypseux prennent, dans quelques pays, un accroissement si considérable qu'on les prend pour des terrains particuliers ou indépendans. Il en résulte que la *succession* et le *parallélisme* des roches tertiaires, si récentes et d'une structure si complexe, peut différer quelquefois du type que nous leur assignons dans le tableau des formations.

ARGILE ET GRÈS TERTIAIRE A LIGNITES (ARGILE PLASTIQUE , MOLASSE ET NAGELFLUHE D'ARGOVIE).

§. 35. A l'entrée du terrain tertiaire, comme aussi au-dessous de la craie, entre cette roche et le calcaire jurassique, nous trouvons des *dépôts de lignites :* c'est ainsi que sur la limite des terrains intermédiaires et secondaires nous avons vu placé un grand dépôt de *houilles* (coal-mesures). Les deux terrains secondaire et tertiaire commencent par des amas de végétaux enfouis. A mesure que l'on avance du grès houiller vers les formations plus récentes, on voit les plantes monocotylédones peu à peu remplacées par des plantes dicotylédones ; il y en a encore des premières (endogénites de M. Adolphe Brongniart, mais non des fougères) au-dessus de la craie jusque dans le gypse à ossemens : cependant, en général, les dicotytédones (exogénites) dominent dans les dépôts de lignites. Je suis moins surpris de ce mélange que de l'uniformité de la végétation monocotylédone de l'ancien monde, dont nous voyons les débris dans les terrains intermédiaires et dans le grès houiller. Au milieu des forêts de l'Orénoque, qui sont extrêmement riches en monocotylédones, la proportion de celles-ci aux dicotylédones est, quant à la masse, c'est-à-dire au nombre des individus, comme 1 à 40. La proportion que présentent les terrains houillers n'est donc pas *tropicale*. Auroit-elle été modifiée par la résistance inégale qu'opposent à la destruction les monocotylédones et les dicotylédones?

Nous réunirons dans le *grès à lignites supérieur à la craie*, les formations parallèles d'argiles plastiques, de marnes et sables avec lignites, de molasse et de nagelfluhe.

Dans les environs de Londres et de Paris il n'y a qu'un lambeau de ce terrain, que l'on trouve beaucoup plus développé dans la France méridionale, en Suisse et en Hongrie. La craie, en France et en Angleterre, est recouverte d'une couche d'*argile plastique*, sans coquilles et sans débris organiques, entièrement dépourvue de chaux, renfermant quelques silex et de la sélénite. Une couche de sable sépare l'argile plastique des *fausses glaises*, qui sont plus siliceuses et noirâtres. Ces dernières renferment du lignite ou bois fossile bitumineux, provenant de plantes monocotylédones et dicotylédones ; du vrai succin (d'après la découverte de M. Bequerel); du bitume, et (Soissonnois, Montrouge, Bagneux) un mélange de coquilles pélagiques et fluviatiles (cyrènes, cérites d'eau douce ou potamides, mélanies, limnées, paludines). Ce mélange ne s'observe ordinairement qu'à la limite supérieure de l'argile plastique et des lignites. Les coquilles marines ressemblent, d'après M. Prevost, à celles du calcaire grossier. Couches intercalées : sables et grès avec coquilles, masses de calcaire concrétionné avec cristaux de strontiane sulfaté. Fossiles, d'après MM. d'Audebard de Férussac et

Brongniart : *Planorbis rotundatus*, *Paludina virgula*, *P. uni-color*, *Melanopsis buccinoidea*, *Nerita globulosa*, *Melania triticea*, — *Cerithium funatum*, *Ampullaria depressa*, *Ostrea bellovaca*, etc.

En Angleterre, l'argile plastique, qu'il ne faut pas confondre avec le *London clay* (représentant le calcaire grossier de Paris) ni avec l'*Oxford* ou *Clunch clay* (de la formation jurassique), abonde plus en sables qu'en argile : elle renferme des lignites (Isle de Wight, Newhaven), et, ce qui est remarquable à cause de l'analogie de cette formation avec les molasses d'Argovie et de Hongrie, un grès friable (Stutland en Dorsetshire). On y a trouvé, d'après MM. Webster et Buckland, des impressions de feuilles, de fruits de palmier, des cyclades (*Cyclas cuneiformis*, *C. deperdita*), des turritelles, des cérites (*Cerithium melanoides*, *C. intermedium*) et des huîtres (*Ostrea pulchra*, *O. tenuis*).

Le *terrain à succin* de la Poméranie et de la Prusse, vraisemblablement superposé à la craie, est composé d'argile, de lignites et de nodules de succin. Les corps organisés qu'il renferme, ont été récemment examinés par M. Schweigger. Par son gisement, comme l'observe judicieusement M. Brongniart, il appartient à la formation §. 35.

Les grès à lignites (molasse et macigno) sont répandus dans les plaines de la Hongrie, comme dans le grand bassin de la Suisse, entre les Alpes et le Jura, ou plutôt entre le lac d'Annecy et celui de Constance. La formation de Hongrie, que M. Beudant a fait connoître, est geognostiquement la plus importante, parce qu'on la voit superposée au calcaire jurassique (Sari Sap aux environs de Gran, et bords du lac Balaton). Elle est immédiatement recouverte (près de Bude) de calcaires coquilliers analogues au calcaire grossier de Paris. Elle est composée de poudingues (nagelfluhe) et de brèches calcaires qui alternent avec des grès micacés, friables, schisteux, à petits grains anguleux de quarz, avec des sables et avec des lits d'argile. Elle renferme de grands dépôts de lignites (Csolnok, au sud de Gran, Wandorf près de OEdenbourg), des sources de bitume, des minérais granuleux de fer hydraté, des coquilles d'eau douce et, au contact avec le calcaire grossier superposé, des coquilles marines. Le *terrain arénacé* de la Suisse, qui comprend la molasse et le nagelfluhe, se compose, d'après les nouvelles recherches de MM. de Charpentier et Lardy (en commençant par les couches inférieures), 1.° de *calcaires* sableux, un peu ferrugineux, passant souvent à un véritable grès à ciment calcaire; 2.° de poudingue (*nagelfluhe*) enchâssant des fragmens calcaires et siliceux, toujours arrondis et agglutinés par un ciment calcaire; 3.° de *molasse* ou grès à petits grains de quarz et à ciment argileux ou marneux. Des filons de spath calcaire traversent souvent le nagelfluhe, et la molasse (grès fin et friable) alterne avec des lits de marnes. Le nagelfluhe qui empâte à la fois des galets de porphyre et de calcaire compacte (Rigi, Fribourg, Entlibuch), n'est pas toujours recouvert par la molasse; et M. de Buch a remarqué depuis long-temps qu'entre Habkern et le petit Emmethal la molasse alterne plusieurs fois avec le nagelfluhe. Tout ce terrain, dont la surface et généralement à nu, gît immédiatement vers le nord (Arau, Porentruy, Boudry), sur le calcaire jurassique; vers le sud, sur le calcaire alpin (environs de Genève et Teufenbachtobel, au sud-ouest du Rigi). D'après l'inclinaison des couches quelques géognostes célèbres ont regardé long-temps le nagelfluhe comme antérieur au calcaire alpin. M. Keferstein croit encore la molasse (mergelsandstein) inférieure à la craie et même au calcaire jurassique. Un calcaire fétide et bitumineux, un gypse fibreux et argileux, alternant avec des marnes qui renferment des *ammonites*, un calcaire compacte brun-jaunâtre, et des lignites, forment des couches subordonnées à la molasse de la Suisse. Le dépôt de lignites qu'on exploite près de S. Saphorin, entre Vevay et Lausanne, est recouvert de nagelfluhe; celui de Paudex est intercalé à la molasse. Tout ce terrain renferme, en Suisse, à la fois des coquilles marines (ammonites, cythérées, donax), des coquilles d'eau douce (lymnées, planorbes), des palmacides à feuilles flabelliformes (Montrepos), et des ossemens de quadrupèdes (Aarberg, Estavayer, Kæpfnach sur les bords du lac de Zuric), ossemens qui, selon les recherches de M. Meisner, appartiennent à l'*Anaplotherium*, au *Mastodon angustidens* et au *Castor*. Dans la molasse de Cremin et Combremont une brèche coquillière marine repose sur un calcaire brun, rempli de planorbes. M. Brongniart, dès l'année 1817, a insisté sur l'analogie qu'offre l'argile plastique de Paris avec une partie de la formation de nagelfluhe et de molasse de Suisse, si long-temps confondue avec le grès bigarré d'Allemagne. Ce savant pense aussi que les molasses qui renferment des ossemens de mastodontes et d'*anthracoterium* (Cadibona près de Savone) sont plus récentes encore que l'argile plastique; qu'elles sont peut-être ou liées au calcaire grossier qui est souvent arénacé, ou parallèles au gypse de Montmartre. Les ossemens d'animaux vertébrés, trouvés rarement dans l'argile plastique de Paris et de Londres (près d'Auteuil et de Margate), n'ont point encore été déterminés zoologiquement, et jusqu'ici M. Cuvier, dans la suite de ses importantes recherches sur le gisement des fossiles, n'a reconnu des débris de *mammifères terrestres* que dans les terrains postérieurs au calcaire grossier. Il se pourroit, d'après ces considérations, que les molasses ou grès à lignites de Hongrie fussent antérieurs à ceux de la Suisse; mais, comme dans ce dernier pays les formations de calcaire grossier (parisien) et de gypse à ossemens ne se sont presque pas développées, et qu'en général l'alternance fréquente des roches tertiaires rend leur *parallélisme* un peu incertain, il se pourroit aussi que la longue époque de la formation de molasse et de nagelfluhe en Suisse (celle des couches inférieures et supérieures, arénacées, marneuses, calcaires et gypseuses) eût été contemporaine aux trois formations d'argile plastique, de calcaire grossier et de gypse, des environs de Paris.

Le terrain qui nous occupe est, selon les observations récentes de M. Boué, extrêmement développé dans le sud-ouest de la France, de Libourne à Agen, surtout au nord de la Dordogne et de la Gironde, où il repose sur la craie. Il y est composé (en

commençant par les couches supérieures) de grès calcaires remplis de débris de coquilles et d'ossemens d'animaux vertébrés,
de petites couches de fer globulaire, de marnes grises et verdâtres, de calcaire jaunâtre avec cérites. Des dépôts de lignites
y ont été reconnus par M. Brongniart (*Descr. géol.*, art. II, §. 1);
mais ils n'y sont pas nombreux, et la position de cette formation arénacée entre la craie et le calcaire grossier de Bordeaux
la caracétrise suffisamment comme molasse. Le grès à lignites
peut localement être dépourvu de lignites, de même que le grès
rouge ou houiller est souvent dépourvu de houilles. Comme presque toutes les formations secondaires ont *leurs grès* et *leurs conglomérats*, il ne faut pas regarder comme appartenant à la même
formation §. 35 tous les nagelfluhe de l'Europe (poudingues
polygéniques de la classification de M. Brongniart): il y en a
qui ne paroissent que des formations locales et peu étendues;
d'autres (Salzbourg et S. Gall), selon l'observation judicieuse
de M. Boué, sont peut-être plus anciens que la craie et le calcaire du Jura. D'ailleurs l'analogie qu'offrent certaines couches
placées entre le quadersandstein et la craie avec celles qui sont
placées entre la craie et le gypse à ossemens, est un phénomène
bien digne de l'attention des géognostes.

D'immenses dépôts de sables, d'argile et de lignites avec mel-
lite (Artern) et avec succin (bernstein de Muskau et bernerde de
Zittau), couvrent une partie de l'Allemagne. On y trouve des lits
de grès extrêmement quarzeux (Carlsbad, Habichtswald, Meiss-
ner, Wilhelmshöhe près Cassel, Wolfseck), surtout là où des
coulées de basaltes sont superposées à l'argile avec lignites. A
cause de cette proximité on a donné anciennement à ces grès,
qu'on pourroit minéralogiquement confondre avec les grès également quarzeux du grès bigarré et avec ceux de Fontainebleau,
la dénomination impropre de grès trappéens (*trapp-sandstein*).
Les sables à grenats (granatensand), c'est-à-dire les argiles et
marnes de Meronitz et de Podsedlitz en Bohème, qui renferment
des pyropes disséminés, appartiennent-ils à cette même formation

§. 35, ou, comme plusieurs phénomènes observés dans la Cordillère du Mexique et à l'île de la Graciosa (archipel des Canaries)
me le feroient supposer, appartiennent-ils à des argiles basaltiques
du terrain igné?

CALCAIRE DE PARIS (CALCAIRE GROSSIER OU CALCAIRE A CÉRITES),
    FORMATION PARALLÈLE A L'ARGILE DE LONDRES ET AU CALCAIRE
    ARÉNACÉ DE BOGNOR.

§. 36. Cette formation très-compliquée, retrouvée en Hongrie,
en Italie et dans le nouveau continent, a été entièrement mé-
connue avant la publication de la *Géographie minéralogique des
environs de Paris.* Le calcaire grossier, séparé par une couche
de sable de l'argile plastique, consiste, d'après M. Brongniart,
dans le bassin de la Seine, de bancs minces et très-régulièrement alternans, de calcaires plus ou moins durs, et de marnes
argileuses ou calcaires. Sur des étendues de terrain très-considérables, les coquilles fossiles sont généralement les mêmes dans
les couches correspondantes, et présentent d'un système de couches à un autre système, des différences d'espèces assez notables.
Ce phénomène d'uniformité dans la distribution des animaux
caractérise surtout le terrain tertiaire; on commence déjà à le
reconnoître dans les différens bancs qui composent, en Suisse et
en Angleterre, la formation jurassique. Les couches inférieures
du calcaire grossier de Paris sont chloriteuses (glauconeuses),
arénacées, remplies de madrépores et de nummulites. Dans les
couches moyennes on trouve beaucoup d'empreintes de feuilles et
de tiges de végétaux (*Endogenites echinatus, Flabellites parisiensis,
Pinus Defrancii,* d'après le travail de M. Adolphe Brongniart
sur la Végétation fossile), des milliolites, des ovulites, des cythérées, mais presque point de cérites. Les couches supérieures
offrent des lucines, des ampullaires, des corbules striées, et
une grande variété (près de soixante espèces) de cérites; mais,
en général, cette dernière assise est moins abondante en corps
fossiles que les assises moyenne et inférieure, dans lesquelles

MM. Defrance et Brongniart ont recueilli près de 600 espèces de coquilles. Le fameux banc coquillier de Grignon et les fossiles du *Falun de Touraine* appartiennent principalement aux assises moyennes. Dans celles-ci et dans le système des couches supérieures les bancs calcaires sont quelquefois entièrement remplacés par des grès ou des masses de silex corné (hornstein). Ce sont ces grès qui ont offert (entre Pierrelaie et Franconville près Beauchamp), à MM. Gillet de Laumont et Beudant, un mélange de coquilles marines avec des coquilles d'eau douce (limnées et paludines). Les fossiles du calcaire parisien, parmi lesquels on ne trouve jamais de bélemnites, d'orthocératites, de baculites ou d'ammonites, diffèrent entièrement de ceux de la craie.

Les dépôts coquilliers qui représentent dans les différentes parties de l'Europe la formation que nous décrivons, sont les uns identiques de composition et d'aspect (plaines de Vienne décrites par M. Prevost; collines de Pest et de Teteny en Hongrie, décrites par M. Beudant), tantôt seulement analogues par leur position géognostique et par les débris fossiles qu'ils renferment (Angleterre). Les calcaires grossiers de la Hongrie, pétris de cérites, de turritelles, d'ampullaires, de vénus et de crassatelles, peu reconnoissables, parce qu'il n'en est resté que le moule, offrent jusqu'aux caractères empiriques les plus minutieux auxquels on reconnoît le calcaire parisien. Ils sont liés à des sables coquilliers (Czerhat, Raab), qui sont en partie mêlés de grains verts et qui ont beaucoup d'analogie avec les dépôts coquilliers des plaines de la Lombardie.

Les calcaires grossiers de la Dordogue et de la Gironde, géographiquement plus rapprochés du bassin de la Seine, ne montrent pas toujours cette ressemblance de composition que nous venons de signaler dans ceux de la Hongrie. Ils sont, d'après les observations récentes de M. Boué, composés de deux assises bien distinctes. L'inférieure est peu coquillière ou à corps fossiles brisés; elle renferme du calcaire compacte blanc-jaunâtre, quelquefois tachant comme la craie, des marnes et des bancs de galets quarzeux. L'assise supérieure est un calcaire sableux, extrêmement coquillier, et ressemblant presque quelquefois à une molasse brunâtre.

En Angleterre, d'après les recherches de MM. Buckland, Webster et Sowerby, l'*argile de Londre*s (London clay) est non-seulement, par sa superposition à l'argile plastique, une *formation parallèle* au calcaire de Paris ; elle renferme aussi presque toutes les espèces de coquilles qui semblent appartenir plus particulièrement aux couches inférieures de ce calcaire. Dans le bassin de la Tamise, la formation que les géognostes anglois désignent communément sous le nom de *London clay*, n'est qu'un dépôt d'argile et de marnes brunâtres, renfermant du fer sulfuré et quelques lames de sélénite; mais, sur d'autres points de l'Angleterre, cette couche se rapproche beaucoup plus, par sa composition minéralogique, du calcaire grossier. Elle présente, d'après MM. Conybeare et Philipps, sur les côtes de Sussex, à Bognor et près de Harwich (Essex) des lits de calcaire compacte et sableux. On y a trouvé, outre les corps fossiles propres à la formation qui lui est analogue dans le bassin de Paris, des empreintes de poissons, des ossemens de tortues et de crocodiles (Islington), une espèce d'ammonites (*Ammonites acutus*, à Minstercliff) et des lignites. Le *Cerithium giganteum*, assez commun dans l'argile de Londres, n'appartient en France qu'à l'assise inférieure du calcaire grossier, qui est d'ailleurs dépourvue de toute autre espèce de cérithes. Le *London clay*, dans lequel on assure avoir trouvé du succin (Holderness dans le Yorckshire), paroît avoir des rapports plus intimes avec l'argile plastique (grès tertiaire à lignites) que le calcaire grossier de Paris.

M. Brongniart rapporte à cette formation (§. 36) la majeure partie des terrains calcaréo-trappéens du Vicentin (Val Ronca, Montecchio maggiore, Monte Bolca), la colline de la Supergue de Turin, le cap S. Hospice près de Nice, la Grande-Terre de la Guadeloupe, etc. Les célèbres impressions de poissons de

Monte Bolca, sur lesquelles M. de Blainville a entrepris un travail intéressant, ne se trouvent, d'après les recherches de M. Maraschini, pas proprement dans le calcaire grossier, mais (comme on le reconnoît surtout à Novale et à Lugo près de Salceo) dans un calcaire fétide et schisteux, séparé du calcaire grossier par une couche d'argile avec lignites. Cette position me semble lier les marnes bitumineuses (de Monte Bolca) avec empreintes de poissons et de feuilles aux marnes du gypse à ossemens de Montmartre.

Dans l'Amérique équinoxiale, où je n'ai point reconnu les formations de craie et de grès à lignites, les collines qui bordent sur quelques points la Cordillère de Venezuela, du côté de la mer (Castillo de San Antonio de Cumana, Cerro del Barigon dans la péninsule d'Araya, Vigia de la Popa près du port de Carthagène des Indes), me paroissent appartenir au calcaire grossier. Ces collines sont composées, 1.º d'un *calcaire compacte et arénacé* gris-blanchâtre, dont les couches, tantôt horizontales, tantôt irrégulièrement inclinées, ont cinq à six pouces d'épaisseur (quelques bancs sont presque dépourvus de pétrifications; d'autres sont pétris de madrépores, de cardites, d'ostracites et de turbinites, et mêlés de gros grains de quarz): 2.º d'un *grès calcaire*, dans lequel les grains de sable sont plus fréquens que les coquilles (plusieurs bancs de ce grès enchâssent, non des paillettes de mica, mais des rognons de mine de fer brun, et deviennent si siliceux qu'ils ne font presque plus d'effervescence avec les acides, et que les corps fossiles y disparoissent entièrement); 3.º de *bancs d'argile* endurcie avec sélénite. L'assise calcaire, dont j'ai déposé de grands échantillons dans le cabinet d'histoire naturelle de Madrid, offre (entre Punta Gorda et les ruines du château de Santiago d'Araya) une innombrable quantité de solens, d'ampullaires, d'huîtres et de polypiers lithophytes, en partie disposés par familles. Cette formation tertiaire, composée de calcaires coquilliers, avec grains de quarz, de marnes argileuses et de grès calcaire, se trouve géographiquement liée aux terrains

tertiaires des îles opposées aux côtes de Cumana , par exemple,
de celles de la Guadeloupe et de la Martinique. Elle repose
tantôt immédiatement sur le calcaire alpin (Punta Delgada),
tantôt sur les argiles salifères d'Araya, dont j'ai parlé plus haut
(S. 28, pag. 242).

CALCAIRE SILICEUX ET GYPSE A OSSEMENS , ALTERNANT AVEC DES MARNES
(GYPSE DE MONTMARTRE).

S. 37. D'après les principes de classification que j'ai suivis
dans ce travail, j'aurois pu séparer le calcaire siliceux (Cham-
pigny) du gypse alternant avec des marnes appelées marines et
d'eau douce; mais, n'ayant pu, dans le cours de mes voyages,
faire des terrains supérieurs à la craie un objet particulier de
mes études, je n'ai rien voulu changer aux coupes générales indiquées dans l'ouvrage de MM. Brongniart et Cuvier.

Le *calcaire siliceux* du bassin de Paris, qui est tantôt tendre
et blanc, tantôt grisâtre, à grains très-fins et caverneux, est
comme pénétré dans toute sa masse de silex ou matière quarzeuse. Il est intimement lié, vers le haut, au gypse, par les
marnes argileuses et gypseuses qui alternent également avec le
calcaire siliceux et le gypse à ossemens (butte de la Briffe de S.
Denys; Crecy; Coulommiers); vers le bas, au calcaire grossier,
dont les dernières couches offrent aussi quelquefois des infiltrations siliceuses : mais les silex cornés du calcaire grossier renferment des coquilles marines, tandis que les calcaires siliceux
du terrain gypseux, qui servent de meulières, présentent dans
leurs bancs supérieurs des coquilles fluviatiles. J'ai déjà fait observer plus haut (S. 28, p. 251) que sur le dos des Cordillères
du Pérou, à 1800 toises de hauteur, une formation calcaire
très-ancienne (le calcaire alpin) offre ce même phénomène curieux d'infiltrations siliceuses. Des modifications analogues dans
la composition des roches et dans le mélange chimique des
matières ont eu lieu à des époques très-différentes. Les marnes
calcaires qui alternent avec le calcaire siliceux de Paris, ren-

ferment une *magnésite* remarquable, que MM. Brongniart et Berthier ont fait connoître, et qui est un silicate de magnésie hydraté presque pur. Les infiltrations siliceuses de cette formation passent quelquefois à une calcédoine divisée par plaques, et à un hornstein mamelonné coloré en rouge, en violet et en brun.

Le *terrain gypseux* est composé, dans le bassin de Paris, de couches alternantes de marnes schisteuses et de gypse saccharoïde compacte ou feuilleté. Il renferme au centre et dans sa plus grande masse des productions terrestres et d'eau douce; mais vers ses limites supérieures et inférieures, tant dans le gypse que dans les marnes, il offre des productions marines. L'assise inférieure de la formation gypseuse est caractérisée par des silex ménilites et de gros cristaux de sélénite lenticulaires et jaunâtres. Les bancs de marnes deviennent plus rares vers le milieu, où l'on trouve plus particulièrement la strontiane sulfatée et des squelettes de poissons. L'assise supérieure est caractérisée par la multitude d'ossemens de mammifères terrestres qui sont aujourd'hui inconnus sur le globe (*Palæotherium crassum*, *P. medium*, *P. magnum*, *P. latum*, *P. curtum*, *Anaplotherium commune*, *A. secundarium*, *A. marinum*, le *Chaeropotame* et l'*Adapis* de M. Cuvier); par des os d'oiseaux, de crocodiles, de tryonix, de poissons d'eau douce : elle est recouverte de bancs de marnes calcaires et argileuses, renfermant, les uns du bois de palmier, des planorbes, des limnées et des cythérées (*Cytherea elegans*); les autres, des cérites (*Cerithium plicatum*, *C. cinctum*), des vénus et de grandes huîtres très-épaisses (*Ostrea hippopus*, *O. pseudochama*, *O. longirostris*, *O. cyatula*). Une couche de marne verte sépare, vers la limite supérieure de la formation gypseuse, les coquilles d'eau douce des coquilles pélagiques. Vers le bas le gypse même (n.º 26 de la troisième masse de Montmartre) offre des fossiles marins. Quelquefois cette formation ne s'est pas développée en entier; les gypses manquent, et l'on ne reconnaît sa place que par des marnes vertes accompagnées de strontiane. Comme le gypse à ossemens n'a encore été étudié qu'en très-peu d'endroits (bassin de Paris, Puy en Vélay, Aix en Provence), les caractères que nous attribuons à cette formation si importante pour la géogonie ou pour l'histoire des anciennes révolutions de notre planète, ne sont vraisemblablement pas assez généraux.

Grès et Sables supérieurs au gypse a ossemens (Grès de Fontainebleau.)

§. 38. Ce terrain est formé de deux assises : l'une, inférieure, sans coquilles ; l'autre supérieure, renfermant des coquilles marines. Des sables siliceux et des grès forment des bancs très-épais, très-étendus, mais dont les surfaces ne sont pas parallèles. Dans l'assise dépourvue de coquilles *en place* (celles de Villers-Cotterets et de Thury paroissent à M. Brongniart usées, comme si elles avoient été roulées), on trouve sur quelques points beaucoup de paillettes de mica, des rognons de fer brun disposés par lits, un peu de gypse, beaucoup de marnes argileuses et des infiltrations de chaux carbonatée (forêt de Fontainebleau). Les assises supérieures, qui renferment des coquilles marines (*Oliva mitreola, Cerithium cristatum, C. lamellosum, Corbula rugosa, Ostrea flabellula*), passent quelquefois à un calcaire arénacé (Romainville, Montmartre). L'immense terrain tertiaire de l'Italie, celui des *collines subapennines*, avec ossemens de cétacés et *Ostrea hippopus*, qui s'étend depuis Asti en Piémont jusqu'à Monteleone en Calabre, et que M. Brocchi a si bien décrit, appartient en grande partie, d'après les discussions de MM. Prevost et Brongniart, aux grès et sables qui reposent sur le gypse de Montmartre.

Terrain lacustre avec Meulières poreuses, supérieur au Grès de Fontainebleau (Calcaire a lymnées).

§. 39. C'est le grand terrain d'eau douce supérieur, composé sur quelques points de sables argilo-ferrugineux, de marnes et

de meulières siliceuses, criblées de cavités (avec coquilles, plateau de Montmorency; sans coquilles, La Ferté-sous-Jouarre);
sur d'autres, de silex, de marnes et de calcaires compactes
(Château-Landon). Ces calcaires renferment des potamides,
des lymnées, des planorbes, des bulimes, des hélix, et beaucoup d'empreintes de végétaux (*Culmites anomalus, Lycopodites
squammatus, Chara medicaginula, Nymphæa Arethusæ* de M.
Brongniart fils). Nous renvoyons pour l'histoire du grand terrain lacustre, qui a déjà été retrouvé dans presque toutes les
parties de l'Europe, à la deuxième édition de la *Description
géologique des environs de Paris* (*art. VIII*).

Une contrée du globe où la plupart des formations tertiaires
ont acquis un grand développement, et où, pour cette même
cause, ces formations sont restées assez distinctes, nous a servi
de type dans le tableau géognostique des formations tertiaires;
mais il ne faut point oublier que dans d'autres contrées ce développement s'arrête à l'argile plastique ou au calcaire grossier :
alors le gypse de Montmartre et le grès de Fontainebleau ne
paroissent indiqués que par les places qu'occupent les marnes
et les sables. Le terrain tertiaire réunit des formations qui se
confondent partout où elles n'ont pas pris un égal accroissement, et où la fréquente alternance des marnes tend à masquer
les limites des différentes assises. Il me resteroit à parler des
dépôts d'alluvion, qui présentent d'importans problèmes sur
l'origine des sables dans les déserts et les steppes (provenant du
grès rouge, du grès bigarré, du quadersandstein, du terrain
tertiaire?); mais ces dépôts, si variés dans leur alternance,
ne peuvent être l'objet d'un travail sur la superposition des
roches.

TERRAINS VOLCANIQUES.

J'ai fait succéder, par des motifs que j'ai exposés plus haut,
au terrain intermédiaire (Uebergangsgebirge), comme par mode
de bisection, les formations secondaires et volcaniques. Cet ar-

rangement offre l'avantage de rapprocher les porphyres et les
syénites de transition, avec leurs couches bulleuses et pyroxéniques intercalées (§§. 23 et 24, Holmstrand en Norwége; Andes
de Popayan; Cordillères du Mexique), des porphyres, des amygdaloïdes et des dolérites du grès rouge (§. 26, Noyant et Figeac
en France; Écosse), des trachytes, des phonolites et des basaltes du terrain exclusivement pyrogène. Dans un tableau de
gisement, c'est déjà gagner beaucoup que de ne pas séparer
ce qui se trouve lié dans la nature par des affinités vraiment
géognostiques.

On peut considérer le groupe de roches que l'on réunit généralement dans le terrain volcanique, sous un double point de
vue, ou d'après une certaine conformité observée dans leur gisement et leur superposition, ou d'après les rapports de leur
composition et de leur origine communes. Dans le premier cas,
sans opposer le mode de formation des trachytes et des basaltes à celui des terrains primitifs et intermédiaires, on examine la place que doivent occuper, comme termes de la série
géognostique, les grands systèmes de roches composées de feldspath, de pyroxène, d'amphibole, d'olivine et de fer titané,
que l'on trouve, au nord et au sud de l'équateur, non recouvertes
et comme surajoutées à d'autres terrains plus anciens, dans des
circonstances entièrement analogues. Cette manière d'envisager
et de classer les roches volcaniques est la plus conforme aux besoins de la géognosie positive. On réunit les roches trachytiques et basaltiques, non d'après leur composition minéralogique
et la conformité apparente de leur origine, mais d'après leur
agroupement et leur position; on les distribue parmi les autres
roches d'après leur âge relatif, comme on a fait, dans les
terrains primitifs et intermédiaires, avec les différentes formations de calcaires grenus (§§. 10 et 20), d'euphotides (§§. 19
et 25) et de porphyres (§§. 18, 22, 23 et 26). Dans le second
cas, on isole, sous la dénomination de terrain volcanique,
tout ce que l'on croit être incontestablement d'une origine

ignée ; on oppose les termes de la série pyrogène à d'autres séries de roches que l'on dit être d'une *origine aqueuse*. Par là
on sépare d'une manière absolue ce qui offre dans la nature
des passages graduels ; au lieu d'explorer le gisement, ou de
placer les roches dans l'ordre de leur succession, on s'attache
de préférence aux questions historiques sur le mode de leur
formation.

J'avoue, et l'on ne sauroit se prononcer avec assez de franchise sur les premiers fondemens d'une science ; j'avoue que
ces classifications , d'après les diverses hypothèses que l'on
se forme sur *l'origine des choses*, ne me paroissent pas seulement vagues et arbitraires, mais aussi très-nuisibles aux progrès
de la *géognosie de gisement;* elles préjugent d'une manière ar-
bitraire et surtout trop absolue, ce qui est pour le moins encore extrêmement douteux. En divisant, d'après un usage suranné,
les formations en *primitives*, *intermédiaires*, *secondaires*, *tertiaires*
et *volcaniques*, on admet, pour ainsi dire, un double principe
de division, celui de l'âge relatif ou de la succession des formations, et celui de leur origine. Si l'on distingue entre des
nappes de laves et des *roches*, ou bien entre des *roches volcaniques*, des roches d'une *origine neptunienne*, et des matières formées par une prétendue *liquéfaction aquoso-ignée*, on attribue
tacitement aux granites, aux porphyres et aux syénites intermédiaires, aux dolérites et aux amygdaloïdes du grès rouge,
un mode de formation diamétralement opposé à celui d'une fusion ignée. D'après cette manière de procéder, qui appartient
plutôt à la *géogonie* qu'à la *géognosie positive*, on considère
tout ce qui n'est pas compris dans le *terrain volcanique*, dans
les roches de trachyte et de basalte qui surmontent les autres
terrains, comme formé par la *voie humide*, ou comme préci-
pité d'une *solution aqueuse*. Il est presque inutile, dans l'état
actuel des sciences physiques, de rappeler combien l'hypothèse
d'une solution aqueuse est peu applicable aux granites et aux
gneis, aux porphyres et aux syénites, aux euphotides et aux

jaspes. Je ne hasarderai pas de prononcer ici sur les circonstances qui peuvent avoir accompagné la première formation de
la croûte oxidée de notre planète; mais je n'hésite pas à me
ranger du côté des géognostes qui conçoivent plutôt la formation des roches cristallines siliceuses par le feu que par une
solution aqueuse, à la manière des travertins et d'autres calcaires
lacustres. Les mots *laves* et *roches volcaniques* sont d'ailleurs aussi
vagues que l'est le mot *volcan*, qui désigne tantôt une montagne terminée par une bouche ignivome, tantôt la cause souterraine de tout *phénomène volcanique*. Les trachytes qui surmontent le dos des Cordillères, appartiennent indubitablement
aux roches pyrogènes, et cependant le mode de leur formation
n'est pas celui des courans de laves postérieures au creusement
des vallées. L'action du feu volcanique par un cône isolé, par
le cratère d'un volcan moderne, diffère nécessairement de
l'action de ce feu à travers l'ancienne croûte crevassée de notre
planète.

En considérant les phénomènes volcaniques dans leur plus
grande généralité, en réunissant ce qui a été observé dans les
différentes parties du globe, on voit différer ces phénomènes
entre eux, même de nos jours, de la manière la plus frappante. Ce ne sont pas les volcans de la Méditerranée, les
seuls que l'on a étudiés avec soin, qui peuvent servir de type
au géognoste et lui présenter la solution des grands problèmes
géogoniques. L'élévation absolue des bouches ignivomes, variant depuis cent à deux mille neuf cent cinquante toises
(Stromboli et Cotopaxi), influe non-seulement sur la fréquence des éruptions, elle modifie aussi la nature des masses
rejetées. Quelques volcans n'agissent plus que par leurs flancs,
quoiqu'ils offrent encore un cratère à leur sommet (Pic de Ténériffe); d'autres ont des éruptions latérales (j'en ai trouvé à
Antisana, dans les Andes de Quito, à 2140 toises de hauteur),
sans que leur cime ait jamais été percée; d'autres encore, également creux dans leur intérieur, comme l'indiquent beaucoup

de phénomènes (dôme trachytique du Chimborazo, 335o toises), n'offrent aucune ouverture permanente au sommet ni sur leur flanc (le Yana-Urcu, petit cône d'éruption, est placé dans le plateau de Calpi même), et n'agissent pour ainsi dire que dynamiquement, en ébranlant les terrains d'alentour, en fracturant les couches et en changeant la surface du sol. Ruca-Pichincha (249o toises), qui a été l'objet particulier de mes recherches, n'a jamais jeté un courant de laves postérieur au creusement des vallées actuelles, pas plus que Capac-Urcu (près Riobamba nuevo), qui, avant l'écroulement de sa cime, a été plus élevé que le Chimborazo. Le grand volcan mexicain de Popocatepetl (2771 toises), au contraire, a eu des épanchemens de laves sous la forme de bandes étroites, tout comme les petits volcans de l'Auvergne et de l'Italie méridionale. Les îles qui sortent (dans quelques parages presque périodiquement) du fond des mers, ne sont pas, comme on le dit souvent par erreur, des amas de scories semblables au Monte novo de Pouzzole, ce sont des masses rocheuses soulevées, et dans lesquelles le cratère ne s'ouvre que postérieurement à leur soulèvement. (*Relat. histor. de mon voyage aux régions équin.*, T, I, p. 171, et *Essai politique*, T. I, p. 254.) Au Mexique, dans l'intérieur des terres, sur un plateau trachytique à plus de trente-six lieues de distance de la mer et loin de tout volcan brûlant, des montagnes de 16oo pieds de hauteur sont sorties (29 Septembre 1759) sur une crevasse, et ont jeté des laves qui enchâssent des fragmens granitiques. Tout à l'entour, un terrain de quatre milles carrés s'est soulevé en forme de vessie, et des milliers de petits cônes (hornitos de Jorullo), composés d'argile et de boules de basaltes à couches concentriques, ont hérissé cette surface bombée. Tous les volcans brûlans et toutes les cimes de la Nouvelle-Espagne qui s'élèvent au-dessus de la limite des neiges perpétuelles, se trouvent sur une zone étroite (*Parallèle des grandes hauteurs*, entre les 18° 59' et 19° 12' de latitude) qui est perpendiculaire à la grande chaîne des montagnes. C'est comme une crevasse de 137 lieues de long, qui s'étend depuis les côtes de l'océan Atlantique jusqu'à celles de la mer du Sud, et qui semble se prolonger encore 120 lieues plus loin, vers l'archipel de Revillagigedo, couvert de tufs ponceux.

Ces alignemens des volcans, ces soulèvemens à travers des fentes continues, ces bruits souterrains (*bramidos y truenos subteraneos de Guanaxuato*, en 1784) qui se sont fait entendre au milieu d'un terrain de schistes et de porphyres de transition, rappellent, dans les forces encore actives du nouveau monde, les forces qui, dans les temps les plus reculés, ont soulevé les chaînes de montagnes, crevassé le sol, et fait jaillir des sources de terres liquéfiées (laves, roches volcaniques fluides) au milieu de strates plus anciennement consolidés. Même de nos jours ces terres liquéfiées ne sortent pas constamment des mêmes ouvertures de l'orifice d'une montagne (cratère au sommet d'un volcan) ou de son flanc déchiré; quelquelquefois (Islande, plateau de Quito) la terre s'ouvre dans les plaines, et l'on en voit sortir ou des nappes de laves qui s'entrecroisent, se refoulent et se surmontent, ou de petits cônes d'une manière boueuse (*moya de Pelileo et de Riobamba viejo*, 4 Février 1797) qui semble avoir été un trachyte ponceux, et qui, combustible et tachant les doigts en noir, est mêlée de carbure d'hydrogène. (Humb., *Essai politique sur la Nouv. Espagne*, T. I, p. 47, 254. Id., *Relat. historique*, T. I, p. 129, 148, 154, 315; T. II, p. 16, 20, 23. Klaproth, *Chem. Unterr. der Min.*, T. IV, pag. 289.)

Les roches que l'on a l'habitude de réunir sous le nom de substances du terrain (exclusivement) volcanique, ont été envisagées jusqu'ici beaucoup plus d'après les rapports oryctognostiques et chimiques de leur composition, ou d'après ceux de leur origine, que d'après les rapports géognostiques de leur gisement et de leur âge relatif. Le feu des volcans a agi à toutes les époques, lors de la première oxidation de la croûte du globe, à travers les roches de transition, les terrains secondaires et tertiaires. A l'exception de quelques roches lacustres ou d'eau douce, les roches volcaniques sont les seules dont la formation continue, pour ainsi dire, sous nos yeux. Si les laves des mêmes volcans (sources intermittentes de terres liquéfiées) varient à diverses époques de leurs éruptions, on conçoit combien des matières volcaniques qui, pendant des milliers d'années, se sont progressivement élevées vers la surface de notre planète, dans des circonstances de mélange, de pression, de refroidissement, si différentes, doivent offrir à la fois de contrastes et d'analogies. Il y a des trachytes, des phonolithes, des basaltes, des obsidiennes et des perlites de différens âges, comme il y a différentes formations de granites, de gneis, de micaschistes, de calcaires, de grauwacke, de syénites et de porphyres. Plus on approche des temps modernes, plus les formations volcaniques paroissent isolées, surajoutées, étrangères au sol sur lequel elles se sont répandues. Une longue intermittence de la source semble produire, même dans les volcans actuels, une grande variété dans les produits, et s'opposer à l'agroupement de matières analogues. Dans les formations de transition (Andes de la Nouvelle-Grenade et du Pérou; Cordillères du Mexique) les différens termes de la série géognostique se lient les uns aux autres; ils se montrent dans cette dépendance mutuelle que l'on observe entre les porphyres et les syénites, entre les thonschiefer, les grünstein et les calcaires de transition, entre les serpentines, les jaspes et les euphotides. Dans ce dédale de formations volcaniques de différens âges on n'a reconnu jusqu'à présent que quelques lois de gisement qui paroissent, sinon générales, du moins en harmonie avec des phénomènes observés dans les deux continens sur une grande étendue de terrain. Ce sont ces rapports de gisement seuls qui peuvent être discutés ici; tout ce qui regarde la composition des roches volcaniques, l'analyse mécanique de leur tissu et leurs classifications oryctognostiques, objets importans traités dans deux mémoires célèbres de M. Fleuriau de Bellevue et de M. Cordier (*Journ. de physique, T.*

LI, LX et LXXXIII), n'est pas du domaine de la géognosie des formations. On peut sans doute indiquer certains caractères par lesquels des roches ressemblent d'une manière plus évidente aux productions des volcans modernes : mais la couleur noire ; la porosité à cellules alongées, couvertes d'un enduit lustré ; la propriété de faire des gelées avec les acides ; l'absence du quarz, du feldspath commun et des filons métalliques (aurifères et argentifères); la présence du pyroxène, du fer titané, du feldspath vitreux et fendillé, et des alcalis, ne peuvent plus, dans l'état actuel de nos connoissances, être considérées comme des caractères généraux des roches volcaniques. (Voyez plus haut, SS. 21, 23, 26.)

Les masses volcaniques, ou regardées comme telles (roches *empyrodoxes* de M. Mahs, *Character der Classen*, 1821, *p.* 177), se trouvent ou par filons (dykes, dans toutes les formations, depuis le granite primitif jusqu'à la craie et les formations tertiaires; Écosse, Allemagne, Italie), ou en couches intercalées (calcaires et porphyres de transition; grès rouge), ou superposées, *surajoutées* à des terrains d'âges très-différens. Le contraste entre les roches volcaniques ou empyrodoxes intercalées, et les roches qui les renferment, est d'autant plus frappant que les dernières sont indubitablement non volcaniques, calcaires (Derbyshire) ou fragmentaires (grauwacke, grès houiller). Lorsque des masses empyrodoxes se trouvent, ou comme couches subordonnées, entre les strates de roches intermédiaires cristallines (porphyres et syénites), ou comme filons traversant les strates de roches primitives (granite-gneis), ces roches primitives et intermédiaires feldspathiques peuvent avoir, selon l'opinion de quelques géognostes, la même origine ignée que la masse des couches intercalées ou des filons (mandelstein, dolérites, basaltes), sans que les époques de formation et les circonstances dans lesquelles les forces volcaniques ont agi, aient été identiques. Les limites entre les filons et les bancs intercalés trappéens, pyroxéniques ou porphyriques, ne sont pas toujours si

tranchées qu'on pourroit le croire d'après les définitions que
l'on a coutume de donner des gîtes particuliers des minérais.
Plusieurs de ces bancs ne sont que des amas entrelacés et formés par la réunion d'un grand nombre de filons. Lorsque ceux-
ci suivent dans une grande épaisseur (voyez mes coupes du célèbre filon de Guanaxuato) la direction et l'inclinaison des strates de la roche, ils prennent tout l'aspect d'une couche. Nous
insistons sur ces remarques, parce que la nouvelle géogonie a
une tendance à faire monter, de bas en haut, des masses liquéfiées à travers des crevasses, tandis que l'ancienne géogonie
expliquoit tout par des précipitations, par des mouvemens dans
un sens opposé. On peut croire que ces directions doivent avoir
été différentes selon la nature des matières qui se sont consolidées, selon qu'elles étaient cristallines et siliceuses, calcaires ou
fragmentaires. La géognosie positive a profité de ces discussions
sur l'origine ignée ou neptunienne des roches : mais elle rend
les classifications indépendantes des résultats géogoniques; elle
ne sépare pas les masses intercalées des terrains dans lesquels
on les trouve, et elle ne laisse réunies, dans la division des
roches dont nous nous occupons ici sous le nom de *terrain
volcanique*, que des formations superposées, surajoutées à des
formations primitives, intermédiaires, secondaires et tertiaires.

La place que doit occuper une roche δ dans la série géognostique, est déterminée par la roche *la plus récente*, γ, *qu'elle
recouvre*, et par la roche *la plus ancienne*, ε, *dont elle est recouverte*. Si δ est superposé à ε, il est tout naturel qu'on le
trouve aussi placé sur les roches plus anciennes α, β, γ, qui
sont les termes précédens de la série. L'application de ce principe très-simple de la géognosie de gisement exige beaucoup
de circonspection, lorsqu'il s'agit de roches trachytiques, basaltiques et phonolithiques. Un même courant de laves, une
même nappe des masses pyroxéniques répandues à la fois sur du
granite, sur du micaschiste et sur un terrain d'eau douce, offrent
sans doute des preuves incontestables d'une origine postérieure aux

formations tertiaires les plus modernes; mais l'âge d'une formation volcanique est plus difficile à déterminer quand il n'y a
pas continuité de masse, et quand on confond, sous une dénomination générale, des matières qui se sont épanchées latéralement, avec d'autres qui ont percé de bas en haut, par
soulèvement, à travers des roches préexistantes. Là où des trachytes et des basaltes se trouvent réunis, la formation la plus
récente sur laquelle sont appuyés les basaltes, ne fixe pas nécessairement l'âge des trachytes : l'une et l'autre de ces roches
ont, sans doute, été produites d'une manière différente et non
simultanée. Il se pourroit même que, dans une région de peu
d'étendue, diverses masses trachytiques isolées, mais d'une composition analogue, ne fussent pas d'une même formation, les
unes sortant d'une syénite de transition, les autres de roches
primitives. Le plus souvent l'accumulation des conglomérats
trachytiques masque à tel point le gisement des trachytes, que
l'on ne peut deviner leur superposition. C'est ainsi que l'on croit
les trachytes du Siebengebirge, près de Bonn, sortis du grauwacke, et ceux d'Auvergne sortis d'un plateau de granite qui
pourroit bien déjà appartenir au terrain intermédiaire. De même
qu'il faut distinguer entre les véritables coulées basaltiques avec
olivine et les masses pyroxéniques noires, bulleuses, intercalées
aux trachytes et à quelques porphyres de transition, de même
aussi il ne faut pas confondre les véritables trachytes (Drachenfels, Chimborazo, Antisana) avec des laves feldspathiques
(leucostiniques) qui ont coulé par bandes étroites (ancien
cratère de la Solfatare près Naples, et qui peuvent se répandre
sur des conglomérats tufacés. (Dolomieu, dans le *Journal des
mines*, n.ᵒˢ 41, 42 et 69; Nose, *Niederrh. Reise*, T. *II*, p.
428; Spallanzani, *Voy. dans les deux Siciles*, T. *III*, p. 196,
Ramond, *Nivell. géogn. de l'Auvergne*, p. 11, 91; Buch, *Geogn.
Beob.*, T. *II*, p. 178, 205; *Id.*, dans les *Mém. de l'Acad. de Berlin*, 1812, p. 129—154; Beudant, *Voy. en Hongrie*, T. *III*, p.
508—513, 521—527 et 530—544.)

En Hongrie, le terrain trachytique paroît s'être formé entre l'époque des terrains secondaires et celle des terrains tertiaires. M. Beudant, qui a donné sur les roches de trachyte le traité le plus complet que nous possédions, les a vues reposer sur des grünstein (Kremnitz, Dregely, Matra) et sur des calcaires de transition (Glashütte, Neusohl). Les conglomérats trachytiques recouvrent aussi en Hongrie des grauwackes schisteux, et même un calcaire magnésifère, qui paroît appartenir à la formation du Jura. Dans cette partie orientale de l'Europe, le grès à lignites, le calcaire grossier et d'autres roches tertiaires sont superposés à leur tour à ces conglomérats. Des superpositions semblables de grès, de gypse, et de calcaires d'une origine très-récente, ont été observées par M. de Buch et par moi aux îles Canaries et dans les Cordillères des Andes. D'après un excellent observateur, M. Breislak (*Atlas géol., pl.* 39), les trachytes des Monts Euganéens reposent (Schivanoja, près de Castelnuovo) sur le calcaire du Jura; mais dans la région du monde la plus abondante en roches trachytiques, dans la partie occidentale du nouveau continent, tant au nord qu'au sud de l'équateur, je n'ai vu nulle part les trachytes se faire jour à travers des formations si modernes.

Les résultats de gisement les plus importans qu'ont offerts mes voyages dans la zone volcanique des Andes (1801 — 1804), se réduisent aux faits suivans. Toutes les cimes les plus élevées des Cordillères sont des trachytes. Les volcans actuels agissent tous par des ouvertures formées dans le terrain trachytique. Ce terrain embrasse par zone une grande partie des Cordillères; mais il s'étend rarement vers les plaines, et les volcans encore enflammés, loin d'être solitaires ou associés par groupes de forme irrégulière plus ou moins circulaire, comme en Europe (Ramond, *Niv.*, *p.* 45; Humb., *Rel. hist.*, *T. II, p.* 16), se suivent, à la manière des volcans éteints de l'Auvergne et des cratères brûlans de l'île de Java, par files, tantôt dans une série, tantôt sur deux lignes parallèles. Ces lignes sont dirigées généralement (montagnes de Guatimala, de Popayan, de los Pastos, de Quito, du Pérou et du Chili) dans le sens de l'axe des Cordillères, quelquefois (Mexique) elles font avec cet axe un angle de 70°. Là même où les trachytes, par leur accumulation, ne couvrent pas le sol entier, ils se trouvent comme éparpillés en petites masses sur le dos et la crête des Andes, s'élevant en forme de rochers pointus au sein des roches primitives et de transition. Les trachytes et les basaltes se montrent rarement réunis, et ces deux systèmes de roches semblent se repousser mutuellement. De véritables basaltes avec olivine ne forment pas des couches intercalées dans le trachyte; mais lorsqu'ils se trouvent rapprochés des trachytes (entre Quito et la Villa de Ibarra; Julumito à l'ouest de Popayan; vallée de Santiago dans la Nouvelle - Espagne; Cerros de las Cuevas et de Canoas près du volcan de Jorullo), ce sont les basaltes.et les mandelstein qui recouvrent ces derniers. Les roches trachytiques ont leur siége principal dans le terrain de transition, dans les grandes formations de syénites et de porphyres (§§. 21 et 23, antérieures et postérieures aux grauwackes et aux thonschiefer, surtout dans la première de ces formations, qui recouvre immédiatement les roches primitives. Lorsque, dans les Andes, les trachytes paroissent couvrir des granites avec amphibole ou des gneis et des micaschistes verts et stéatiteux, il reste douteux si ces dernières roches, loin d'être primitives, n'appartiennent pas plutôt au terrain de transition. On peut regarder comme également problématique, si ces apparences de *recouvremens*, ces superpositions des roches trachytiques sur des formations préexistantes ne sont pas plutôt de simples *appositions*, et si le trachyte (*Extentam tumefecit humum, ceu spiritus oris Tendere vesicam solet, aut direpta bicornis Terga capri ; tumor ille loci permansit, et alti Collis habet speciem, longoque induruit œvo*, dit Ovide, *Metamorph., lib. IX*, du cône soulevé de Trécène dans l'Argolide)', si le trachyte, dis-je, en soulevant et en brisant l'ancienne croûte du globe, n'est pas sorti perpendiculairement sous la

forme de cloches (Chimborazo), ou bien sous celle de châteaux
forts en ruines (sommet des Cordillères du Pérou, entre Loxa et
Caxamarca). Les trachytes des Andes et du Mexique, qui renferment du perlite et de l'obsidienne, ne sont généralement recouverts que par d'autres roches volcaniques (phonolithes, basaltes, mandelstein, conglomérats et tufs ponceux). Quelquefois
de petites formations locales, calcaires et gypseuses, que l'on
peut appeler tertiaires, parce qu'elles sont certainement postérieures à la craie, surmontent les trachytes; mais vers le bas
ces mêmes trachytes des Cordilleres, surtout lorsqu'ils ne sont
pas *recouverts*, sont géognostiquement liés de la manière la plus
intime avec les porphyres poreux et fendillés du terrain de transition : porphyres dépourvus de quarz et renfermant du pyroxène et du feldspath vitreux, quelquefois riches en filons
argentifères et supportant sur d'autres points des formations
secondaires, même du calcaire de transition, noir et carburé
(voyez plus haut, p. 110, 118—144, 171—180, 181). Cette
liaison pourra motiver un jour, dans nos méthodes, la suppression du *terrain volcanique*, en tant qu'on le considère comme
opposé, par le mode de sa formation et de son origine, aux
roches de tous les autres terrains. Il y a des roches volcaniques
dans le terrain de transition et dans le grès rouge, comme il
y a des roches fragmentaires, agglomérées, remaniées par les
eaux, dans le terrain volcanique. Ce dernier mot, pour lui
donner un sens précis, seroit le mieux appliqué aux seules productions des volcans qui ont agi postérieurement à l'existence
de nos vallées.

Quoique, d'après les observations faites dans les deux continens, les trachytes et d'autres roches analogues, qui paroissent dus
à la même action des forces volcaniques, et dans lesquels le feldspath compacte ou vitreux domine sur l'amphibole et le pyroxène,
se trouvent *principalement* dans le terrain de transition et sur les
limites de ce terrain et des roches secondaires les plus anciennes,
on ne peut étendre cette conclusion aux basaltes, qui sont sou-

vent enclavés dans le granite primitif (Schneekoppe en Silésie ;
Roche rouge, près de Serassac dans le Vélay) et qui sont peut-
être antérieurs à certaines formations de trachytes? Dans une
contrée très-circonscrite, dans un même agroupement de roches
volcaniques, les trachytes grenus ou porphyres trachytiques,
qu'il ne faut pas confondre avec des roches fragmentaires ou
des conglomérats de trachytes beaucoup plus modernes, sont
généralement d'une formation plus ancienne que les basaltes qui
les recouvrent en coulées ou en larges nappes. Au contraire, les
basaltes, postérieurs aux conglomérats trachytiques et ponceux,
sont le plus souvent antérieurs aux conglomérats et tufs basaltiques; mais, nous le répétons, dès que nous devons comparer
des lambeaux épars d'un terrain de trachytes, de phonolithes
ou de basaltes, lambeaux non recouverts et gisant dans des formations granitiques, intermédiaires ou secondaires, ces roches
de trachytes, de basaltes et de phonolithes ne peuvent plus être
rangées comme termes d'une même série géognostique. Ce qui
sort du granite le plus ancien, peut être postérieur à une roche
analogue qui s'est fait jour à la fois à travers des roches de transition. L'oryctognosie ou minéralogie descriptive, qui analyse le
tissu des substances volcaniques, parviendra à les classer d'après
les principes que M. Cordier a si bien établis dans son mémoire
sur la composition des roches pyrogènes de tous les âges; mais la
géognosie, qui ne considère que l'âge relatif et les gisemens,
sera forcée de compter un grand nombre de roches *incertæ se-
dis*, même lorsqu'une plus vaste partie de la terre aura été examinée avec soin. Cette incertitude ne tient pas à l'imperfection
des méthodes, mais à l'impossibilité de comparer, sous le rapport de leur succession ou de l'époque de leur origine, des masses
rocheuses éparses et *non recouvertes.* L'historien de la nature,
comme celui des révolutions du genre humain, recueille, compare et discute tous les faits; mais il ne peut coordonner par
séries ceux qui ne présentent aucun caractère chronologique.

Dans cet état des choses, loin de mêler des considérations

oryctognostiques aux classifications de la géognosie positive, il me paroît convenable de ranger les roches volcaniques d'après le *type de gisement* que l'on observe le plus généralement dans les deux hémisphères, là où le plus grand nombre de ces roches se trouve agroupé. La grande masse des substances dans lesquelles le feldspath prédomine (trachytes, leucostines), sera suivie, comme dans les tableaux oryctognostiques, de la grande masse des substances dans lesquelles prédomine le pyroxène (basaltes, dolérites); mais cette harmonie apparente entre des méthodes fondées sur deux principes différens, celui de la composition et celui de l'ordre des gisemens, disparoît dès que l'on examine les formations partielles ou intercalées. Le géognoste distingue alors entre les *phonolithes des trachytes* et les *phonolithes des basaltes;* il place des leucostines compactes dans le terrain pyroxénique, comme il indique une formation de dolérites (mélange de feldspath et de pyroxène, dans lequel la derniere substance est la plus fréquente) au milieu des leucostines ou trachytes. C'est d'après ces principes que j'ai esquissé la distribution des roches volcaniques, dont le tableau a été placé à la fin des terrains de transition (p. 202). Cette distribution se fonde sur les observations vraiment géognostiques publiées par MM. Léopold de Buch, Breislak, Boué et Beudant, et sur celles que j'ai eu occasion de faire moi-même en Italie, au Pic de Ténériffe, dans les Cordillères de la Nouvelle-Grenade, de Quito et du Mexique. J'ajouterai à la nomenclature des terrains l'indication succincte des gisemens les plus intéressans de l'Amérique équinoxiale.

I. FORMATIONS TRACHITIQUES, comprenant les *trachytes grenus* (granitoïdes et syénitiques); les *trachytes porphyriques* ou porphyres trachytiques, en partie pyroxéniques, en partie celluleux, avec nids siliceux (meulières trachytiques ou porphyres molaires de M. Beudant) les *trachytes semi-vitreux*; les *perlites avec obsidienne*, et les *phonolithes des trachytes*. On peut ajouter à cette série les *conglomérats trachytiques et ponceux*, avec alunite, soufre, opale et bois opalisé, car chaque terrain volcanique,

comme chaque roche intermediaire et secondaire, a ses conglomérats, c'est-à-dire, ses roches fragmentaires, dont elle a
fourni les premiers élémens. Les trachytes (granites chauffés en
place des anciens minéralogistes, porphyres trappéens, beaucoup de laves pétrosiliceuses de Dolomieu, domites de MM. de
Buch et Ramond, nécrolithes de M. Brocchi, leucostine granulaire de M. Cordier) n'offrent généralement, dans l'ancien continent, que peu de traces de stratification; mais dans les Cordillères des Andes ils sont souvent très-régulièrement stratifiés
(Chimborazo, N. 60° E.; Assuay, N. 15° E.), mais variant par
groupe et de direction et d'inclinaison, comme font les phonolithes du terrain basaltique (Mittelgebirge en Bohème). La structure en colonnes (prismes de 4 à 7 pans) est très-commune
dans les trachytes porphyriques des Cordillères, non-seulement
dans les roches noires à base de rétinite (pechstein) avec feldspath vitreux et pyroxène (Passuchoa, près de la ville de Quito,
au sud des collines de Poingasi; Faldas de Pichincha; Paramos
de Chulucanas, Aroma et Cunturcaga, dans les Andes du Pérou,
entre Loxa et Caxamarca); mais aussi dans les trachytes gris-
verdâtre du Chimborazo (prismes minces de 50 pieds de long;
hauteur du plateau, 2180 toises), comme dans les trachytes
granitoïdes de Pisojè, au pied du volcan de Puracè. Ces derniers
sont gris-verdâtre, renferment du mica noir, du feldspath commun et un peu d'amphibole, et leur ressemblance avec le *gra-
niti colonnari* des Monts Euganéens les éloigne beaucoup (p. 130,
131,) des porphyres du terrain de transition. La structure globulaire (en sphéroïdes à couches concentriques) paroît plutôt
appartenir aux formations basaltiques qu'aux véritables trachytes.
Les teintes pâles dominent dans les trachytes des Cordillères,
et les masses noires de cette roche m'ont paru en général postérieures aux masses blanches grises et rouges. La même différence de gisement paroît avoir lieu en Hongrie. Les trachytes
noirs prennent quelquefois (Rucu-Pichincha près de Quito,
surtout à l'arête de Tablahuma, 2356 toises) tout l'aspect du

basalte ; mais l'olivine y manque toujours, et l'on n'y reconnoît
que de petits cristaux de pyroxène qui pénètrent jusque dans l'intérieur des cristaux du feldspath vitreux. Dans les Andes, comme
dans l'ancien continent, chaque cône ou dôme trachytique (les
premiers ne paroissent que des dômes ou cloches percées à leur
sommet et couvertes sur leurs flancs d'éjections ponceuses et
scorifiées) présente des roches entièrement différentes dans leur
composition, selon que l'un des élémens prédomine dans le tissu
cristallin. Le mica noir est le plus commun dans les trachytes
du Cotopaxi (entre le Nevado de Quelendaña et le ravin de
Suniguaicu, 2263 t.), volcan qui abonde en même temps en
masses vitreuses et en obsidiennes ; l'amphibole domine dans les
trachytes souvent noirs de Pichincha et d'Antisana ; le pyroxène
dans la région inférieure et moyenne du Chimborazo, dont les
trachytes renferment quelquefois des pyrites, du quarz, et deux
variétés de feldspath, le vitreux et le commun. L'ancien volcan
de Yana-Urcu, adossé au Chimborazo (du côté du village de
Calpi, est dépourvu de pyroxène et contient de grands cristaux
d'amphibole. Dans les trachytes du Nevado de Toluca (Mexique)
et d'Antisana on observe souvent, comme dans les trachytes du
Puy-de-Dôme, des parties bulleuses et scorifiées à cellules lustrées, enchâssées dans des masses compactes et terreuses. Les
phonolithes des trachytes sont plus caractérisés dans le volcan
de Pichincha (Pic des Ladrillos et Guagua-Pichincha), de même
qu'à la pente orientale du Chimborazo, près de Yanacoche (hauteur, 2300 toises). A Antisana (Machay de San-Simon) et au
nord de la Villa de Ibatra (Azufral de Cuesaca, plateau de
Quito) les trachytes à base de feldspath compacte, mêlé d'amphibole, renferment du soufre natif, comme le trachyte du
Puy-de-Dôme et des bords de la Dordogne (Ramond, *Nlv.*
géog., *p.* 75, 86). Il ne faut pas confondre cette formation de
soufre natif avec celles des solfatares ou cratères éteints, des mandelstein celluleux (entre Pate et Tecosautla au Mexique) et des
argiles du terrain basaltique (province de los Pastos). L'épais-

seur des couches des trachytes est telle que sur le plateau de
Quito elle atteint indubitablement et en *masses continues* (Chimborazo , Pichincha) 14,000 à 18,000 pieds. Comme très-peu
de volcans des Andes ont donné de véritables coulées de laves
lithoïdes, les trachytes y sont presque partout à découvert. Il
n'y a que les conglomérats trachytiques , et des formations problématiques argileuses (tepetate) , dont nous parlerons bientôt,
qui les cachent quelquefois à l'examen des géognostes.

J'ai trouvé du feldspath commun et laiteux dans les trachytes
poreux, légers et blancs, du Cerro de Santa Polonia (1552
toises, près de Caxamarca , Andes du Pérou) ; à la cime du
Cofre de Perote au Mexique (le Peña del Nauhcampatepetl,
2098 toises), dans un trachyte gris-rougeâtre, abondant en cristaux aciculaires d'amphibole et très-régulièrement stratifié (N.
28° E. avec 30° au N. O.); au volcan encore actif de Tungu-
rangua , au sud de Quito (Cuchilla de Guandisava 1658 toises),
dans des trachytes rouge-de-brique et celluleux, enfin , à la
base du Chimborazo, près du petit volcan éteint de Yana-Urcu
(1700 toises) dans des trachytes noirs et vitreux. M. de Buch,
qui a examiné avec soin ces dernières roches, y a même reconnu
à la fois des cristaux de feldspath vitreux et de feldspath commun, phénomène que j'ai trouvé répété dans plusieurs porphyres de transition du Mexique.

Les petits cristaux aciculaires d'amphibole sont quelquefois
placés comme par files sur plusieurs lignes parallèles, et affectent tous la même direction (vallée du Cer au Cantal, trachytes
gris-blanchâtre de Riobamba viejo, avec rhombes de feldspath
décomposé en une terre jaunâtre).

Le mica est beaucoup plus rare dans les trachytes du Mexique
et des Andes que dans ceux du Siebengebirge, des Gleichen
en Styrie, près de Radkersburg, et de Hongrie : j'en ai trouvé
cependant de belles tables noires hexagones, tant à la base du
volcan de Pichincha (près de Javirac ou du Panecillo de Quito,
1600 toises), que dans les trachytes semi-vitreux gris-bleuâtre

de Cotopaxi, et dans les trachytes rouges et poreux du Nevado de Toluca (sommet du Fraile, 2372 toises).

Le titane ferrifère ne manque pas dans les trachytes de Quito et du Mexique ; mais les lames de fer oligiste spéculaire, également commun dans les trachytes et les laves de l'Italie et de la France, sont assez rares dans les roches volcaniques fendillées de l'Amérique équinoxiale.

En considérant les trachytes des Cordillères sous un point de vue général, il n'y a pas de doute qu'on ne les trouve caractérisés par une absence de quarz en cristaux et en grains. Ce caractère, comme nous l'avons vu plus haut, s'étend même sur la plupart des porphyres métallifères de l'Amérique équinoxiale (§§. 23 et 24), qui semblent liés aux trachytes ; mais l'une et l'autre de ces roches offrent des exceptions frappantes à une loi, que l'on auroit pu croire générale. Ces exceptions prouvent de nouveau que le géognoste ne doit pas attacher une grande importance à la présence ou à l'absence de certaines substances disséminées dans les roches. La plus grande masse du Chimborazo est formée par un trachyte semi-vitreux, vert-brunâtre (à base cireuse, comme de résinite), dépourvu d'amphibole, abondant en pyroxène, très-compacte, tabulaire, ou divisé en colonnes minces, irrégulières et tétraèdres. Ce trachyte renferme, comme couche intercalée, un banc rouge pourpré, celluleux, à cristaux de feldspath à peine visibles, et parsemé de nodules alongés de quarz blanc. Plus haut (à 3016 toises de hauteur, où nous vîmes descendre le mercure dans le baromètre à 15 pouces 11 %/₁₀ lignes), le quarz disparoît, et l'arête de rocher sur laquelle nous marchâmes étoit couverte d'une traînée de masses rouges, bulleuses, désagrégées et assez semblables aux amygdaloïdes de la vallée de Mexico. Ces masses, les plus élevées de celles qu'on a recueillies jusqu'ici à la surface de la terre, étoient rangées en file, et pourroient faire croire à l'existence d'une petite bouche près du sommet du Chimborazo, bouche qui s'est vraisemblablement refermée, comme celles de l'Epomeo, à l'île

d Ischia, et de Guambalo et d'Igualata, entre Mocha et Penipe
(province de Quito). Sur le plateau central du Mexique les trachytes de Lira enchâssent à la fois du quarz laiteux, de l'obsidienne et de l'hyalithe. M. Beudant a aussi reconnu récemment
des cristaux de quarz dans les trachytes porphyriques (à globules
vitro - lithoïdes), dans les trachytes meulieres et les perlites de
Hongrie (*Voy. en Hongrie, Tom. III*, pag. 546, 365, 519,
575). Le même phénomene se trouve répété dans quelques trachytes de l'Auvergne (Puy Baladou ; Cantal, Col de Caboe),
des Dardanelles et du Kamtschatka. Lorsqu'on se rappelle qu'il
y a, d'après l'analyse de M. Vauquelin, 92 pour cent de silice
dans les trachytes du Sarcouy, que tous les basaltes et les laves
en abondent, il faut plutôt être surpris que cette substance disséminée dans des silicates de fer et d'alumine n'ait pu se réunir
plus souvent sans mélange en cristaux ou grains de quarz pur.
Ce n'est que la difficulté opposée à la concentration de la silice
autour d'un noyau qui caractérise une grande partie des roches
volcaniques. (Voyez plus haut, p. 120 et 121.)

Le pyroxène a été regardé jusqu'ici comme extrèmement rare
dans les trachytes d'Europe. La couche de pyroxène que M. Weiss
a découverte entre Muret et Thiezac (au - dessus d'Aurillac en
Auvergne ; Buch, *über Trapp-Porphyr, p.* 135), semble plutôt
appartenir à une formation basaltique superposée au trachyte.
Mais en Hongrie (Beudant, T. III, p. 517, 519), comme dans la
Cordillère des Andes, le pyroxène se trouve assez souvent dans
les trachytes porphyroïdes : il y remplace l'amphibole (Chimborazo, Tunguragua, base du volcan de Pasto, région moyenne
du volcan de Puracè, près de Popayan). L'espèce de répulsion
qu'on croit observer entre le pyroxène et l'amphibole, est d'autant
plus frappante que dans le terrain basaltique ces deux substances se
trouvent assez souvent réunies (Rhönegebirge en Allemagne). Les
trachytes du Mexique m'ont paru assez généralement dépourvus de
pyroxène.

Le grenat, que nous avons déjà vu dans les porphyres de transition du Potosi et d'Izmiquilpan, reparoit, quoique très-rarement, dans les trachytes des Andes : j'en ai trouvé dans le volcan de Yana-Urcu (trachyte noir); M. Beudant en a recueilli dans les perlites lithoïdes d'Hongrie.

Je doute aujourd'hui de l'existence de l'olivine dans le terrain trachytique des Cordillères : ce que j'avois pris pour cette substance, étoient des grains de pyroxène d'une teinte très-peu foncée. L'olivine appartient peut-être exclusivement aux terrains basaltiques et à quelques laves lithoïdes. M. de Buch l'a reconnue parmi les éjections du volcan de Jorullo, qui forme un tissu à petit grain d'olivine, de feldspath vitreux et de mica jaune. Il n'y a aucune trace d'amphibole ni de pyroxène, quoique ce volcan se soit fait jour à travers un terrain de trachyte. M. Beudant doute aussi de la présence de l'olivine dans les trachytes de Hongrie, même dans ceux du groupe de Vihorlet. Lorsque des chimistes se seront occupés plus spécialement des trachytes des Cordillères, qui offrent une si grande variété de roches, on y découvrira probablement aussi de l'acide muriatique (comme au Sarcouy en Auvergne) et du mica commun mélangé de titane oxidé, comme au Vésuve. (Soret, *Sur les axes de double réfraction*, 1821, *p.* 59.)

Les observations que l'on peut faire sur le gisement des roches volcaniques, offrent plus d'intérêt encore que l'étude de leur composition. Les trachytes du volcan éteint de Tolima (§. 7) semblent sortir d'un granite postérieur au gneis primitif. J'ai vu paroitre (Alto del Roble) le micaschiste (page 85) sous les trachytes des volcans encore brûlans de Popayan. Les granites à travers lesquels les dômes trachytiques du Baraguan et de Herveo (Ervè) se sont fait jour, sont peut-être d'un âge plus récent que le micaschiste. L'observation de gisement la plus importante que j'ai faite dans l'immense plateau entièrement trachytique de Quito (espèce de volcan polystome), a rapport aux trachytes de Tunguragua. Après avoir cherché en vain, pendant plus de six mois, quelque trace de roches vulgairement appelées

d'origine neptunienne, j'ai trouvé, près du pont de cordage de
Penipe (Rio Pucla, 1240 toises), sous les trachytes noirs semi-
vitreux, souvent colonnaires, du cône encore enflammé de
Tunguragua, un micaschiste verdâtre, à surface striée et soyeuse,
renfermant des grenats et ressemblant aux micaschistes du terrain primitif (voyez plus haut, p. 73) Cette roche repose sur
un granite syénitique, composé de beaucoup de ·feldspath verdâtre lamelleux et à gros grains, de peu de quarz blanc, de
tables hexagones de mica noir, et de quelques cristaux effilés
d'amphibole. La cassure du granite offre un aspect stéatiteux,
et prend, au souffle, une teinte vert d'asperge. Ces syénites et
ces micaschistes avec grenats rappellent ceux que MM. de Buch
et Escolar ont découverts dans l'archipel des Canaries, en blocs,
au milieu des terrains trachytiques de Fortaventura et de Palma.
(Humboldt, *Rel. hist.*, *T. I*, *p.* 640). Il est très-certain que
les roches de Penipe, qui n'appartiennent peut-être qu'au terrain de transition, sont en place; qu'elles viennent au jour sous
un véritable trachyte grenu, et non sous une roche fragmentaire, sous un conglomérat trachytique, comme c'est le cas à
Vic, à Aurillac et à S. Sigismond (Buch, *Trapp-Porphyr*, *p.*
141): mais, sans percer une galerie dans le flanc de Tunguragua, il est impossible de décider s'il y a superposition, si le
trachyte recouvre le micaschiste sur une grande étendue, comme
la craie recouvre le calcaire du Jura, ou si le trachyte, en
brisant les roches plus anciennes et en s'élevant perpendiculairement, s'est simplement incliné vers les bords sur le micaschiste adjacent. Autour du cône trachytique de Cayambe on
trouve aussi du micaschiste avec épidote, et un granite qui abonde
en mica brun et jaune. Plus au nord, dans les Cordillères du
Popayan, en montant au village de Puracè, j'ai vu, sous le
grand volcan de ce nom, près de Santa-Barbara, le trachyte
semi-vitreux appuyé sur une syénite porphyrique (avec feldspath commun): cette syénite est bien visiblement superposée
sur un granite de transition abondant en mica (p. 29). Au

pied des volcans mexicains encore actifs (le Popocatepetl et le
Jorullo), nous n'avons pas été assez heureux, M. Bonpland et
moi, pour découvrir des roches de granite, de micaschiste ou
de syénite en place; mais nous avons vu enchâssés, au milieu des laves lithoïdes noires et basaltiques de Jorullo, des
fragmens anguleux blancs, ou blanc-verdâtre, de syénite,
composés de peu d'amphibole et de beaucoup de feldspath lamelleux. Là où ces masses ont été crevassées par la chaleur, le
feldspath est devenu filandreux, de sorte que les bords et la
fente sont réunis dans quelques endroits par les fibres alongées de la masse. Dans l'Amérique du Sud, entre Almaguer
et Popayan, au pied du Cerro Broncaso, j'ai trouvé de véritables fragmens de gneis compactes dans un trachyte abondant en pyroxène (p. 133). Ces phénomènes, auxquels je pourrois en ajouter beaucoup d'autres. prouvent que les formations
trachytiques sont sorties au-dessous de la croûte granitique du
globe.

Les obsidiennes dont nous avons rapporté, M. Sonneschmidt
et moi, de si curieuses variétés en Europe, m'ont paru appartenir, dans les Cordillères, à deux sections bien distinctes du
terrain trachytique, aux véritables trachytes noirs (Cerro del
Quinche, au nord de Quito) et blancs (Cerro de las Novajas
ou Oyamel, au nord-est de Mexico). et à la perlite (Cinapecuaro, entre Mexico et Valladolid). Il faut distinguer de ces
deux formations les obsidiennes des courans de laves modernes
(Pic de Ténériffe), formant la partie supérieure de ces courans.
Les fragmens de roches vomis par le cratère de Cotopaxi, et
remplis de rognons d'obsidienne, paroissent arrachés aux parois
du cratère, mais les morceaux d'obsidienne lancés par le volcan
de Sotara, près de Popayan, à des distances de plusieurs lieues,
méritent plus d'attention. Les champs de los Serillos, des
Uvales et de Palacè, en sont couverts. On les trouve dissémi-
minés comme des fragmens de silex; ils reposent sur des roches basaltiques, auxquelles cependant ils sont entièrement étran-

gers. Ces obsidiennes de Popayan ont souvent la forme de larmes ou même de boules à surface tuberculeuse : elles offrent, ce que je n'ai vu nulle part ailleurs, toutes les nuances de couleurs, depuis le noir foncé jusqu'à celle d'un verre artificiel entièrement incolore. Elles sont quelquefois mêlées, de fragmens d'émaux lancés par le même volcan de Sotara, et que l'on seroit tenté de prendre pour de la *porcelaine de Réaumur*. La pâte des trachytes semi-vitreux gris-bleuâtre et à cassure conchoïde (volcan de Puracè, près Popayan, dans la plaine du Cascajal, à 2274 toises de hauteur), passe sans doute quelquefois à l'obsidienne ; mais les grandes masses de véritables obsidiennes, disposées par couches ou par rognons à contours bien prononcés, se trouvent dans d'autres variétés de trachytes. Nous avons déjà décrit plus haut les roches du Cerro de las Navajas (§.23), où se trouvent les obsidiennes châtoyantes, striées et argentées (*plateadas*), généralement disséminées par fragmens, mais formant quelquefois aussi des couches dans un trachyte blanc. Des couches analogues, mais d'une épaisseur de 14 à 16 pouces, sont intercalées aux trachytes noirs pyroxéniques du Cerro del Quinchè (plateau de Quito). Elles offrent des obsidiennes noir-verdâtre et veinées de bandes rouge-de-brique. Près de l'Hacienda de Lira, au nord de Queretaro (plateau du Mexique, 995 toises), j'ai trouvé dans des trachytes vert-d'olive et à base de rétinite (trachytes qui renferment à la fois du feldspath vitreux et des grains de quarz disséminés), des couches d'obsidienne noire de trois pouces d'épaisseur. Sur d'autres points du plateau de la Nouvelle-Espagne, à Cinapecuaro, au pied du Cerro Ucareo (dans le chemin de Valladolid de Mechoacan à Toluca, hauteur 968 toises), et entre Ojo del agua et El Pinal (dans le chemin de la Puebla de los Angeles à Perote, hauteur 1180 toises), les obsidiennes se trouvent par rognons dans un perlite (perlstein) à éclat émaillé, composé de petits globules semi-vitreux blanc-grisâtre. *Je n'y ai pas vu de mica*, mais des infiltrations d'hyalithe et quelques petits cristaux de

feldspath filandreux, presque ponceux. A Cinapecuaro, le perlite forme de petites collines coniques, entourées de pics de basaltes et de dômes trachytiques. La roche est très-régulièrement
stratifiée (N. 22ᵛ E., incl. de 80° au Nord-ouest) : on la prendroit de loin pour un grès schisteux. L'obsidienne noire, vert-
noirâtre et vert-grisâtre, s'y trouve par nids ou rognons de deux
à cinq pouces d'épaisseur, de sorte que, par la juxtaposition de
ces rognons, le perlite paroît quelquefois enchâssé dans une véritable roche d'obsidienne. Dans les plaines orientales du Mexique,
entre Acaxete, Ojo del agua et El Pinal, l'obsidienne est moins
abondante, mais souvent rubanée comme du jaspe. Le perlite y
renferme beaucoup de tables hexagones de mica noir ; il est souvent
fibreux et passe à ce que M. Beudant appelle (T. III, p. 364, 389)
perlite ponceux.

En général, les obsidiennes du Mexique et des Andes de Quito
offrent, et souvent sur une plus grande échelle, les mêmes phénomènes de composition que l'on observe dans ceux de Lipari
et de Volcano, et que quelques géognostes ont attribués jadis à
une *dévitrification* (*glastinisation*). On y trouve enchâssés de petits cristaux de feldspath vitreux ; des masses polyèdres de perlstein remplissant entièrement les vacuoles dans lesquelles on
les suppose formés : des agrégations de grains cendrés, d'un
aspect terreux et distribués par zones parallèles souvent interrompues ; enfin, des fragmens de trachyte brun - rougeâtre,
à demi fondus, placés tous d'un même côté, à l'extrémité
de vacuoles très-alongées, et parallèles entre elles. M. de
Buch, qui a fait un examen particulier des substances volcaniques recueillies dans la région équinoxiale du nouveau monde,
observe que les masses de perlites, tantôt sphéroïdales, tantôt
octogones dans leur coupe, ont constamment au centre un
cristal très-petit de feldspath vitreux ou d'amphibole, et que
la position de ce cristal a déterminé la forme de tout le système. (Buch, dans les *Schriften Naturf. Freunde*, 1809, p. 301.
Humboldt, *Rel. hist.*, T. I, p. 161.) M. Beudant a trouvé des

grenats rouges dans les perlites rétinitiques de Hongrie (Visse-
grad), qui ressemblent au *pechstein-porphyr* du terrain de transition : j'en ai vu d'également rouges au sommet du volcan de
Puracè, dans un trachyte bleuâtre, semi-vitreux, à cassure
conchoïde, dépourvu de mica et d'amphibole, mais enchâssant,
outre le pyroxène et le felspath vitreux, des points cendrés semblables à ceux que l'on remarque dans les obsidiennes de Lipari et du Cerro de las Navajas. La présence des grenats dans
des roches généralement mêlées d'amphibole recoit quelque importance par les observations ingénieuses de M. Berzelius (*Nouveau
Système de minéralogie, pag.* 301) sur les affinités chimiques du
grenat et de l'amphibole renfermant des silicates d'alumine et
d'oxidule de fer. C'est dans les obsidiennes que j'ai rapportées
de la Nouvelle-Espagne, que M. Collet Descotils a trouvé le
premier exemple de la présence simultanée de deux alcalis dans
une même substance minérale. Ce phénomène a été observé
depuis dans quelques variétés de feldspath, de wernerite, de
sodalite, de chabasie et d'éléolithe (pierre grasse de Haüy).
J'ai observé que beaucoup d'obsidiennes noires et rouges du
Quinchè et du Cerro de las Navajas ont des pôles magnétiques,
tout comme les porphyres (de transition?, p. 157), de Voisaco, et comme un beau groupe de trachyte du Chimborazo
(hauteur 2100 toises). Ces trachytes étaient gris-verdâtre et
enchâssoient quelques cristaux de feldspath lamelleux et laiteux.

La dernière assise du terrain trachytique est formée par des conglomérats ou débris agglutinés et remaniés par les eaux. Ces conglomérats couvrent d'immenses surfaces, non au pied des Cordillères, mais sur leurs flancs et sur des plateaux de 1200 à 1600 toises
de hauteur. Dans une région où presque tous les volcans actifs
s'élèvent au-dessus de la limite des neiges perpétuelles, et ou
les eaux, lentement infiltrées dans des cavernes, et les neiges
qui se fondent au moment de l'éruption, causent d'affreux ra-
vages, l'étendue et l'épaisseur des terrains de transport et des

roches fragmentaires régénérées doit nécessairement être en rapport avec les forces qui amènent encore de nos jours ces masses
désagrégées. Les conglomérats sont tantôt friables et tufacés (base
de Cotopaxi et de l'Altar), tantôt compactes et endurcies comme
le grès (base de Pichincha). Les ponces en masses pulvérulentes
et en blocs de 25 à 30 pieds de longueur forment la partie la
plus intéressante de ces conglomérats du terrain trachytique.
Nous ferons observer, à cette occasion, que le mot *pierre-ponce*
est très-vague en minéralogie : il ne désigne pas un fossile simple,
comme le font les dénominations de calcédoine ou de pyroxène;
il indique plutôt un certain *état*, une forme capillaire ou filan-
dreuse sous laquelle se présentent des substances diverses, rejetées par les volcans. La nature de ces substances est aussi différente que l'épaisseur, la ténacité, la flexibilité et le parallélisme ou la direction de leurs fibres (Humboldt, *Relat. hist.*,
T. I, p. 162). Il existe des ponces noires d'une contexture bulleuse, à fibres croisées; on y reconnoît beaucoup de pyroxène,
et elles paroissent dues à des laves basaltiques scorifiées (plaine
qui entoure le cratère de Rucu-Pichincha; tuf du Pausilippe près de
Naples). Quelques volcans rejettent des trachytes blancs, composés de feldspath compacte, de beaucoup d'amphibole, de très-peu
de mica, et dont une partie est devenue fibreuse (Rucu Pichincha
et Cotopaxi, sur le plateau de Quito; volcan de Cumbal près Chi-
lanquer, dans le plateau de los Pastos; Sotara près de Popayan;·
Popocatepetl à l'est de Mexico). Souvent, dans des trachytes assez
compactes et d'un tissu non fibreux, les fragmens rhomboïdaux du
feldspath deviennent creux et comme filandreux (plateau de Quito
et du Mexique). Quelques variétés de perlstein offrent une texture
fibreuse (plaine de la Nouvelle-Espagne, entre la Venta del Ojo
del agua et la Venta de Soto; vallée de Gran et de Glashütte, en
Hongrie). Enfin, des obsidiennes noir-verdâtre ou gris de fumée alternent avec des couches de pierre-ponce à fibres asbestoïdes blanc-
verdâtre, rarement parallèles entre elles, quelquefois cependant
perpendiculaires aux couches de l'obsidienne et semblables à une

écume filamenteuse de verre (Plaine des Genêts, au Pic de Ténériffe). Ces dernières variétés ont fait naître chez quelques géologues l'idée que toutes les ponces étaient dues à la fusion et au gonflement des laves vitreuses ; on confondoit les obsidiennes ponceuses (asclérines de M. Cordier) avec les véritables ponces à fibres parallèles (pumites légères de M. Cordier), caractérisées par de grandes tables hexagones de mica, et probablement dues à un mode d'action particulier que le feu des volcans exerce sur les trachytes blancs (granites des Isles Ponces de Dolomieu). Un savant qui a profondément étudié les roches trachytiques de l'Europe, a confirmé ces aperçus. « La ponce, dit « M. Beudant, dans l'état actuel de la science, ne peut pas même « être regardée comme une espèce distincte de roche : c'est un « état celluleux et filamenteux, sous lequel plusieurs roches des « terrains trachytiques et volcaniques sont susceptibles de se « présenter. » (*Voyage minéral.*, T. III, p. 389.)

Les immenses carrières souterraines de pierre-ponce exploitées au pied du Cotopaxi, entre la ville de Tacunga (Llactacunga) et le village indien de San-Felipe (plateau de Quito, hauteur 1482 toises), m'ont paru les plus instructives pour décider la question du gisement de cette substance dans un terrain de rapport. Elles avaient déjà fait naître chez Bouguer (*Figure de la terre*, pag. *LXVIII*), dans un temps où la géognosie n'existoit presque pas, plusieurs questions intéressantes sur l'origine des ponces. Les petites collines de Guapulo et de Zumbalica, qui s'élèvent jusqu'à 80 toises de hauteur, paroissent au premier abord entièrement formées d'une roche blanche fibreuse, à couches horizontales et à fibres perpendiculaires : on pourroit en tirer des blocs dépourvus de fentes de plus de 60 pieds de longueur. En examinant ces prétendues couches de plus près, on voit que ce sont des masses de quatre pouces à trois pieds d'épaisseur, enchâssées dans une terre blanche argileuse. Elles ne forment pas, à proprement parler, un conglomérat ; les blocs ne sont que déposés dans l'argile, et recouverts de frag-

mens menus de ponces (de 8 à 9 toises d'épaisseur) qui sont
divisés en bancs horizontaux. Ces blocs de ponces blanches,
quelquefois bleuâtres, sont arrondis vers les bords ; ils renferment du mica jaune et noir, des cristaux effilés d'amphibole
(non de pyroxène) et un peu de feldspath vitreux. J'incline a
croire que les collines de Zumbalica, qui ressemblent beaucoup
à celles de Sirok en Hongrie (Beudant, *Voy. minér.*, *Tom. II,*
p. 22), ne sont pas les parois intérieures d'un ancien volcan
écroulé : les grands blocs, qui ressemblent à des couches fracturées, sont géognostiquement liés aux petits fragmens des assises supérieures ; les uns et les autres ont sans doute été déposés
par les eaux, quoique dans des circonstances bien différentes
de celles qui accompagnent les éruptions actuelles de Cotopaxi.
L'aspect de tous les pays d'alentour nous prouve l'ancienne sphère
d'activité de ce volcan, qui a une hauteur de 2952 toises et un
volume énorme. A l'ouest du volcan, depuis l'Alto de Chisinche
jusqu'à Tacunga, sur plus de quarante lieues carrées, tout le
sol est couvert de pierre-ponce et de trachytes scorifiés.

Il est bien remarquable que le mode d'action volcanique propre à produire des ponces soit restreint, pour ainsi dire, à un
certain nombre de montagnes ignivomes. L'Altar ou Capac-Urcu,
anciennement plus élevé que le Chimborazo, est placé dans la
plaine de Tapia, vis-à-vis du volcan encore actif de Tunguragua.
Le premier a vomi une immense quantité de ponces ; le second
n'en produit pas du tout. Cette même différence existe entre
les deux volcans voisins de la ville de Popayan, le Puracè et le
Sotarà : celui-ci a rejeté à la fois des obsidiennes et des ponces,
tout comme le volcan de Cotopaxi. A Rucu-Pichincha, où je
suis parvenu jusqu'à une des tours trachytiques (hauteur 2491
toises) qui dominent l'immense cratère du volcan, j'ai trouvé
beaucoup de ponces, et pas d'obsidiennes : aussi les ponces de
Sotarà et de Cotopaxi, qui renferment, outre le feldspath vitreux et un peu d'amphibole, de grandes tables hexagones de
mica, ne sont certainement pas dues à l'obsidienne ; elles dif-

férent entièrement de ces ponces vitreuses et capillaires que j'ai
vues couvrir la pente du Pic de Ténériffe.

Les superbes opales de Zimapan, au Mexique, ne paroissent
pas appartenir, comme celles de Hongrie, aux conglomérats trachytiques, mais à des trachytes porphyriques qui renferment des
globules rayonnés de perlite gris-bleuâtre. (§. 23.)

II. Formations basaltiques, comprenant les *basaltes* avec olivine, pyroxène et un peu d'amphibole; les *phonolithes du basalte*, les *dolérites*, l'*amygdaloïde celluleuse*, les *argiles avec grenats-
pyropes*, et les *roches fragmentaires basaltiques* (conglomérats et
scories). Le terrain basaltique se lie d'un coté aux trachytes, dans
lesquels le pyroxène devient progressivement plus abondant que
le feldspath (Cordier, *sur les masses des Roches volcaniques, p.*
25), en partie, et, je crois, d'une manière plus intime, aux
laves des volcans qui ont coulé sous forme de *courant*. Les
phonolithes appartiennent à la fois au terrain trachytique et au
terrain basaltique. Je doute qu'un véritable basalte avec olivine
se trouve intercalé comme couche subordonnée au trachyte. La
phonolithe, qui forme de ces couches dans les trachytes des
Cordillères et de l'Auvergne, n'est que superposée aux basaltes.
Lorsqu'elle ne s'élève pas en pics isolés dans les plaines, elle
couronne généralement les collines basaltiques. L'amphibole et
le pyroxène se trouvent disséminés dans les trachytes et les basaltes; la première de ces substances appartient peut-être même
plus particulièrement aux formations trachytiques. L'olivine caractérise les formations basaltiques, les laves très-anciennes de
l'Europe et les laves très-modernes (courant de 1759) du volcan de Jorullo au Mexique.

Lorsqu'on ne considère que sous le rapport du volume les
groupes de roche trachytique et basaltiques répandues dans les
deux continens, on observe que les grandes masses de ces groupes se trouvent très-éloignées les unes des autres. Les pays qui
abondent le plus en basaltes (la Bohème, la Hesse) n'ont pas

de trachytes, et les Cordillères des Andes, trachytiques sur d'immenses étendues, sont souvent entièrement dépourvues de basaltes. Ni le Chimborazo, ni le Cotopaxi, ni l'Antisana, ni le Pichincha, n'offrent de véritables roches basaltiques; tandis que ces roches, caractérisées par l'olivine, séparées en belles colonnes de trois pieds d'épaisseur, se rencontrent sur le même plateau de Quito, mais loin de ces volcans, à l'est de Guallabamba, dans la vallée du Rio Pisque. Près de Popayan les basaltes ne recouvrent pas les dômes trachytiques de Sotarà et de Puracè; ils se trouvent isolés sur la rive occidentale du Cauca, dans les plaines de Julumito. Au Mexique, le grand terrain basaltique du Vallé de Santiago (entre Valladolid et Guanaxuato), est très-éloigné des volcans trachytiques du Popocatepetl et de l'Orizava. Tous ces basaltes que nous venons de nommer (Guallabamba, Julumito et Santiago) reposent probablement aussi, à de grandes profondeurs, sur un sol trachytique; mais nous ne considérons ici que l'isolement, la séparation des *montagnes* de basaltes et de trachytes.

En général, dans les Cordillères du Mexique, de la Nouvelle-Grenade, de Quito et du Pérou, les formations trachytiques l'emportent, pour la masse, de beaucoup sur les formations basaltiques; ces dernières peuvent même être considérées comme très-rares, en les comparant à celles qui traversent l'Allemagne de l'est à l'ouest, entre les parallèles de 5o° et de 51°. Cette même prépondérance du terrain trachytique sur le terrain basaltique s'observe en Hongrie. « Partout, dit M. Beudant avec beaucoup
« de justesse, partout où les masses de trachyte se sont dévelop-
« pées sur une grande échelle, on ne trouve que des lambeaux
« peu considérables de basalte, et réciproquement, dans les lieux
« où le terrain basaltique est extrêmement développé, il n'existe
« que peu ou même point du tout de trachyte. » (*Voy. minér.*
en Hongrie, t. III., *pag.* 5oo, 587 — 589.) On diroit que ces deux terrains se repoussent; et comme les cratères des volcans encore actifs se sont constamment ouverts dans les trachytes, il

ne faut pas être surpris que ces volcans et leurs laves restent aussi éloignés des basaltes anciens. (Humboldt, *Rel. histor. t. I*, *pag.* 154.)

Malgré cet antagonisme, ou plutôt cette inégalité de développement, que nous avons déjà remarqué dans les granites et les gneis-micaschistes, dans les calcaires et les schistes de transition, dans le grès rouge et le zechstein ou calcaire alpin, les trachytes et les basaltes offrent sur d'autres points du globe les affinités géognostiques les plus intimes. Si les grandes masses basaltiques (Hesse; Forez, Velay et Vivarais, Écosse; Veszprim et lac Balaton) restent géographiquement éloignées des grandes masses de trachytes (Siebengebirge; Auvergne; montagnes de Matra, Vihorlet et Tokay; Cordillère occidentale des Andes de Quito), des lambeaux du terrain basaltique ne s'en trouvent pas moins pour cela superposés à ces mêmes trachytes. (Buch, *Briefe aus Auvergne, p.* 289; Id., *Trapp-Porphyr, p.* 137—141. Ramond, *Niv. géologique, p.* 18, 60 — 73.) Les monts Euganéens (basaltes du Monte Venda près des cônes trachytiques de Monte Pradio, Monte Ortone et Monte Rosso), les penchans des montagnes qui constituent le groupe du Mont Dore, les environs de Guchilaque au Mexique (Cerro del Marquès, 1537 toises) et de Xalapa (Cerro de Macultepec, 788 toises), présentent des exemples frappans de cette réunion des deux terrains feldspathiques et pyroxéniques. Tantôt ce sont des buttes de basalte prismatique qui sortent du terrain de trachyte; tantôt ce sont de larges coulées de basaltes, souvent interrompues et formant des gradins et des plateaux, qui sillonnent et recouvrent ce terrain.

Il résulte de ces observations, que les plus grandes masses de basaltes gisent immédiatement dans les formations primitives intermédiaires et secondaires, tandis que d'autres masses beaucoup moins considérables, d'un tissu entièrement identique, et présentant le plus souvent l'apparence d'anciennes coulées de laves lithoïdes, sont superposées au terrain trachytique. Les uns et les autres enveloppent quelquefois des fragmens de granite, de gneis ou d'une syénite très-abondante en feldspath. Ce même phénomène, comme nous l'avons vu tantôt, s'observe (volcan de Jorullo) dans des laves récentes et d'une époque connue ; mais ces indices incontestables d'une fluidité ignée ne nous autorisent pas à admettre que les montagnes coniques de basaltes, dispersées dans des plaines ou couronnant la crête des montagnes primitives, se soient toutes formées comme les nappes de basalte qui couvrent les trachytes, ou comme les laves lithoïdes basaltiques (avec olivine) de quelques volcans très-modernes. Le mélange des matières qui constituent les roches volcaniques se fait dans l'intérieur du globe, et probablement à d'immenses profondeurs. Des matières analogues et composées des mêmes élémens peuvent venir au jour (paroître à la surface du globe) par des voies très-différentes, tantôt par soulèvement (en cloches, en dômes ou en buttes coniques); tantôt par des crevasses longitudinales, formées dans la croûte du globe ; tantôt par des ouvertures circulaires au sommet d'une montagne. La géognosie des volcans distingue ces modes de formations, et si elle s'oppose à confondre sous le nom de *laves* toutes les roches des terrains trachytiques et basaltiques, c'est parce qu'elle se refuse à admettre que les dômes du Puy de Cliersou, du grand Sarcouy et du Chimborazo, de même que toutes les montagnes coniques de basaltes, soient des portions de courans de laves. Des volcans, en partie très-modernes, ont jeté des laves feldspathiques (Ischia, Solfatare et Pouzzole) et pyroxéniques avec olivine (Jorullo), qui ressemblent aux trachytes et aux basaltes les plus anciens. Souvent des masses volcaniques (laves feldspathiques et pyroxéniques: trachytes; basaltes en cônes isolés) , considérées minéralogiquement, sont les mêmes ; on peut supposer que les circonstances dans lesquelles elles ont été produites dans l'intérieur du globe, différoient très-peu; mais, ce qui les éloigne géognostiquement les unes des autres, c'est la différence marquante dans le mode de leur apparition à la surface du sol.

Parmi le grand nombre d'observations curieuses que présentent les environs du nouveau volcan de Jorullo au Mexique,
aucune ne me paroît plus importante et plus inattendue que
celles qui concernent la double origine des masses basaltiques.
On y voit à la fois de petits cônes de basaltes, composés de
boules à couches concentriques, et un promontoire de laves
basaltiques, lithoïdes et compactes dans l'intérieur, spongieuses
à la surface. Ce courant de laves est une masse noire à très-
petits grains, renfermant, non de l'amphibole ou du pyroxène,
mais indubitablement de l'olivine (péridote granuliforme de
Haüy) et de petits cristaux de feldspath vitreux. M. de Buch a
reconnu, dans des fragmens que j'ai rapportés, outre l'olivine
disséminée (vert d'olive clair, conchoïde et à pièces séparées
grenues), quelques tables hexagones de mica jaune de laiton.
C'est dans ces laves que sont empâtés les fragmens anguleux et
crevassés de syénite granitique dont j'ai déjà parlé plusieurs fois ;
elles tirent probablement leur origine d'un terrain de transition
placé sous le trachyte. Des morceaux extrêmement petits de
trachyte grisâtre, avec feldspath vitreux et cristaux effilés d'amphibole, que nous avons été assez heureux de trouver sur le
bord du cratère au milieu des scories, prouvent même que
l'éruption a agi à la fois à travers la syénite et le trachyte superposé. Les laves s'élèvent jusqu'à 678 pieds d'épaisseur ; et
comme elles se sont épanchées non latéralement, mais du cratère du volcan actuel, c'est en suivant leur courant vers le S.
S. E., que nous avons pu, M. Bonpland et moi, pénétrer, non
sans quelque danger, dans l'intérieur du cratère encore brûlant
pour y recueillir de l'air. Il ne faut pas confondre avec ce courant de laves lithoïdes basaltiques, qui ne sont pas des scories
entassées comme au Monte Novo de Pouzzole, les basaltes en
boules (Kugelbasalt) qui composent les petits cônes appelés
par les indigènes *fours* (hornitos), à cause de leur forme, et
parce qu'ils dégagent, par des crevasses, des filets de vapeurs
aqueuses, mêlées d'acide sulfureux. Il ne peut rester aucun

22

doute, même à l'observateur le moins accoutumé à l'aspect de terrains bouleversés par le feu des volcans, que tout le sol du *Mal-pais*, qui a pour le moins 1,800,000 toises carrées, n'ait été *soulevé*. Là où ce terrain soulevé est contigu à la plaine des *Playas de Jorullo*, qui n'a éprouvé aucun changement et dont il a fait partie jadis, il y a (à l'est de San-Isidoro) un saut brusque de vingt-cinq à trente pieds de hauteur perpendiculaire. Les couches noirâtres et argileuses de *Mal-pais* y paroissent comme fracturées, et offrent, dans une coupe dirigée du N. E. au S. O., des fentes de stratification horizontales et ondulées. Après avoir passé ce saut ou gradin, on s'élève, sur un terrain bombé en forme de vessie, vers la crevasse sur laquelle sont sortis les grands volcans, dont un seul, celui du milieu (*el volcan grande de Jorullo*), est encore enflammé. La convexité de ce terrain est, dans quelques endroits, de 78, en d'autres de 90 toises, c'est-à-dire que le pied du grand volcan, ou plutôt la portion centrale de la plaine du *Mal-pais*, où s'élève brusquement (près de l'ancienne Hacienda de San-Pedro de Jorullo) le Grand Volcan, est à peu près de 510 pieds plus élevé que le bord du *Mal-pais* près du premier saut ou gradin. Toute cette pente du sol bombé est si douce, qu'elle peut echapper à l'attention de ceux qui ne sont pas pourvus d'instrumens propres à la mesurer. C'est, comme disent très-bien les indigènes, un *terrain creux*, une *tierra hueca*. Cette opinion est confirmée par le bruit que fait un cheval en marchant, par la fréquence des crevasses, par des affaissemens partiels, et par l'engouffrement des rivières de Cuitimba et de San-Pedro, qui se perdent à l'est du volcan et reparoissent au jour, comme des eaux thermales de 62° cent., au bord occidental du *Mal-pais*. Ce sont les bancs d'argile noire ou brun-jaunâtre qui ont été soulevés eux-mêmes : la surface du sol n'est couverte que de quelques cendres volcaniques, et aucun entassement de scories ou de déjections sorties d'un cratère n'a causé la convexité du *Mal-pais*. Sur ce terrain soulevé (Sept. 1759) sont sortis

plusieurs milliers de petits cônes ou buttes basaltiques à sommets très-convexes (les *fours* ou *hornitos*). Ils sont tous isolés
et disséminés, de manière que, pour s'approcher du pied du
grand volcan, on passe par des *ruelles* tortueuses (*los callejones
del Mal-pais*). Leur élévation est de 6 à 9 pieds. La fumée
sort généralement un peu au-dessous de la pointe du cône, et
reste visible jusqu'à 5o pieds de hauteur. D'autres filets de
fumée sortent des larges crevasses qui traversent les *ruelles;* ils
sont dus au sol même de la plaine soulevée. En 1780, la chaleur des *hornitos* étoit encore si grande qu'on pouvoit allumer
un cigarre en l'attachant à une perche et en le plongeant à
deux ou trois pouces de profondeur dans une des ouvertures
latérales. Les cônes (*hornitos*) sont uniformément composés de
sphéroïdes de basaltes, souvent aplatis de huit pouces à trois
pieds de diamètre, et enchâssés dans une masse d'argile à couches diversement contournées. L'aspect de ces cônes est absolument le même que celui des buttes coniques de basaltes globuleux (*Kugelbasalt-Kuppen*) que l'on voit si fréquemment en
Saxe, sur les frontières du Haut-Palatinat et de la Franconie,
et surtout dans le Mittelgebirg de la Bohème : la différence ne
consiste que dans les dimensions des buttes. Cependant en
Bohème nous en avons aussi trouvé, M. Freiesleben et moi,
qui étoient parfaitement isolés et n'avoient que 15 à 20 pieds
de hauteur. Le noyau des boules est dans les hornitos, comme
dans les basaltes globulaires anciens, un peu plus frais et plus
compacte que les couches concentriques qui enveloppent le
noyau, et dont j'ai pu compter souvent 25 à 28. La masse
entière de ces basaltes, constamment traversée par des vapeurs
acidules et chaudes, est extrêmement décomposée. Elles n'offrent
souvent qu'une argile noire et ferrugineuse, à taches jaunes et
peut-être trop grandes pour être attribuées à la décomposition
de l'olivine. En approchant l'oreille d'un de ces cônes, on
entend un bruit sourd qui paroit celui d'une cascade souterraine ; il est peut-être causé par les eaux du Rio Cuitamba qui

s'engouffrent dans le *Mal-pais*. Voilà donc bien certainement
des sphéroïdes aplatis de basalte, agglomérés en buttes coniques, qui ont été soulevés de terre de mémoire d'hommes, et
qui ne sont par conséquent ni des lambeaux d'anciens courans
de laves, ni le résultat d'une décomposition de prismes basaltiques articulés, ni celui d'un entassement fortuit de déjections
d'un cratère éloigné. Il est probable que c'est la force élastique
des vapeurs qui a couvert de ces *hornitos*, en forme d'am-
poules, la plaine bombée du *Mal-pais*, tout comme la surface
d'un fluide visqueux se couvre de bulbes par l'action des gaz qui
tendent à se dégager. La croûte qui forme les petits dômes
des *hornitos* est si peu solide, qu'elle s'enfonce sous les pieds
de devant d'un mulet que l'on force d'y monter.

Les faits que je viens d'exposer me paroissent d'autant plus
importans pour la géognosie, qu'il existe dans les terrains basaltiques les plus anciens une grande analogie entre les buttes
isolées de basaltes globuleux et les buttes de basaltes colonnaires. Depuis long-temps des géologues célèbres ont combattu
l'hypothèse qui considère tant de montagnes basaltiques, d'une
forme si régulière et d'un agroupement symétrique, comme
des restes d'un courant, d'une coulée de laves, qui a avancé
progressivement sur un terrain incliné. Il faut distinguer, dans
les plaines de Jorullo, trois grands phénomènes : le soulèvement général du *Mal-pais*, hérissé de plusieurs milliers de
petits cônes basaltiques ; l'entassement des scories et d'autres
matières incohérentes dans les collines les plus éloignées du
grand volcan, et les laves lithoïdes que ce volcan a vomies
sous la forme ordinaire d'un courant. L'intérieur du cratère du
Vésuve offroit, au mois d'Août 1805, époque où je l'ai visité
plusieurs fois, conjointement avec MM. de Buch et Gay-Lussac,
cette même différence entre le fond du cratère soulevé, c'est-à-
dire plus ou moins bombé, selon que l'on s'approchoit de
l'époque de la grande éruption, et les cônes de scories désagrégées qui se forment autour de plusieurs soupiraux enflammés.

Ce sont ces accumulations de, matières incohérentes seules qui ressemblent au Monte Novo de Pouzzole. La croûte de laves qui constitue le fond des cratères, s'élève ou s'abaisse comme un plancher mobile (Buch, *Geogn. Beob.*, *T. II*, *p.* 124). Au Vésuve, ce fond étoit tellement bombé (en 1805), que sa partie centrale dépassoit le niveau du bord méridional du volcan. L'*intumescence* que l'on observe périodiquement dans les cratères accessibles des volcans enflammés, au fond de la vallée circulaire ou alongée qui termine leurs sommets, présente une analogie frappante avec le *terrain soulevé du Mal-pais* de Jorullo : il en présente vraisemblablement aussi avec ces îlots volcaniques qui paroissent comme des *roches noires* au-dessus de la surface de l'Océan, avant de se crevasser et de lancer des flammes. Il paroît que M. d'Aubuisson n'a pas eu occasion de consulter les coupes que j'ai publiées du volcan de Jorullo (Humboldt, *Essai politique*, T. I, p. 253. Id., *Nivellement barom. des Andes*, n.° 370 — 374. Id., *Vue des Cordillères, p.* 242, *pl.* 43. Id., *Atlas géographique et physique du Voyage aux rég. équin.*, *pl.* 28 *et* 29), lorsque, dans son intéressant *Traité de géognosie*, *T. I*, *p.* 264, il suppose que j'ai confondu un terrain soulevé avec un entassement de déjections dont l'épaisseur augmente à mesure qu'on approche de la bouche volcanique.

La composition du basalte, ou plutôt la fréquence plus ou moins grande de certaines substances cristallisées, disséminées dans les basaltes, varie dans les différentes parties de l'Amérique équinoxiale, comme dans celles de l'Europe. L'olivine, si commune dans les basaltes d'Allemagne, de France et d'Italie, est très-rare, d'après MM. Macculloch et Boué, dans l'ouest de l'Écosse et le nord de l'Irlande. L'amphibole abonde en grands cristaux, en Saxe (Oberwiesenthal et Carlsfeld), en Bohème, dans le pays de Fulde et en Hongrie (Medwe), tandis qu'elle manque le plus souvent dans les basaltes d'Auvergne et des Canaries. Le feldspath vitreux et l'olivine se trouvent presque constamment associés dans le terrain basaltique du Mexique et de la Nouvelle-Grenade; souvent (Valle de Santiago, Alberca de Palangeo) l'amphibole et le pyroxène manquent : d'autres fois (Cerro del Marquès., au-dessus de San-Augustin de las Cuevas; Chichimequillo près Silao) le basalte renferme à la fois de l'olivine, du feldspath vitreux, de l'amphibole et du pyroxène. Dans la belle vallée de Santiago (Nouvelle-Espagne) l'hyalite est si commune que, par une prédilection bien difficile à expliquer, les fourmis en recueillent partout où le basalte se décompose, et la transportent dans leurs nids. Je n'ai jamais vu de très-grandes masses d'olivine dans la Cordillère des Andes : celles de l'Europe appartiennent plus particulièrement aux brèches basaltiques (Weissenstein près de Cassel; Kapfenstein en Styrie).

Les formations d'argiles et de marnes que nous avons indiquées dans le tableau précédent comme appartenant au terrain volcanique, méritent beaucoup d'attention dans la Cordillère des Andes, dans l'Archipel des îles Canaries et dans le Mittelgebirge de la Bohème (Trzeblitz, Hruvka). Dans ces trois régions, que j'ai visitées successivement, l'argile ne m'a point paru accidentellement englobée dans la masse liquide, comme c'est le cas quelquefois dans l'argile plastique (grès à lignites, §. 35) au-dessus de la craie, ou dans les calcaires secondaire et tertiaire (calcaire du Jura et calcaire grossier) du Vicentin, que j'ai trouvés enchâssés par fragmens anguleux dans le basalte, et qui pénètrent tellement dans les basaltes que ces derniers mêmes font effervescence avec les acides. Les marnes argileuses des Cordillères (Cascade de Regla et chemin de Regla à Totomilco el grande; Guchilaque, au nord de Cuernavaca; Cubilete près Guanaxuato) et celles de l'île de la Graciosa (près Lancerote) alternent avec les couches de basaltes, et sont peut-être d'une formation contemporaine, comme les argiles schisteuses qui alternent avec le calcaire alpin (Humboldt, *Relat. hist.*, *T. 1, p.* 88). Leur position même semble prouver qu'ils ne sont pas dus à la décomposition des basaltes. On y trouve souvent des

cristaux de pyroxène et des grenats-pyropes. Je ne déciderai pas
si les masses d'argile qui entourent, dans les Andes de la Nouvelle - Grenade (entre Popayan, Quilichao et Almaguer), ces
immenses amas de boules de dolérites et de grünstein à feldspath vitreux et fendillé, appartiennent aux formations de basaltes, ou aux syénites et porphyres du terrain de transition ;
mais, ce qui est indubitable, c'est que les bancs d'argile (*tepetate*) qui rendent stérile une partie de la belle province de
Quito, sont sortis du flanc des volcans, non mêlés à des matières en fusion, mais suspendus dans l'eau. Les inondations
qui accompagnent toujours les éruptions du Cotopaxi, de Tunguragua et d'autres volcans encore enflammés des Andes, ne
sont pas dues, comme au Vésuve (*Mémoires de l'Académie*, 1754,
p. 18), aux torrens d'eaux pluviales que répandent les nuages
qui se forment pendant l'éruption (par le dégagement de la
vapeur d'eau dans le cratère) ; elles sont principalement le résultat de la fonte des neiges et des lentes infiltrations qui ont
lieu sur la pente des volcans, dont la hauteur dépasse 2460
toises (celle de la limite des neiges perpétuelles). Les secousses
de violens tremblemens de terre, qui ne sont pas toujours sui-
vies d'éruptions de flammes, ouvrent des cavernes remplies
d'eau, et ces eaux entraînent des trachytes broyés, des argiles,
des ponces et d'autres matières incohérentes. C'est là peut-être
ce que l'on pourroit appeler des *éruptions boueuses*, si cette
dénomination ne rapprochoit pas trop un phénomène d'inon-
dation des phénomènes essentiellement volcaniques. Lorsque
(le 19 Juin 1698) le pic du Carguairazo s'affaissa, plus de
quatre lieues carrées d'alentour furent couvertes de *boues argileuses*, que dans le pays l'on appelle *lodazales*. De petits poissons, connus sous le nom de *preñadillas* (*Pimelodes cyclopum*),
et dont l'espèce habite les ruisseaux de la province de Quito,
se trouvoient enveloppés dans les éjections liquides du Carguairazo. Ce sont là les poissons que l'on dit lancés par les
volcans, parce qu'ils vivent par milliers dans des lacs souter-

rains, et parce que, au moment des grandes éruptions, ils sortent par des crevasses, entraînés par l'impulsion de l'eau boueuse
qui descend sur la pente des montagnes. Le volcan presque
éteint d'Imbaburu a vomi, en 1691, une si grande quantité
de *preñadillas*, que les fièvres putrides qui régnoient à cette
époque, furent attribuées aux miasmes qu'exhaloient les poissons. (Humboldt, *Recueil d'observ. de zoologie et d'anatomie comparée*, T. I, p. 22, et T. II, p. 150.)

La dolérite du terrain basaltique (D'Aubuisson, *Journ. des
mines*, T. XVIII, p. 197; Leonhard et Gmelin, *vom Dolerit*,
p. 17 — 35) est très-rare dans les Cordillères, qui abondent
plutôt en roches trachytiques dans lesquelles le feldspath prédomine sur le pyroxène. Je pense cependant qu'une dolérite
que j'ai trouvée dans le chemin d'Ovexcras aux sources chaudes
de Comangillo près de Guanaxuato, appartient aux basaltes de
la Caldera et d'Aguas buenas, et non à de véritables trachytes.
Il y a de même quelque incertitude sur le gisement des phonolites, lorsqu'elles se trouvent isolées ou éloignées de montagnes
basaltiques et trachytiques. Cet isolement caractérise les phonolithes du Peñon, qui forment un écueil dans le Rio Magdalena, et qui paroissent immédiatement superposées au granite
de Banco; les phonolithes que j'ai vues percer la couche de
sel gemme de Huaura (Bas-Pérou, près des côtes de la mer du
Sud); enfin celles qui s'élèvent au bord septentrional des
steppes de Calabozo (Cerro de Flores). Les dernières sont géognostiquement liées à de l'amygdaloïde pyroxénique, alternant
avec un grünstein de transition (Humboldt, *Rel. hist.*, T. I,
p. 154). Les amygdaloïdes celluleuses (tezontli), renfermant
du feldspath vitreux, des pyroxènes et de la lithomarge, sont
le plus répandues sur le plateau central de la Nouvelle-Espagne.
Elles sont tantôt recouvertes par des basaltes, tantôt elles
forment (Cuesta de Capulalpan) des boules de deux à trois
pieds d'épaisseur, réunies en cônes ou buttes hémisphériques
et superposées à des porphyres de transition.

III. Laves sorties d'un cratère sous forme de courans. *Laves lithoïdes feldspathiques, semblables aux trachytes. Laves basaltiques. Obsidiennes des laves. Ponces vitreuses des obsidiennes.* Nous avons déjà rappelé plus haut combien les véritables courans de laves sont rares dans les Cordillères. Celles que j'ai vues sont dues à des éruptions latérales d'Antisana, du Popocatepetl et du Jorullo. Beaucoup de courans (*Mal-pais*) sont sortis de bouches volcaniques qui se sont refermées et qu'il est impossible de reconnoître aujourd'hui. D'autres courans dirigés sur un même point, se confondent les uns avec les autres : ils se présentent en larges nappes, semblables à des roches pyroxéniques beaucoup plus anciennes. Dans les laves de la vallée de Tenochtitlan (entre San-Augustin de las Cuevas et Coyoacan) l'amphibole est beaucoup moins rare que dans les laves d'Europe. Un minéralogiste mexicain très-instruit, M. Bustamante, les a soumises récemment avec succès à l'analyse mécanique, d'après la méthode ingénieuse exposée par M. Cordier. (*Semanario de Mexico*, 1820, *n.° XX, p.* 80 — 90.)

IV. Tufs des volcans, souvent pétris de coquilles.

V. Formations locales calcaires et gypseuses superposées aux tufs volcaniques, au terrain basaltique (mandelstein) ou aux trachytes. Je compte parmi ces formations très-modernes, dans le plateau de Quito, les gypses feuilletés de Pululagua, le gypse argileux et fibreux de Yaruquies, les argiles schisteuses carburées et vitroliques de San-Antonio, les argiles salifères (?) de la Villa de Ibarra, les sables avec lignites du Llano de Tapia (au pied du Cerro del Altar), et les tufs calcaires (*caleras*) de Agua santa. Dans les îles Canaries, des formations calcaires oolithiques et gypseuses sont aussi subordonnées aux tufs volcaniques (Lancerote et Fortaventura). On ne peut indiquer l'âge relatif de ces petits dépôts en les comparant à la craie ou aux formations tertiaires les plus modernes (§§. 37 — 39) : nous les avons placés ici selon l'ordre de leur gisement au-dessus des

roches volcaniques. En Hongrie, d'après l'intéressante observation de M. Beudant, un grès à lignite (S. 35), superposé au
conglomérat trachytique (Dregelé), au conglémerat ponceux
(Palojta) et même au trachyte (Tokai), est recouvert, à son
tour, ou de calcaire grossier (S. 36) du terrain tertiaire, ou
de calcaire d'eau douce, ou enfin de coulées basaltiques.

Telles sont les formations principales du terrain pyrogène,
dues à des soulèvemens, ou à un épanchement latéral, ou à
de simples éjections. Nous nous bornons à l'indication des faits,
sans aborder des problèmes dont les données sont encore trop
imparfaitement connus. Nous craindrions qu'on appliquât avec
raison à la géognosie ce que Montaigne dit d'un certain genre
de philosophie : « Elle vient de ce que nous avons l'esprit
« curieux et de mauvais yeux. »

TABLEAU

DES FORMATIONS OBSERVÉES DANS LES DEUX HÉMISPHÈRES (1822).

[Des chiffres romains précèdent les noms des formations qui, rarement supprimées et par conséquent le plus généralement répandues, peuvent servir d'horizon géognostique. On a indiqué en même temps les §§. et les pages où se trouvent les descriptions.]

INTRODUCTION renfermant quelques principes de philosophie géognostique, p. 1.—64.

TERRAINS PRIMITIFS.

Vues générales, p. 64.

I. GRANITE PRIMITIF, §. 1, pag. 65 — 67.
    GRANITE ET GNEIS PRIMITIFS, §. 2, p. 67.
    GRANITE STANNIFÈRE, §. 3, p. 67, 68.
    WEISSTEIN AVEC SERPENTINE, §. 4, p. 68.

II. GNEIS PRIMITIF, §. 5, p. 68 — 72.
    GNEIS ET MICASCHISTE, §. 6, p. 72 — 74.
    GRANITES POSTÉRIEURS AU GNEIS, ANTÉRIEURS AU MICASCHISTE PRIMITIF, §. 7, p. 74 — 77.
    SYÉNITE PRIMITIVE ? §. 8, p. 77, 78.

[Les cinq dernières formations, placées entre le gneis et le micaschiste primitifs, sont des formations parallèles.]

    SERPENTINE PRIMITIVE ? §. 9, p. 78.
    CALCAIRE PRIMITIF ? §. 10, p. 79.

III. MICASCHISTE PRIMITIF, §. 11, p. 79 — 84.
    GRANITE POSTÉRIEUR AU MICASCHISTE, ANTÉRIEUR AU THONSCHIEFER, §. 12, p. 84, 85.
    GNEIS POSTÉRIEUR AU MICASCHISTE, §. 13, p. 85.
    GRÜNSTEIN-SCHIEFER ? §. 14, p. 85.

IV. Thonschiefer primitif, S. 15, p. 85 — 88.

    Roche de Quarz primitive (avec masses de fer oligiste métal-
    loïde), S. 16, p. 88 — 93.

    Granite et Gneis postérieur au Thonschiefer, S. 17, p. 93.
    Porphyre primitif? S. 18, p. 93, 94.

V. Euphotide primitive, postérieure au Thonschiefer, S. 19, p.
    94 — 97.

[Les quatre dernières formations sont des formations parallèles entre elles, quelquefois même au Tonschiefer primitif.]

Terrains de transition.

Vues générales, p. 97 — 101 et 104 — 108. Types de super-
    positions locales, p. 101 — 103.

I. Calcaire grenu talqueux, Micaschiste de transition, et Grau-
    wacke avec Anthracite, S. 20, p. 109 — 113.

II. Porphyres et Syénites de transition, recouvrant immédiatement
    les roches primitives, Calcaire noir et Grünstein, S. 21, p.
    114 — 139.

III. Thonschiefer de transition, renfermant des Grauwackes, des
    Grünstein, des Calcaires noirs, des Syénites et des por-
    phyres, S. 22, p. 140 — 160.

IV et V. Porphyres, Syénites et Grünstein postérieurs au Thon-
    schiefer de transition, quelquefois même au Calcaire a or-
    thocératites, SS. 23, 24, p. 160 — 192.

VI. Euphotide de transition, S. 25, p. 192.

TERRAINS SECONDAIRES.

Vues générales, p. 197.

I. GRAND DÉPÔT DE HOUILLE, GRÈS
ROUGE ET PORPHYRE SECONDAIRE
(avec Amygdaloïde, Grünstein
et Calcaires intercalés), S. 26,
p. 198 — 223.

ROCHE DE QUARZ SECONDAIRE, S. 27,
p. 223 — 225.

[Cette dernière formation est parallèle au
grès houiller.]

II. ZECHSTEIN OU CALCAIRE ALPIN
(Magnesian limestone); GYPSE
HYDRATÉ ; SEL GEMME, S. 28, p.
225 — 258.

Les cinq formations suivantes, très-inégalement développées, peuvent être comprises
sous le nom général de

III. DÉPÔTS ARÉNACÉS ET CALCAIRES
(marneux et oolithiques), placés entre le zechstein et la craie,
et liés à ces deux terrains, p.
259.

ARGILE ET GRÈS BIGARRÉ (Grès à
oolithes ; Grès de Nebra ; New
red sandstone et red marl) AVEC
GYPSE ET SEL GEMME, S. 29, p.
260 — 264.

MUSCHELKALK (Calcaire coquillier;
Calcaire de Gœttingue), S. 30,
p. 264 — 267.

QUADERSANDSTEIN (Grès de Kœnigstein), S. 31, p. 267 — 269.

CALCAIRE DU JURA (Lias, Marnes et
grands dépôts oolithiques, S. 32,
p. 269 — 281.

TERRAINS (exclusivement)
VOLCANIQUES.

Vues générales, p. 304 — 318.

I. FORMATIONS TRACHYTIQUES, p.
318 — 333.

TRACHYTES GRANITOÏDES ET SYÉNI-
TIQUES.

TRACHYTES PORPHYRIQUES (feldspathiques et pyroxéniques).

PHONOLITHES DES TRACHYTES.

TRACHYTES SEMI-VITREUX.

PERLITES AVEC OBSIDIENNE.

TRACHYTES MEULIÈRES, celluleuses
avec nids siliceux.

(Conglomérats trachytiques
et ponceux, avec alunites,
soufre, opale et bois opalisé).

II. FORMATIONS BASALTIQUES, p.
333 — 344.

BASALTES AVEC OLIVINE, PYROXÈNE
ET UN PEU D'AMPHIBOLE.

PHONOLITHES DES BASALTES.

DOLÉRITES.

MANDELSTEIN CELLULEUX.

ARGILE AVEC GRENATS-PYROPES.

(Cette petite formation semble liée à l'argile avec lignites du terrain tertiaire
sur lequel se sont souvent
répandues des coulées de
basalte.)

GRÈS ET SABLES FERRUGINEUX, ET GRÈS ET SABLES VERTS, GRÈS SECONDAIRES A LIGNITES (Ironsand et Greensand), S. 33, p. 281 — 284.

IV. CRAIE, S. 34, p. 284 — 287.

TERRAINS TERTIAIRES.

Vues générales, p. 287 — 291.

I. ARGILES ET GRÈS TERTIAIRE A LIGNITES (Argile plastique, Molasse, et Nagelfluhe d'Argovie), S. 35, p. 291 — 297.

II. CALCAIRE DE PARIS (Calcaire grossier ou Calcaire à cérites, formation parallèle à l'argile de Londres et au Calcaire arénacé de Bognor), S. 36, p. 297 — 301.

III. CALCAIRE SILICEUX, GYPSE A OSSEMENS, ALTERNANT AVEC DES MARNES (Gypse de Montmartre), S. 37, p. 301 — 303.

IV. GRÈS ET SABLES SUPÉRIEURS AU GYPSE A OSSEMENS (Grès de Fontainebleau), S. 38, p. 303.

V. TERRAIN LACUSTRE AVEC MEULIÈRES POREUSES, SUPÉRIEUR AU GRÈS DE FONTAINEBLEAU (Calcaire à lymnées), S. 39, p. 303, 304.

CONGLOMÉRATS ET SCORIES BASALTIQUES.

III. LAVES SORTIES D'UN CRATÈRE VOLCANIQUE (Laves anciennes, larges nappes, généralement abondantes en feldspath. Laves modernes à courans distincts et de peu de largeur. Obsidiennes des laves et Ponces des obsidiennes), p. 345.

IV. TUFS DES VOLCANS AVEC COQUILLES, p. 345.

(Dépôts de calcaire compacte, de marnes, d'argiles avec lignites, de gypse et d'oolithes, superposés aux tufs volcaniques les plus modernes. Ces petites formations locales appartiennent peut-être aux terrains tertiaires. Plateau de Riobamba; îles de Fortaventura et Lancerote).

Pour s'élever à des idées plus générales, et pour mieux comprendre les *rapports de superposition* indiqués dans le tableau des roches, on peut se servir d'une *méthode pasigraphique*, dont il sera utile de rappeler ici les principes fondamentaux. Cette mé-

thode est double : elle est ou *figurative* (graphique, imitative),
représentant les couches superposées par des parallélogrammes
placés les uns sur les autres; ou *algorithmique*, indiquant la
superposition des roches et l'âge de leur formation, comme des
termes d'une série.

La première méthode est celle que j'ai suivie dans les *Tables
de pasigrafia geognostica*, que je traçai, en 1804, pour l'usage
de l'école des mines de Mexico; c'est celle que l'on désigne assez
généralement sous le nom de *coupes des terrains*. Elle offre l'avantage de parler plus vivement aux yeux, et d'exprimer *simultanément dans l'espace* deux séries ou systèmes de roches qui couvrent une même formation. Elle offre des moyens faciles pour
indiquer les *équivalens géognostiques* ou *roches parallèles*, de
même que le cas où, par la suppression locale de la formation
β, la formation α supporte immédiatement γ. Deux roches parallèles, par exemple, le thonschiefer et la roche de quarz
(page 91), superposées toutes les deux à du micaschiste primitif, sont représentées dans la méthode figurative par deux
parallélogrammes de même hauteur placés sur un troisième.
Les noms des roches sont inscrits dans les parallélogrammes, ou,
comme on le verra plus bas, on caractérise ceux-ci, en les couvrant de hachures ou d'une espèce de réseau différemment modifié, selon que les roches représentées graphiquement passent ou
ne passent pas les unes aux autres. Par la suppression locale du
grès de Nebra (grès bigarré) et du calcaire de Gœttingue (muschelkalk), le calcaire du Jura peut reposer d'une part immédiatement (pages 269 et 281) sur le calcaire alpin (zechstein), tandis
que d'un autre côté on voit suivre, de bas en haut, le calcaire
alpin, le muschelkalk, le grès bigarré et le calcaire du Jura. Ces
rapports de gisement seront exprimés dans une coupe idéale,
en retranchant de la partie inférieure du parallélogramme qui
représente le calcaire jurassique, d'un seul côté, un quadrila-
tère représentant les deux formations du muschelkalk et du grès
bigarré.

La seconde méthode, qui procède par series et qu'on pourroit appeler *algorithmique*, indique les roches, non d'une manière imitative, non par *l'étendue figurée*, mais par une *notation*
spéciale. Toute la géognosie de gisemens étant un problème de
séries ou de succession, simple ou périodique, de *certains termes*,
les diverses formations superposées peuvent être exprimées par
des caractères généraux, par exemple, par les lettres de l'alphabet. Ces notations, appliquées à différentes parties de la physique générale dans lesquelles on examine la *juxtaposition* des
choses, ne sont pas des jeux de l'esprit. Dans la géognosie positive, elles ont le grand avantage de fixer l'attention sur les
rapports les plus généraux de *position relative*, d'*alternance* et
de *suppression* de certains termes de la série. Plus on fera abstraction de la valeur des signes (de la composition et de la structure des roches), mieux on saisira, par la concision d'un langage pour ainsi dire algébrique, les rapports les plus compliqués
du gisement et du retour périodique des formations. Les signes
α, β, γ, ne seront plus pour nous du granite, du gneis et du
micaschiste; du grès rouge, du zechstein et du grès bigarré; de
la craie, du grès tertiaire à lignites, et du calcaire parisien : ce
ne seront que des termes d'une série, de simples abstractions
de l'entendement. Nous sommes loin de prétendre que le géognoste ne doive pas étudier, jusque dans ses rapports les plus
intimes, la composition minéralogique et chimique des roches,
la nature de leur tissu cristallin ou de leurs masses; nous vou-

---

1 Avant la grande découverte de la pile de Volta, j'avois, dans mon
ouvrage sur *l'Irritation de la fibre nerveuse*, indiqué par une notation
particulière quels etoient les cas où, dans une chaîne de métaux hétérogènes et de parties humides interposées, l'excitation musculaire avoit
lieu, quels étoient les cas où le courant galvanique étoit arrêté. La
simple inspection des series et de la position respective des termes
(élémens de la pile) pouvoit faire juger du résultat de l'expérience.
(Humboldt, *Versuche über die gereizte Muskel- und Nervenfaser*, T. I,
p. 236.)

lons seulement qu'on fasse abstraction de ces phénomènes lorsqu'il ne s'agit que de la *succession* et de l'*âge relatif.*

Si les lettres de l'alphabet représentent ces roches superposées,
des deux séries,

$$\alpha, \beta, \gamma, \delta \ldots \ldots$$
$$\alpha, \alpha\beta, \beta, \beta\gamma, \gamma, \delta \ldots \ldots,$$

la première indique la succession des formations simples et
indépendantes : granite, gneis, micaschiste, thonschiefer ou
muschelkalk, grès de Königsstein (quadersandstein), calcaire
jurassique et grès vert à lignites (sous la craie). La seconde indique l'alternance de formations *simples* avec des formations
complexes : granite, granite-gneis, gneis, gneis-micaschiste, micaschiste, thonschiefer (pages 65, 67); ou, pour donner un
exemple tiré de terrains de transition (page 99), calcaire à
orthocératites, calcaire alternant avec du schiste, schiste de transition seul, schiste et grauwacke, grauwacke seul, porphyre de
transition. . . . . . Dans les formations *complexes* , c'est-à-dire,
dans celles qui offrent l'alternance périodique de plusieurs couches,
on distingue quelquefois trois roches différentes, qui ne passent
pas les unes aux autres dans le même groupe ,

$$\text{ou} \quad \alpha, \beta, \alpha\beta\gamma, \gamma \ldots \ldots$$
$$\alpha\beta\gamma, \alpha\beta\delta, \beta\alpha\varepsilon \ldots \ldots,$$

selon que dans le terrain de transition des couches alternantes
de granite, de gneis et de micaschiste; dans le terrain de transition, des couches alternantes de grauwacke, de schiste et de
calcaire, ou de grauwacke, de schiste et de porphyre , ou de
schiste, de grauwacke et de grünstein, constituent une même
formation. Dans le terrain de transition, comme nous l'avons
exposé plus haut, le thonschiefer ou le grauwacke seuls ne sont
pas les termes de la série. Ces termes sont tous complexes; ce
sont des groupes, et le grauwacke appartient à la fois à plusieurs de ces groupes. Il en résulte, que le terme *formation de*

23

grauwacke n'a rapport qu'à la prédominance de cette roche dans son association avec d'autres roches.

Tous les terrains offrent l'exemple de formations indépendantes qui *préludent* comme couches subordonnées. Si $\alpha\beta\gamma$, ou $\alpha\beta$, $\beta\gamma$ indiquent des formations complexes de granite, gneis et mica-schiste, ou de granite et gneis, de thonschiefer et porphyre, de porphyre et syénite, de marne et de gypse, c'est-à-dire, des formations dans lesquelles des couches de deux et même de trois roches alternent indéfiniment; $\alpha + \beta$, $\beta + \gamma$, indiqueront que le gneis fait simplement une couche dans le granite, le porphyre dans le schiste, etc. Alors

$$\alpha, \ \alpha + \beta, \ \beta, \ \beta + \gamma, \ \gamma \ \cdot \ \cdot \ \cdot$$

exprime le phénomène curieux de formations qui *préludent*, qui s'annoncent d'avance comme des bancs subordonnés. Ces bancs rappellent tantôt des termes qui précèdent (*roches de dessous*), tantôt les termes qui suivent (*roches de dessus*). Ainsi nous aurons:

$$\alpha, \ \beta, \ \beta + \alpha, \ \beta, \ \beta + \gamma, \ \gamma \ \cdot \ \cdot \ \cdot \ \cdot$$

Les porphyres et syénites grenues du terrain de transition pénètrent dans le grès rouge et y forment des couches subordonnées. Si le gisement des formations de la vallée de Fassa est tel qu'on l'a récemment annoncé (pag. 256), un terme précédent (la syénite) déborde jusque dans le calcaire alpin ou zechstein; c'est le cás dans la série:

$$\alpha, \ \beta + \alpha, \ \gamma + \alpha, \ \delta \ \cdot \ \cdot \ \cdot \ \cdot$$

Lorsqu'on veut appliquer la notation pasigraphique jusqu'aux élémens des roches composées, cette notation peut indiquer aussi comment, par l'augmentation progressive d'un des élémens de la masse, surtout par l'isolement des cristaux, il se forme des couches par une espèce de *développement intérieur* :

$$abc, \ abc^2, \ abc^3 \ \cdot \ \cdot \ \cdot \ \cdot \ abc + b.$$

Nous avons préféré, dans ce cas particulier (bancs de feld-spath dans le granite, bancs de quarz dans le micaschiste ou dans le gneis, bancs d'amphibole dans la syénite, bancs de pyroxène dans une dolérite de transition), les lettres de l'alphabet romain à celles de l'alphabet grec, pour ne pas confondre les élémens d'une roche (.feldspath, quarz, mica, amphibole, pyroxène) avec les roches qui entrent dans la composition des formations complexes.

Jusqu'ici nous avons montré comment, en faisant entièrement abstraction de la composition et des propriétés physiques des roches, la *notation pasigraphique* peut réduire à une grande simplicité les problèmes de gisement les plus compliqués. Cette notation indique comment les mêmes couches subordonnées (le sel gemme dans le zechstein et dans le red marl, §§. 28 et 29; les houilles dans le grès rouge, le zechstein et le muschelkalk) passent à travers plusieurs formations superposées les unes aux autres :

$$\alpha + \mu, \ \beta + \mu, \ \gamma, \ \delta + \mu \ . \ . \ . \ .$$

Elle rappelle aussi le retour des formations feldspathiques et cristallines dans les terrains de transition et de grès rouge (Nor-vége, Écosse); retour qui est analogue à celui du granite après le gneis et après le micaschiste primitif :

$$\alpha, \ \beta, \ \alpha, \ \gamma, \ \delta \ . \ . \ . \ . \ . \ \varkappa, \ \lambda, \ \alpha, \ \beta \ . \ . \ .$$

Les premiers termes de la série reparoissent, même après un long intervalle, après le grauwacke et le calcaire à or-thocératites, c'est-à-dire, après les roches *fragmentaires* et *co-quillières*.

En terminant cet ouvrage, je vais montrer que, si l'on donne moins de généralité à la notation et si on la modifie d'après quelques considérations physiques (de structure et de composi-tion), on peut, par le moyen de douze signes géognostiques, présenter les phénomènes de gisement les plus importans des terrains primitifs, intermédiaires, secondaires et tertiaires. Ces douze signes embrassent sept séries de roches, savoir : les micaschistes (et leurs modifications d'un côté en granite et gneis, de l'autre en thonschiefer), les euphotides, les amphiboliques (grünstein, syénites), les porphyres, les calcaires et les roches fragmentaires. On y a ajouté des caractères pour les grands dépôts de houilles et de sel gemme, qui servent à *orienter* les géognostes, leur position indiquant celle du grès rouge et du calcaire alpin.

Tableau et valeur des signes.

α, Granite.

β, Gneis.

γ, Micaschiste.

δ, Thonschiefer.

On a employé les quatre premières lettres de l'alphabet pour désigner les quatre formations primitives les plus anciennes. Comme ces formations passent graduellement les unes aux autres, on a choisi des lettres qui se succèdent immédiatement dans l'ordre alphabétique. Le granite passe au gneis, le gneis au micaschiste, celui-ci au thonschiefer. D'autres formations (porphyre, grünstein, euphotide) paroissent pour ainsi dire isolées, souvent comme *surajoutées* aux terrains plus anciens, aussi les a-t-on représentées par des lettres qui ne se succèdent pas immédiatement entre elles, et qui ne font pas suite aux lettres α, β, γ, δ. C'est par ce moyen que les formations qui se lient moins aux autres que quelquefois (euphotide et grünstein) elles se lient entre elles, se distinguent dans l'écriture pasigraphique d'une manière aussi tranchée que dans la nature.

o, Ophiolithes, euphotide, gabbro et serpentine; en général toutes les formations abondantes en diallage.

σ, Syénite, grünstein; en général toutes les formations abondantes en amphibole.

π, Porphyre. On voit quelquefois π passer à σ, et σ passer à o.

τ, Formations calcaires et gypseuses ($\tau\iota\tau\alpha\nu\sigma\varsigma$). Si l'on veut

individualiser davantage les formations calcaires, on peut distinguer les primitives (τ), et celles qui renferment des débris organiques (τ'); on peut même, par des exposans, indiquer séparément le calcaire de transition (τ^t), le calcaire
alpin ou zechstein (τ^a), le calcaire de Gœttingue ou muschelkalk (τ^m), le calcaire du Jura ou la grande formation oolithique (τ^o), la craie (τ^c), le calcaire grossier parissien (τ^p), etc.

$\varkappa$, Roches fragmentaires, arénacées, agrégées, conglomérats,
grauwacke, grès, brèches, roches clastiques de M. Brongniart
($\varkappa\lambda\alpha\sigma\mu\alpha$).

L'accentuation ($\varkappa'$) indique, comme dans τ, que le grès est
coquillier. On peut distinguer les grauwackes ou roches fragmen-
taires de transition ($\varkappa^g$); le grès rouge ($\varkappa^a$), renfermant le grand
dépôt de houille (anthrax); le grès bigarré ou grès de Nebra ($\varkappa^n$);
le grès de Kœnigstein ou quadersandstein ($\varkappa^q$); le grès vert ou grès
tertiaire à lignites, sous la craie ($\varkappa^i$); le grès plus abondant en lignites, au-dessus de la craie ($\varkappa^{a^i}$); le grès de Fontainebleau ($\varkappa^f$),
etc. Une bonne notation doit avoir l'avantage de pouvoir modi-
fier la valeur des signes selon que l'on s'arrête à des divisions diversement graduées. Les exposans font allusion aux noms des
roches.

ξ, Houille, dont le plus grand dépôt se trouve à l'entrée
du terrain secondaire : le même signe accentué (ξ') indique
les lignites, dont le grand dépôt est placé à l'entrée du terrain tertiaire et qui sont quelquefois des houilles coquillières
($\xi\nu\lambda o\nu$).

ϑ, Sel gemme, dont la formation principale se trouve
tantôt dans le calcaire alpin, tantôt dans le red marl ou grès
bigarré. Ne pouvant employer la première lettre du mot grec
$\dot\alpha\lambda\varsigma$ (elle indique déjà le granite), j'ai fait allusion à $\vartheta\alpha\lambda\alpha\sigma\sigma\alpha$.

||, La division des formations, anciennement reçue, en
terrain primitif, intermédiaire, secondaire, etc., est indiquée
par deux *barres* perpendiculaires. Lorsque les séries géognostiques
ont des termes très-nombreux. ce signe offre comme des points

23.

de repos. Le géognoste expérimenté sait d'avance où est placée la première roche de transition, le grès houiller, ou la craie. L'accentuation d'un caractère (δ', τ', $\varkappa'$) rappelle en général qu'une roche renferme des débris de coquilles, qu'elle n'est pas primitive.

Voici quelques exemples de l'emploi de ces douze signes pasigraphiques des roches :

$$\alpha, \; \gamma + \pi, \; \delta\tau', \; \varkappa', \; \pi, \; \sigma, \; \alpha.$$

Le terrain de transition commence après $\gamma + \pi$ (le micaschiste avec des bancs de porphyre primitif). C'est presque la suite des formations de Norwége (page 103). On voit suivre une formation complexe de thonschiefer et de calcaire (noir) avec débris de coquilles, du grauwacke, un porphyre, de la syénite et du granite. Les termes $\delta\tau'$ et $\varkappa'$, qui précèdent $\pi, \sigma, \alpha,$ caractérisent ces trois roches comme des roches de transition. En Angleterre, où le terrain intermédiaire offre deux formations calcaires bien distinctes (celle de Dudley et du Derbyshire), on voit se succéder :

$$\beta, \; \sigma\pi, \; \delta', \; \varkappa^g, \; \tau', \; \varkappa^g, \; \tau', \; \xi, \; \varkappa^a, \; \tau^a, \; \varkappa^n + \vartheta, \; \tau^o, \; \varkappa^l, \; \tau^c, \; \varkappa^{2l} \ldots$$

Le terrain de transition commence avec la formation de syénite et porphyre (Snowdon), placé sur un gneis qu'on croit primitif; puis se suivent : un thonschiefer avec trilobites, le grauwacke de May-Hill, le calcaire de transition de Longhope, le old red sandstone de Mitchel Dean, le mountain limestone de Derbyshire; la grande formation de houille, le new red conglomerate qui représente le grès rouge, le calcaire magnésifère, le red marl avec sel gemme, le calcaire oolithique, le grès secondaire à lignites (greensand), la craie, le grès tertiaire à lignites ou argile plastique, etc. Sur le continent, les formations secondaires, si elles s'étoient toutes développées, se succéderoient de la manière suivante :

$$\tau', \; \varkappa^g \,||\; \pi\varkappa^a + \xi, \; \tau^a + \vartheta, \; \varkappa^n, \; \tau^m, \; \varkappa^q, \; \tau^o, \; \varkappa^l, \; \tau^c \,||\; \varkappa^{2l} \ldots$$

En comparant ce type avec celui de l'Angleterre,

$$\xi, \; \varkappa^a, \; \tau^a, \; \varkappa^n + \vartheta, \; \tau^o, \; \varkappa^l, \; \tau^c \ldots$$

on voit qu'entre les oolithes (τ^o) et le red marl ou grès de Nebra ($\varkappa^n$) il y a, en Angleterre, deux formations supprimées, savoir, le muschelkalk et le quadersandstein ; les houilles (ξ), le sel gemme (ϑ) et les oolithes ($\varkappa^o$) servent de termes de comparaison, d'horizon géognostique. Mais, sur le continent, ξ et ϑ sont liés au grès rouge et au calcaire alpin, tandis qu'en Angleterre ces dépôts sont plutôt liés aux roches de transition et au red marl. Quelquefois τ^a est subordonné (pag. 224), intercalé à $\varkappa^a$: ces deux termes de la série (le calcaire alpin et le grès rouge) n'en forment alors qu'un seul. L'incertitude de savoir si un calcaire est alpin (zechstein) ou de transition, naît généralement de la suppression du grès rouge et du dépôt de houille que renferme ce grès. Des deux séries,

$$\tau, \varkappa + \xi, \tau \ldots,$$
$$\tau, \varkappa, \tau \ldots,$$

la première seule offre la certitude que le dernier τ est du calcaire alpin. Dans la seconde série, les deux calcaires, et la roche fragmentaire qui les sépare, pourroient être de transition. La liaison intime de la craie avec le calcaire du Jura est évidente, d'après l'alternance des couches (τ^o, $\varkappa^l$, τ^c, $\varkappa^{2l}$), et d'après l'analogie des grès à lignites au-dessous et au-dessus de la craie.

Pour réunir les principaux phénomènes de gisement des roches dans les terrains primitifs, intermédiaires, secondaires et tertiaires, j'offre la série suivante :

$$\alpha, \alpha\beta, \beta + \pi, \beta\gamma, \gamma + \tau, \alpha, \gamma, \delta, \alpha, \beta, \delta, o \parallel \varkappa^5, \tau', \delta\tau',$$
$$\delta', \delta' + \pi, \gamma, \tau', \sigma\pi, \sigma + \alpha, \sigma\pi, o \parallel \pi\varkappa^a + \xi, \tau^a + \vartheta, \varkappa^n,$$
$$\tau^m, \varkappa^\eta, \tau^o, \varkappa^l, \tau^c \parallel \varkappa^{2l}, \tau^p \ldots$$

Il seroit inutile de donner l'explication de ces caractères; elle résulte de leur comparaison avec le tableau de formation. Je me borne à fixer l'attention du lecteur sur l'accumulation des porphyres (π), sur les limites des terrains de transition et secondaires, sur la position des formations d'euphotide (o), sur les grands dépôts de houille et de lignites (ξ), et sur le retour (presque périodique) des formations feldspathiques, des granites, gneis et micaschistes (α, β, γ) de transition. Comme la notation que je présente ici peut être diversement graduée, en accentuant les caractères, en les réunissant comme des coefficiens dans les formations complexes, ou en ajoutant des exposans, je doute que les noms des roches rangées par séries les unes à côté des autres puissent parler aussi vivement aux yeux que la notation algorithmique.

Dans la méthode figurative ou graphique, celle qui représente les formations par des parallélogrammes superposés les uns aux autres, on peut aussi indiquer les rapports de composition et de structure par des caractères qui couvrent, comme un réseau, toute la surface des parallélogrammes. En alongeant les parties grenues du granite et en divisant le parallélogramme en couches assez épaisses, on obtient le caractère du gneis. En rendant le tissu feuilleté onduleux et en l'interrompant par des nœuds (de quarz), le caractère du gneis se change en celui de micaschiste. De la même manière, la syénite sera représentée par le signe de granite auquel on ajoute des points noirs (l'amphibole). Ces caractères passent les uns aux autres, comme les roches qu'ils indiquent. En les réunissant dans des coupes, j'ai formé sur les lieux des dessins très-détaillés des vallées de Mexico et de Totonilco, des environs de Guanaxuato, et du chemin de Guernavaca à la mer du Sud; dessins qui ont l'avantage de ne pas exiger l'emploi des couleurs. Je n'entrerai pas dans un plus grand détail sur les caractères que l'on peut employer. Ces caractères peuvent être diversement modifiés : il n'y a d'essentiel que la concision de la notation et l'esprit des méthodes pasigraphiques.

NOTES.

§. 1. Léopold de Buch, *Geogn. Beobacht.*, Tome I, page 16, 23; *Id.*, *Reise nach Norwegen*, II, p. 188; *Id.*, dans *Gilbert's Annalen*, 1820,

Avril, p. 130. Leonhard, *Taschenbuch*, 1814, p. 17. Freiesleben, *Bemer-kungen über den Harz*, I, p. 142. Leonhard, Kopp et Gærtner, *Pro-pædeutik*, p. 159. Bonnard, *Essai géogn. sur l'Erzgebirge*, p. 18, 48; *Id.*, *Apercu géogn. des terrains*, p. 32. D'Aubuisson, *Traité de géogn.*, II, 12. Jameson, *Syst. of Miner.*, III, 107. Goldfuss et Bischof, *Beschreibung des Fichtelgebirges*, I, 145; II, 38. Boué, *Géologie d'Écosse*, p. 16, 348; *Géol. Trans.*, II, 158. *Edinb. Phil. Trans.*, VII, 350. Beudant, *Voyage minér. et géol. en Hongrie*, III, 19, 27, Humboldt, *Essai sur la géogr. des plantes*, p. 122; *Id.*, *Relat. histor. de voy. aux rég. équin.*, II, 100, 299, 507.

§. 2. Raumer, *Geb. von Nieder-Schlesien*, p. 10.

§. 3. Bonnard, *Erzgeb.*, p. 62, 118. Goldfuss, *Fichtelg.* I, 145, 148, 172; II, 32.

§. 4. Pusch, dans Léonh. *Taschenb.*, 1812, p. 42. Raumer, *Fragm.*, p. 33, 36, 70. Bonnard, *Erzgeb.*, p, 104, 121. Maineke et Keferstein, dans Léonh., *Taschenb.*, 1820, p. 103.

§. 5. Buch, *Beob.*, I, 33, *Id.*, *Norw.*, I, 197, 358, II, 240; *Id.*, dans *Mag. naturf. Freunde*, 1809, p. 46. D'Aubuisson, *Géogn.*, II, 60 — 66; II, 183, 187. Blöde dans Léonh. *Taschenb.*, 1812, p. 17. Humboldt, *Nivell. géogn. des Andes*, dans son *Recueil d'observ. astron.*, I, 310.

§. 6. Bonnard, *Erzgeb.*, p. 72. Humboldt, *Rel. hist.*, I, 556, II, 139.

§. 7. Goldfuss, *Fichtelgeb.*, I, 172 — 174. Bonnard, *Terrains*, p. 34, 40, 82, 66; *Id.*, *Roches*, p. 34. Humboldt, *Rel. hist.*, I, 610; II, 142, 233, 491, 569, 715.

§. 8. Burckhardt, *Travels in Syria*, p. 142. D'Aubuisson, *Géogn.*, II, 19.

§. 9. Steffens *Oryktognosie*, I, 270. Boué, *Écosse*, p. 55. Humboldt, *Rel. hist.*, II, 40.

§. 10. Beudant, *Hongrie*, II, 213. Bonnard, *Terrains*, p. 79.

§. 11. Buch, *Geogn. Beob.*, I, 45, 51, 124, 257; *Id.*, *Norwegen*, I, 191, 209, 219; *Id.* dans *Nat. Mag.*, 1809, p. 115. Cordier, dans *Journ. des mines*, XVI, 254. Bonnard, *Terrains*, p. 46. D'Aubuisson, *Géogn.*, II, 78 — 93; *Id.* dans *Journal de physique*, 1807, p. 402. Eschwege, *Journal von Brasilien*, II, 14. Freiesleben, *Geogn. Beitrag zur Kennt-niss des Kupfersch.*, V, 257. Goldfuss, *Fichtelg.* p. 9.

§. 12. Buch, *Norwegen*, I, 272, 413.

§. 13. Buch, *Geogn. Beobacht.*, I, 30; *Id.*, *Norwegen*, II, 27, 31. Raumer, *Geogn. Versuche*, p. 50.

§. 14. Freiesleben, *Harz*, II, 66. Bonnard, *Erzgeb.*, p. 109 — 133.

§. 15. Beudant, *Hongrie*, II, 84, III, 30, 40. Buch, *Norwegen*, II, 83, 87; *Id.* dans *Mag. naturf. Fr.*, 1810, p. 147. Boué, *Écosse*, p. 386.

§. 16. Eschwege, *Journ. von Brasilien*, I, 25, 34, 36, 38.

§. 17. Eschwege, *Bras.*, II, 241.

§. 18. Bonnard, *Terrains*, p. 56.

§. 19. Buch, dans *Mag. nat. Fr.*, 1810, p. 137; *Id. Geogn. Beob.*, I, 68, 71; *Id.*, *Norwegen*, I, 479, II, 29, 84, 87, 135. Esmark, dans Pfaff, *Nord. Arch.*, III, 199. Saussure, *Voyages dans les Alpes*, §. 1362. *Journ. de Phys.*, XXXV, 298. Targieni Tozzetti, *Viaggi*, II, 433. Brocchi, *Bibl. ital.*, IX, 76, 356. Beudant, *Hongrie*, III, 49.

§. 20. Brochant, *Observ. géol. sur les terrains de transition de la Tarantaise*, p. 16, 19, 31, 33, 37, 39, 44, 50, 53; *Id.*, *Mémoire sur les gypses anciens*, p. 12—46. Buch, dans *Mag. nat. Fr.*, 1809, p. 181; *Id.* dans Leonhard's *Taschenb.*, 1811, p. 335. Raumer *Fragmente*, p. 10, 24. D'Aubuisson, *Journ. des mines*, n.° 128, p. 161.

§. 21. Beudant, *Hongrie*, III, 96, 133, 199. Raumer, *Nieder-Schlesien*, p. 72.

§. 22. Charpentier, *Description géogn. des Pyrénées* (manuscrit), §§. 35, 66, 89, 100, 105, 141—167; *Id.*, *Mém. sur le gisement des gypses de Bex*, dans *Naturw. Anzeiger der Schweiz. Gesellsch.*, 1819, n.° 9, p. 65. Raumer, *Fragmente*, p. 10, 32, 74; *Id.*, *Versuche*, p. 41. Buch, *Norwegen*, II, 281; *Id.* dans *Mag. nat. Fr.*, 1809, p. 175. Meinecke et Keferstein, *Taschenb.*, p. 63. Haussmann, *Nord. Beytr.*, II, 77, IV, 653; *Id.*, *Reise durch Scandinavien*, II, 239. Engelhardt, *Felsgebäude Russlunds*, I, 37. Keferstein, *Teutschland geognostisch dargestellt*, I, 136. Eschwege, *Brasil.*, II, 258. Maclure, *Géol. des États-Unis*, p. 24. Brongniart, *Notice sur l'histoire géogn. du Cotentin*, p. 17; *Id. Crustacés fossiles*, p. 46—63. Beudant, *Hongrie*, III, 76, 578. Saussure, *Alpes*, §. 501. Wahlenberg, dans *Acta Soc. Upsal.*, VIII, p. 19. Link, *Urwelt*, p. 2. Castelazo, *de la riqueza de la Veta Biscaina* (Mexico, 1820), p. 9. Humboldt, *Essai polit. sur la Nouvelle-Espagne*, II, 534, 537, 519—526.

§§. 23 et 24. *Del Rio* dans *la Gazeta de Mexico*, XI, 416. Humboldt, *Essai polit.*, II, 494, 521, 581, 583. Beudant, *Hongrie*, II, 157, III, 67—124, 148. Boué, *Écosse*, p. 147. Burckhardt, *Travels in Syria*, 1822, p. 493, 567. Raumer, *Fragm.*, p. 24—26, 37, 48. Haussmann, dans Moll's *Neuem Jahrb.*, I, 34. Buch, *Norw.*, I, 96—144.

§. 25. Boué, *Écosse*, p. 94, 358. Palassou, *Supplément aux Mémoires pour servir à l'hist. nat. des Pyrénées*, p. 139 — 153. Brongniart, *sur les Ophiolithes*, p. 26, 46, 56, 59, 61.

§. 26. Beudant, *Hongrie*, II, 575 — 580, 584 — 594, III, 171, 184, 194, 204. *Géol. Trans.*, IV, p. 9. *Annales des mines*, III, p. 45 et 568. Steffens, *geogn. Aufsätze*, p. 11. Buch, *Beob.*, I, p. 104, 157. Heim, *Geogn. Beytr. zur Kenntn. des Thüring. Waldes*, II, 5te Abth., 236. Conybeare and Philipps *Geol. of England*, I, 298, 312, 324 — 370.

§. 27. Humboldt, *Géogr. des plantes*, p. 128; *Id.*, *Essai politique*, II, 589.

§. 28. Escher, dans Leonh. *Taschenb.*, 1804, p. 347; *Id.* dans *Neue Zürcher Zeitung*, 1821, n.° 60, p. 237. Uttinger, dans Leonh. *Taschenb.*, 1819, p. 42. Keferstein, *Teutschland*, III, 259, 263, 273, 340, 372, 390, 407. Mohs, dans Moll's *Ephem.*, 1807, p. 161. Lupin, *ib.*, 1809, p. 359. Ramond, *Voy. au sommet du Mont-perdu*, p. 15, 26. Treill, dans *Geol. Trans.*, III, 138. *Bibl. univ.*, XIX, 38. Buckland, *On the structure of the Alps*, p. 9. Buch, *Geog. Beob.*, I, 153 — 171, 194, 216, 250. Freiesleben, *Kupfersch.*, IV, 284. Tondi, dans Lucas, *Tabl. méth. des esp. min.*, II, 243. Haussmann, *Nord. Beytr.* IV, 88. Jenaer, *litt. Zeit.*, 1813, p. 100. Steffens *Geogn. Aufs.*, p. 49. Beudant, *Hongrie*, III, 231 — 237. Conybeare and Philipps, *England*, I, 301. Marzari Pencati, *Cenni geologici*, p. 21. Breislak, *Sulla giacitura di alcune rocce porfiritiche e granitose*, p. 25 — 35.

§. 29. Conybeare and Philipps *Engl.*, I, 61, 269. Freiesleben, *Kupfersch.*, I, 90 — 188, IV, 276 — 284.

§. 30. Freiesleben, *Kupfersch.*, I, 65, 89, IV, 295 — 317. Raumer, *Versuche*, p. 112 — 115.

§. 31. Haussmann. *Nord. Beytr.*, 1806., St. 1, p. 73, 98. Freiesleben, *Kupfersch.*, I, 102 — 107, IV, 283, 293. Conybeare and Philipps, *Engl.*, I, 122. Raumer, *Nieder-Schlesien*, p. 121, 123, 153.

§. 32. Humboldt, *über die unterird. Gasarten*, p. 39. Karsten, *Min. Tab.*, p. 63 — 65. Buch, *Landek.*, p. 7; *Id.*, dans *Helvet. Alm.*, 1818, p. 42. Gilb. *Annalen*, 1806, St. 5, p. 35. Escher, *Naturw. Anzeiger der Schweiz. Ges.*, *Jahrg.* IV, p. 29. Charbaut, *Mém. sur la géologie des environs de Lons-le-Saunier*, p. 7, 9, 24, 27. Mérian, *Beschaffenheit der Gebirgsb. von Basel*, p. 23, 36, 46, 88.

§. 33. Conybeare and Philipps, *Engl.*, I, 127 — 164.

§. 34. Brongniart et Cuvier, *Desc. géol. des environs de Paris*, 1821, p. 10 — 17, 68 — 101. Steffens, *Geogn. Aufs.* p. 121. Raumer, *Vers.*, p. 85, 116. Conybeare and Philipps, *Engl.*, I, 60 — 126.

§. 35. Bonnard, *Terrains*, p. 226. Brongniart, *Descr. géol.*, p. 17 — 28, 102 — 122. Conybeare and Philipps, *Engl.*, I, 37 — 57. Raumer, *Vers.*, p. 120 — 122. Beudant, *Hongrie*, III, 242 — 264. Lardy, dans la *Bibl. univ.*, Mars 1822, p. 180, 183. Keferstein, *Teutschland*, I, 46. Freiesleben, *Kupfersch.*, V, 255. Adolphe Brongniart, *Classific. des Végétaux fossiles*, p. 54.

§. 36. Beudant, *Hongrie*, III, 264 — 282. Brongniart, *Descr. géol.*, p. 29 — 38, 123 — 203.

§. 37. Raumer, *Vers.*; p. 123 — 125. Brongniart, *Descr. géol.*, p. 38 — 50, 203 — 263.

§. 38. Raumer, *Vers.*, p. 125. D'Aubuisson, *Géognosie*, II, 414, 417. Brongniart, *Descr. géol.*, p. 50 — 56, 264 — 274. Bonnard, *Terrains*, p. 217.

§. 39. Brongniart, *Descr. géol.*, p. 57 — 60, 275 — 320. Beudant, *Hongrie*, III, 282 — 288.

§. 40. Buch, *Geogn. Beob.*, II, 172. — 190. *Id.* dans *Mag. nat. Fr.*, 1809, p. 299 — 303; *Id.*, dans *Mém. de Berlin*, 1812, p. 129 — 154. Fleuriau de Bellevue, *Journ. de Phys.*, LI et LX. Cordier, *Mém. sur les substances minérales, dites en masse, qui entrent dans la composition des roches volcaniques*, p. 17 — 69. Bustamant, *sobre las lavas del Padregul de San Augustin de la Cuevas*, dans le *Seman de Mexico*, 1820, p. 80. Leonhard, *Propædeutik*, p. 168 — 175. Ramond, *Nivellement barométrique et géognostique de l'Auvergne*, p. 32 — 45. Breislak, *Introd. à la géologie*, I, 234, 261, 316. Heim, *Thüringer-Wald*, p. 229. Singer, dans Karstens *Archiv für Bergbaukunde*, III, 88. Rohiquet, dans *Annales de Physique et de Chimie*, XI, 206. Nose, *Niederrheinische Reise*, II, p. 428. Boué, *Écosse*, p. 219 — 287. Beudant, *Hongrie*, III, 298 — 644. Humboldt, *Essai sur la géograph. des plantes, et tableau physique des régions équinoxiales*, p. 129; *Id.*, *Essai polit.*, I, 249 — 254; *Id.*, *Nivellement géogn. des Cordillères*, dans le *Recueil d'obs. astron.*, I, 309 — 311, 327, 332; *Id.*, *Receuil d'obs. de zool. et d'anat. comparée*, I, 21; *Id.*, *Relat. hist.*, I, 91, 116, 129, 133, 136, 148, 151, 153 — 155, 171, 176, 180, 308, 312, 394, 640; II, 4, 14, 16, 20, 25, 27, 39, 452, 515, 565, 719.

FIN.

Printed in the United States
By Bookmasters